高等学校算法类课程系列教材

算法设计与分析

 学习指导

◎ 李春葆 刘娟 喻丹丹 刘斌 编著

清华大学出版社

北京

内 容 简 介

本书是《算法设计与分析》(第3版·微课视频·题库版)(李春葆等编著,清华大学出版社,以下简称为《教程》)的配套学习指导书。全书总结各章的知识结构,剖析了《教程》中168道练习题的解题过程,同时补充了单项选择题165道、问答题107道和算法设计题118道,并给出了完整的解答。这些练习题不仅涵盖"算法设计与分析"课程的基本知识点,还融合了各个知识点的运用和扩展,学习、理解和借鉴这些解题思路是掌握和提高算法设计能力的最佳捷径。

本书自成一体,可以脱离《教程》单独使用,适合高等院校计算机及相关专业学生和编程爱好者学习参考。

图书在版编目(CIP)数据

算法设计与分析(第3版)学习指导/李春葆等编著.—北京:清华大学出版社,2024.1(2024.8重印)
高等学校算法类课程系列教材
ISBN 978-7-302-64084-4

Ⅰ.①算…　Ⅱ.①李…　Ⅲ.①算法设计—高等学校—教学参考资料 ②算法分析—高等学校—教学参考资料　Ⅳ.①TP301.6

中国国家版本馆 CIP 数据核字(2023)第130505号

策划编辑:魏江江
责任编辑:王冰飞
封面设计:刘　键
责任校对:时翠兰
责任印制:曹婉颖

出版发行:清华大学出版社
网　　　址:https://www.tup.com.cn,https://www.wqxuetang.com
地　　　址:北京清华大学学研大厦 A 座　　　邮　编:100084
社 总 机:010-83470000　　　　　　　　　　邮　购:010-62786544
投稿与读者服务:010-62776969,c-service@tup.tsinghua.edu.cn
质量反馈:010-62772015,zhiliang@tup.tsinghua.edu.cn
课件下载:https://www.tup.com.cn,010-83470236

印 装 者:三河市人民印务有限公司
经　　销:全国新华书店
开　　本:185mm×260mm　　印　张:18.25　　　字　数:448千字
版　　次:2024年1月第1版　　　　　　　　印　次:2024年8月第2次印刷
印　　数:1501~3500
定　　价:54.00元

产品编号:101134-01

前 言 Preface

党的二十大报告指出：教育、科技、人才是全面建设社会主义现代化国家的基础性、战略性支撑。必须坚持科技是第一生产力、人才是第一资源、创新是第一动力，深入实施科教兴国战略、人才强国战略、创新驱动发展战略，这三大战略共同服务于创新型国家的建设。高等教育与经济社会发展紧密相连，对促进就业创业、助力经济社会发展、增进人民福祉具有重要意义。

本书是《算法设计与分析》（第 3 版·微课视频·题库版）（李春葆等编著，清华大学出版社）的配套学习指导书。全书分为 12 章，第 1 章是绪论，第 2 章是递归算法设计技术，第 3～8 章分别是穷举法、分治法、回溯法、分支限界法、动态规划和贪心法等算法设计策略，第 9 章和第 10 章分别是图算法和计算几何，第 11 章是计算复杂性，第 12 章是概率算法和近似算法，各章次与《教程》的章次相对应。附录 A 给出了 2 份"算法设计与分析"本科生期末考试模拟试题及其参考答案，附录 B 给出了 2 份"算法设计与分析"研究生期末考试模拟试题及其参考答案。

每章由三部分组成，第一部分以图的形式描述了本章包含的主要知识点以及知识点之间的关系，第二部分是《教程》中的练习题及其参考答案，第三部分是补充练习题及其参考答案，包含单项选择题、问答题和算法设计题。全书第二部分共含 168 道题，第三部分含单项选择题 165 道、问答题 107 道和算法设计题 118 道。

所有算法设计题均上机调试通过或者在相关在线编程环境中调试通过。考虑向下的兼容性，所有程序调试运行采用较低版本的 Dev C++ 5.11 作为编程环境，稍加修改可以在其他 C++ 环境中运行。

源码下载方法：扫描封底的文泉云盘防盗码，再扫描目录上方的二维码下载。

书中同时列出了全部练习题，因此自成一体，可以脱离《教程》单独使用。

由于编者水平所限，尽管不遗余力，仍可能存在不足之处，敬请教师和同学们批评指正。

编 者

2024 年 1 月

目 录 Contents

源码下载

第 1 章　绪论　/1

1.1　本章知识结构　/2
1.2　《教程》中的练习题及其参考答案　/2
1.3　补充练习题及其参考答案　/5
　　1.3.1　单项选择题及其参考答案　/5
　　1.3.2　问答题及其参考答案　/8
　　1.3.3　算法设计题及其参考答案　/9

第 2 章　递归算法设计技术　/13

2.1　本章知识结构　/14
2.2　《教程》中的练习题及其参考答案　/14
2.3　补充练习题及其参考答案　/21
　　2.3.1　单项选择题及其参考答案　/21
　　2.3.2　问答题及其参考答案　/23
　　2.3.3　算法设计题及其参考答案　/24

第 3 章　穷举法　/31

3.1　本章知识结构　/32
3.2　《教程》中的练习题及其参考答案　/32
3.3　补充练习题及其参考答案　/39
　　3.3.1　单项选择题及其参考答案　/39
　　3.3.2　问答题及其参考答案　/40
　　3.3.3　算法设计题及其参考答案　/40

第4章　分治法　/52

4.1　本章知识结构　/53
4.2　《教程》中的练习题及其参考答案　/53
4.3　补充练习题及其参考答案　/63
   4.3.1　单项选择题及其参考答案　/63
   4.3.2　问答题及其参考答案　/65
   4.3.3　算法设计题及其参考答案　/66

第5章　回溯法　/74

5.1　本章知识结构　/75
5.2　《教程》中的练习题及其参考答案　/75
5.3　补充练习题及其参考答案　/89
   5.3.1　单项选择题及其参考答案　/89
   5.3.2　问答题及其参考答案　/90
   5.3.3　算法设计题及其参考答案　/91

第6章　分支限界法　/102

6.1　本章知识结构　/103
6.2　《教程》中的练习题及其参考答案　/103
6.3　补充练习题及其参考答案　/130
   6.3.1　单项选择题及其参考答案　/130
   6.3.2　问答题及其参考答案　/132
   6.3.3　算法设计题及其参考答案　/132

第7章　动态规划　/147

7.1　本章知识结构　/148
7.2　《教程》中的练习题及其参考答案　/148
7.3　补充练习题及其参考答案　/161
   7.3.1　单项选择题及其参考答案　/161
   7.3.2　问答题及其参考答案　/163
   7.3.3　算法设计题及其参考答案　/164

第 8 章　贪心法　/180

8.1　本章知识结构 /181
8.2　《教程》中的练习题及其参考答案 /181
8.3　补充练习题及其参考答案 /193
　　8.3.1　单项选择题及其参考答案 /193
　　8.3.2　问答题及其参考答案 /196
　　8.3.3　算法设计题及其参考答案 /197

第 9 章　图算法　/205

9.1　本章知识结构 /206
9.2　《教程》中的练习题及其参考答案 /206
9.3　补充练习题及其参考答案 /217
　　9.3.1　单项选择题及其参考答案 /217
　　9.3.2　问答题及其参考答案 /219
　　9.3.3　算法设计题及其参考答案 /220

第 10 章　计算几何　/236

10.1　本章知识结构 /237
10.2　《教程》中的练习题及其参考答案 /237
10.3　补充练习题及其参考答案 /247
　　10.3.1　单项选择题及其参考答案 /247
　　10.3.2　问答题及其参考答案 /249
　　10.3.3　算法设计题及其参考答案 /250

第 11 章　计算复杂性　/261

11.1　本章知识结构 /262
11.2　《教程》中的练习题及其参考答案 /262
11.3　补充练习题及其参考答案 /264
　　11.3.1　单项选择题及其参考答案 /264
　　11.3.2　问答题及其参考答案 /266

第 12 章　概率算法和近似算法　/268

12.1　本章知识结构 /269

12.2 《教程》中的练习题及其参考答案　/269

12.3 补充练习题及其参考答案　/272

12.3.1 单项选择题及其参考答案　/272

12.3.2 问答题及其参考答案　/273

12.3.3 算法设计题及其参考答案　/274

附录 A　2 份"算法设计与分析"本科生期末考试模拟试题及其参考答案　/277

附录 B　2 份"算法设计与分析"研究生期末考试模拟试题及其参考答案　/281

第 1 章 绪 论

1.1　本章知识结构

本章主要包含算法和 STL 两部分,算法的知识结构如图 1.1 所示,STL 的知识结构如图 1.2 所示。

$$
\text{算法}\begin{cases}
\text{算法的定义}\\
\text{算法的 5 个特性}\\
\text{算法的描述}\\
\text{算法的时空复杂度分析}\begin{cases}\text{符号}O\text{、}\Omega\text{和}\Theta\text{的意义}\\\text{平均、最好和最坏情况}\end{cases}
\end{cases}
$$

图 1.1　算法的知识结构图

$$
\text{STL}\begin{cases}
\text{向量 vector:特点,对象定义和使用方法}\\
\text{链表 list:特点,对象定义和使用方法}\\
\text{字符串 string:特点,对象定义和使用方法}\\
\text{双端队列 deque:特点,对象定义和使用方法}\\
\text{栈 stack:特点,对象定义和使用方法}\\
\text{队列 queue:特点,对象定义和使用方法}\\
\text{优先队列 priority\_queue:特点,对象定义和使用方法}\\
\text{集合 set:特点,对象定义和使用方法}\\
\text{映射 map:特点,对象定义和使用方法}\\
\text{哈希集合 unordered\_set:特点,对象定义和使用方法}\\
\text{哈希映射 unordered\_map:特点,对象定义和使用方法}\\
\text{STL常用的通用算法,例如sort()、lower\_bound()和upper\_bound()等}
\end{cases}
$$

图 1.2　STL 的知识结构图

1.2　《教程》中的练习题及其参考答案

1. 求解某问题有 A 和 B 两个算法,算法 A 的时间复杂度为 $O(n)$,算法 B 的时间复杂度为 $O(n\log_2 n)$,那么是不是对于任何输入实例算法 A 的执行时间都少于算法 B?

答:不一定,时间复杂度只是一种增长趋势分析,表示 n 足够大的时间函数。在测试算法时输入的实例往往是有限的,所以并不能说时间复杂度为 $O(n)$ 的算法的时间一定少于时间复杂度为 $O(n\log_2 n)$ 的算法。

2. 证明以下关系成立:

(1) $10n^2-2n=\Theta(n^2)$

(2) $2^{n+1}=\Theta(2^n)$

证明:(1) 因为 $\lim\limits_{n\to\infty}\dfrac{10n^2-2n}{n^2}=10$,所以 $10n^2-2n=\Theta(n^2)$ 成立。

（2）因为 $\lim\limits_{n\to\infty}\dfrac{2^{n+1}}{2^n}=2$，所以 $2^{n+1}=\Theta(2^n)$ 成立。

3. 证明 $O(f(n))+O(g(n))=O(\max\{f(n),g(n)\})$。

证明：对于任意 $f_1(n)\in O(f(n))$，存在正常数 c_1 和正常数 n_1，使得对所有 $n\geqslant n_1$ 有 $f_1(n)\leqslant c_1 f(n)$。

类似地，对于任意 $g_1(n)\in O(g(n))$，存在正常数 c_2 和自然数 n_2，使得对所有 $n\geqslant n_2$ 有 $g_1(n)\leqslant c_2 g(n)$。

令 $c_3=\max\{c_1,c_2\}$，$n_3=\max\{n_1,n_2\}$，$h(n)=\max\{f(n),g(n)\}$，则对所有 $n\geqslant n_3$ 有 $f_1(n)+g_1(n)\leqslant c_1 f(n)+c_2 g(n)\leqslant c_3 f(n)+c_3 g(n)=c_3(f(n)+g(n))\leqslant 2c_3\max\{f(n),g(n)\}=2c_3 h(n)=O(\max\{f(n),g(n)\})$。

4. 对于下列各组函数 $f(n)$ 和 $g(n)$，确定 $f(n)=O(g(n))$、$f(n)=\Omega(g(n))$ 或 $f(n)=\Theta(g(n))$，并简要说明理由。注意这里渐进符号按照各自严格的定义。

（1）$f(n)=2^n$，$g(n)=n!$

（2）$f(n)=\sqrt{n}$，$g(n)=\log_2 n$

（3）$f(n)=100$，$g(n)=\log_2 100$

（4）$f(n)=n^3$，$g(n)=3^n$

（5）$f(n)=3^n$，$g(n)=2^n$

答：（1）$f(n)=O(g(n))$，因为 $f(n)$ 的阶低于 $g(n)$ 的阶。

（2）$f(n)=\Omega(g(n))$，因为 $f(n)$ 的阶高于 $g(n)$ 的阶。

（3）$f(n)=\Theta(g(n))$，因为 $f(n)$ 和 $g(n)$ 都是常量阶，即同阶。

（4）$f(n)=O(g(n))$，因为 $f(n)$ 的阶低于 $g(n)$ 的阶。

（5）$f(n)=\Omega(g(n))$，因为 $\lim\limits_{n\to\infty}\dfrac{f(n)}{g(n)}=\lim\limits_{n\to\infty}1.5^n=\infty$，$f(n)$ 的阶高于 $g(n)$ 的阶。

5. 简述 STL 中 stack 和 queue 与 deque 的关系。

答：deque 是双端队列容器，可以高效地在两端插入和删除元素，如果仅使用 deque 中的一端进行插入和删除操作，则变为一个栈；如果仅使用 deque 中的一端进行插入操作和另外一端进行删除操作，则变为一个队列。实际上 STL 中的 stack 和 queue 默认是在 deque 的基础上实现的，所以称为适配器容器。

6. 在 STL 中 priority_queue 为什么不能以 list 作为底层容器？

答：priority_queue 是优先队列容器，在实现时采用堆结构，而堆是基于完全二叉树的，适合采用顺序存储结构，但 list 采用循环双链表，属于链式存储结构，所以不能作为 priority_queue 的底层容器。

7. 简述 STL 中 map 和 unordered_map 的区别。

答：map 采用红黑树实现，其中的元素是有序的，而 unordered_map 是哈希表，其中的元素是无序的。在 map 中查找、插入和删除的时间复杂度为 $O(\log_2 n)$，而在 unordered_map 中查找、插入和删除的时间复杂度接近 $O(1)$。一般来说，unordered_map 的空间消耗比 map 大。

8. 一个字符串用 string 对象存储，设计一个算法采用大小写不敏感的方式判断该字符串是否为回文。

解：采用双指针 i 和 j，对 s 进行首尾大小写不敏感方式的比较，不相等时返回 false，遍历完毕返回 true。对应的算法如下：

```
bool ispal(string& s) {
    int n = s.length();
    int i = 0, j = n - 1;
    while(i < j) {
        if(toupper(s[i])!= toupper(s[j]))
            return false;
        i++; j-- ;
    }
    return true;
}
```

9. 移除无效的括号(LeetCode1249★★)。给定一个由'('、')'和小写字母组成的字符串 s，设计一个算法从字符串中删除最少数目的'('或者')'(可以删除任意位置的括号)，使得剩下的括号字符串是有效的，并且返回任意一个合法字符串。例如，s = "lee(t(c)o)de"，返回的有效字符串是"lee(t(c)o)de"、"lee(t(co)de)"或者"lee(t(c)ode)"。

解：设计一个整数栈 st，用 i 遍历字符串 s，当遇到'('时，将其下标 i 进栈；当遇到')'时，如果栈不空并且栈顶是匹配的'('，则退栈(此时的 s[i] = ')'是配对的)，否则说明该')'是不匹配的，将其下标 i 进栈。字符串 s 遍历完毕，栈 st 中所有不配对的括号即为无效括号，将它们从 s 中删除即可得到合法字符串。对应的算法如下：

```
string minRemoveToMakeValid(string s) {
    stack < int > st;
    for (int i = 0; i < s.size(); i++) {
        char ch = s[i];
        if (ch == '(')
            st.push(i);
        else if (ch == ')') {
            if (!st.empty() && s[st.top()] == '(')
                st.pop();
            else
                st.push(i);
        }
    }
    while (!st.empty()) {                    //从 s 中删除无效的括号
        int i = st.top();
        st.pop();
        s.erase(s.begin() + i);
    }
    return s;
}
```

10. 采用 vector < string >类型的容器 strs 存放一系列的单词，按字典序从大到小输出所有单词出现的次数。

解：设计一个 map < string, int >容器 cntmap，遍历 strs 累计所有单词出现的次数，反向遍历 cntmap 输出所有单词及其出现的次数。对应的算法如下：

```
void solve(vector < string > & strs) {
    map < string, int > cntmap;
    for(string word:strs)
        cntmap[word]++;
    for(auto rit = cntmap.rbegin(); rit!= cntmap.rend(); rit++)
```

```
        cout << rit -> first << "出现的次数: " << rit -> second << endl;
    }
```

11. 设计一种好的数据结构,尽可能高效地实现以下功能:(1)插入若干整数序列;(2)获得该序列的中位数(中位数指排序后位于中间位置的元素,例如{1,2,3}的中位数为2,而{1,2,3,4}的中位数为2或者3),并估计时间复杂度。

解:若直接采用无序数组存储,当插入一个整数时,可以在 $O(1)$ 时间内将该整数插入数组的末尾,但获取中位数时,至少需要 $O(n)$ 时间找到中位数。若采用有序数组存储,当插入一个整数时,可以使用二分查找在 $O(\log_2 n)$ 时间内找到要插入的位置,在 $O(n)$ 时间内移动元素并将新整数插入合适的位置,对应的时间为 $O(n)$。获取中位数的时间为 $O(1)$。

一种有效的方法是使用大根堆和小根堆存储,采用大根堆存储较小的一半整数,采用小根堆存储较大的一半整数。当插入一个整数时,在 $O(\log_2 n)$ 时间内将该整数插入对应的堆中,并适当移动根结点以保持两个堆中元素的个数相等或者相差1。在获取中位数时,可以在 $O(1)$ 时间完成。这样两种操作的时间复杂度分别为 $O(\log_2 n)$ 和 $O(1)$。对应的数据结构和相关算法如下:

```
priority_queue < int,vector < int >,greater < int >> A;   //小根堆
priority_queue < int > B;                                  //大根堆
void Insert(int x) {                                       //插入整数 x
    if (A.size() == 0)                                     //A 为空,直接插入 x
        A.push(x);
    else if (x > A.top()) {                                //x 大于 A 的堆顶元素,插入 A 中
        A.push(x);
        if (A.size()> B.size()) {                          //若 A 中的元素多于 B,将堆顶元素移动到 B 中
            int e = A.top();
            A.pop();
            B.push(e);
        }
    }
    else {                                                 //x 不大于 A 的堆顶元素,插入 B 中
        B.push(x);
        if (B.size()> A.size()) {                          //若 B 中的元素多于 A,将堆顶元素移动到 A 中
            int e = B.top();
            B.pop();
            A.push(e);
        }
    }
}
int Middle() {                                             //求中位数
    if (A.size()> B.size())
        return A.top();
    else
        return B.top();
}
```

1.3 补充练习题及其参考答案

1.3.1 单项选择题及其参考答案

1. 下列关于算法的说法中正确的有_____。

扫一扫

在线资源

Ⅰ. 求解某一个问题的算法是唯一的

Ⅱ. 算法必须在有限步操作之后停止

Ⅲ. 算法的每一步操作必须是明确的，不能有歧义或含义模糊

Ⅳ. 算法执行后一定会产生确定的结果

    A. 1个   B. 2个   C. 3个   D. 4个

2. 算法分析的目的是_____。

    A. 找出数据结构的合理性   B. 研究算法中输入和输出的关系

    C. 分析算法的效率以求改进   D. 分析算法的易读性和可行性

3. 以下关于算法的说法中正确的是_____。

    A. 算法最终必须由计算机程序实现   B. 算法等同于程序

    C. 算法的可行性是指指令不能有二义性 D. 以上几个都是错误的

4. 某算法的时间复杂度为 $O(n^2)$，表明该算法的_____。

    A. 问题规模是 n^2 B. 执行时间等于 n^2

    C. 执行时间与 n^2 成正比   D. 问题规模与 n^2 成正比

5. 下列选项不正确的是_____。

    A. $n^2/2+2^n$ 的渐进表达式上界函数是 $O(2^n)$

    B. $n^2/2+2^n$ 的渐进表达式下界函数是 $\Omega(2^n)$

    C. $\log_2 n^3$ 的渐进表达式上界函数是 $O(\log_2 n)$

    D. $\log_2 n^3$ 的渐进表达式下界函数是 $\Omega(n^3)$

6. 当输入规模为 n 时，以下算法增长率最大的是_____。

    A. 5^n B. $20\log_2 n$ C. $2n^2$ D. $3n\log_3 n$

7. 设 n 是描述问题规模的非负整数，下面程序片段的时间复杂度为_____。

```
int x = 2;
while (x < n/2)
    x = 2 * x;
```

    A. $O(\log_2 n)$ B. $O(n)$ C. $O(n\log_2 n)$ D. $O(n^2)$

8. 以下代码的输出结果是_____。

```
struct Cmp {
    bool operator()(int& a, int& b) {
        return a > b;
    }
};
vector < int > a = {3,4,1,2,5};
sort(a.begin() + 2, a.end(), Cmp());
for(int x:a)
    printf("% d ",x);
printf("\n");
```

    A. 1 2 3 4 5   B. 5 4 3 2 1   C. 3 4 5 2 1   D. 3 4 1 2 5

9. 以下代码的输出结果是_____。

```
bool cmp(int& a, int& b) {
    return a > b;
}
```

```
vector < int > a = {3,4,1,2,5};
sort(a.begin(),a.end() - 2,cmp);
for(int x:a)
    printf(" % d ",x);
printf("\n");
```

 A. 1 2 3 4 5　　　B. 5 4 3 2 1　　　C. 4 1 2 5 3　　　D. 4 3 1 2 5

10. 以下代码的输出结果是_____。

```
vector < int > a = {3,4,1,2,5};
priority_queue < int > pq(a.begin(),a.end());
while(!pq.empty()) {
    printf(" % d ",pq.top());
    pq.pop();
}
printf("\n");
```

 A. 1 2 3 4 5　　　B. 5 4 3 2 1　　　C. 4 1 2 5 3　　　D. 4 3 1 2 5

11. 以下代码的输出结果是_____。

```
struct Cmp {
    bool operator()(int& a,int& b) {
        return a > b;
    }
};
vector < int > a = {3,4,1,2,5};
priority_queue < int,deque < int >,Cmp > pq(a.begin(),a.end());
while(!pq.empty()) {
    printf(" % d ",pq.top());
    pq.pop();
}
printf("\n");
```

 A. 1 2 3 4 5　　　B. 5 4 3 2 1　　　C. 4 1 2 5 3　　　D. 4 3 1 2 5

12. 以下代码的输出结果是_____。

```
struct Cmp {
    bool operator()(const int& a,const int& b) {
        return a > b;
    }
};
vector < int > a = {3,4,1,2,5};
set < int,Cmp > myset;
for(int x:a) myset.insert(x);
printf(" % d\n", * (myset.begin()));
```

 A. 1　　　　　　B. 5　　　　　　C. 2　　　　　　D. 4

13. 以下代码的输出结果是_____。

```
struct Cmp {
    bool operator()(const int& a,const int& b) {
        return a < b;
    }
};
vector < int > a = {3,4,1,2,5};
set < int,Cmp > myset;
for(int x:a) myset.insert(x);
```

```
printf(" % d\n", * (myset. begin()));
```

    A. 1   B. 5   C. 2   D. 4

14. 以下代码的输出结果是_____。

```
vector < int > a = {3,1,1,2,3,4};
unordered_map < int,int > hmap;
for(int x:a) hmap[x]++;
printf(" % d\n",hmap[1]);
```

    A. 1   B. 2   C. 3   D. 4

15. 以下代码的输出结果是_____。

```
vector < int > a = {3,1,1,2,3,4};
unordered_map < int,int > hmap;
for(int x:a) hmap[x]++;
printf(" % d\n",hmap[5]);
```

    A. 0   B. 1   C. 2   D. 3

扫一扫
在线资源

1.3.2　问答题及其参考答案

1. 什么是算法？算法有哪些特性？

2. 计算下列算法执行的加法次数。

```
int fun(int n) {
    int k = 0;
    while(n > = 1) {
        for(int j = 1;j <= n;j++) k++;
        n = n/2;
    }
    return k;
}
```

3. 试证明 $\max(f(n),g(n))=\Theta(f(n)+g(n))$。

4. 证明若 $f(n)=O(g(n))$，则 $g(n)=\Omega(f(n))$。

5. 化简下面 $f(n)$ 函数的渐进上界表达式。

(1) $f_1(n)=n^2/2+3^n$。

(2) $f_2(n)=2^{n+3}$。

(3) $f_3(n)=\log_2 n^3$。

(4) $f_4(n)=2^{\log_2 n^2}$。

(5) $f_5(n)=\log_2 3^n$。

6. 简述 STL 中 vector 和 list 容器的差别。

7. 对于下面的编程任务，使用 vector、deque 和 list 中的哪个容器最为合适？简单说明理由。如果没有哪一种容器优于其他容器，也请说明理由。

(1) 读取固定数量的单词，将它们按照字典序插入容器中。

(2) 读取未知数目的单词，总是将新单词插入末尾，删除操作在末尾进行。

(3) 从一个文件中读取未知数量的整数，并排序和输出。

8. 简述 STL 中 map 和 set 的区别。

1.3.3　算法设计题及其参考答案

1. 判断一个大于 2 的正整数 n 是否为素数的算法有多种,给出两种算法,说明其中一种算法更好的理由。

解:判断一个大于 2 的正整数 n 是否为素数的两种算法如下。

```
bool isPrime1(int n){              //算法 1
    for (int i = 2;i < n;i++) {
        if (n % i == 0)            //n 能够被 i 整除
            return false;
    }
    return true;
}

bool isPrime2(int n){              //算法 2
    for (int i = 2;i <= (int)sqrt(n);i++) {
        if (n % i == 0)            //n 能够被 i 整除
            return false;
    }
    return true;
}
```

算法 1 的时间复杂度为 $O(n)$,算法 2 的时间复杂度为 $O(\sqrt{n})$,所以算法 2 更好。

2. 设计一个算法接受一对指向 vector < int > 的迭代器 it1 和 it2,以及一个 int 值 val,在 $[it1, it2)$ 范围内查找给定的值,返回一个布尔值指出是否找到元素 val。

解:直接用 it 在 $[it1, it2)$ 范围内迭代查找 val,找到后返回 true,遍历完毕返回 false。对应的算法如下:

```
bool find(vector < int >::iterator it1,vector < int >::iterator it2,int val) {
    for(auto it = it1;it!= it2;it++) {
        if( * it == val) return true;
    }
    return false;
}
```

3. 有一个整数序列 a,所有元素均不相同,设计一个算法求相差最小的元素对的个数。例如 $a = \{4,1,2,3\}$,其中相差最小的元素对的个数是 3,其元素对是 $(1,2)$、$(2,3)$ 和 $(3,4)$。

解:先递增排序,再求相邻元素差,通过比较求最小元素差,累计最小元素差的个数。对应的算法如下:

```
int mindifs(vector < int > &a) {    //求 a 中相差最小的元素对的个数
    sort(a.begin(),a.end());        //递增排序
    int ans = 1;
    int d = a[1] - a[0];
    for (int i = 2;i < a.size();i++) {
        if (a[i] - a[i-1] < d) {
            ans = 1;
            d = a[i] - a[i-1];
        }
        else if (a[i] - a[i-1] == d)
            ans++;
    }
    return ans;
}
```

4. 括号的分数(LeetCode856★★)。给定一个有效的括号字符串 s(s 中仅包含左、右括号并且所有括号是匹配的),按下述规则计算该字符串的分数:"()"得 1 分;AB 得 A+B 分,其中 A 和 B 是有效的括号字符串;(A)得 2×A 分,其中 A 是有效的括号字符串。例如,s="(()(()))",答案是 6,其中"()"得 1 分,"(())"得 2×1=2 分,"()(())"得 1+2=3 分,最后"(()(()))"得 3×2=6 分。要求设计如下成员函数:

```
int scoreOfParentheses(string s) {}
```

解:设计一个整数栈 st,先插入一个 0(看成将结果得分初始化为 0),用 i 遍历字符串 s,当遇到'('时,进栈一个 0,当遇到')'时,依次出栈 B 和 A,看成形如 A(B),对应得分为 A+2B,将其进栈。s 遍历完毕,栈顶元素就是最后的得分。对应的程序如下:

```
int scoreOfParentheses(string s) {
    stack < int > st;
    st.push(0);
    for(int i = 0; i < s.length(); i++) {
        if(s[i] == '(')
            st.push(0);
        else {
            int B = st.top(); st.pop();
            int A = st.top(); st.pop();
            st.push(max(1, 2 * B) + A);
        }
    }
    return st.top();
}
```

5. 设计一个算法求解约瑟夫(Joseph)问题。有 n 个小孩围成一圈,将他们从 1 开始依次编号,接着从编号为 1 的小孩开始报数,数到 $m(0<m<n)$ 的小孩出列,然后从出列的下一个小孩重新开始报数,数到 m 的小孩又出列,如此反复,直到所有的小孩全部出列为止,求整个出列序列。例如当 $n=6$,$m=5$ 时的出列序列是 5,4,6,2,3,1。

解:用 vector < int > 容器 ans 存放结果序列。先定义一个队列 qu,对于 (n,m) 约瑟夫问题,依次将 1~n 进队。循环 n 次出列 n 个小孩:依次出队 $m-1$ 次,将所有出队的元素立即进队(将他们从队头出队后插入队尾),再出队第 m 个元素(出列第 m 个小孩)并添加到 ans 的末尾,最后返回 ans 即可。对应的算法如下:

```
vector < int > Jsequence(int n, int m) {        //求约瑟夫序列
    vector < int > ans;
    queue < int > qu;
    for (int i = 1; i <= n; i++)                //进队编号为 1 到 n 的 n 个小孩
        qu.push(i);
    for (int i = 1; i <= n; i++) {              //共出列 n 个小孩
        int j = 1;
        while (j <= m - 1) {                    //出队 m-1 个小孩,并将他们进队
            int x = qu.front(); qu.pop();
            qu.push(x);
            j++;
        }
        ans.push_back(qu.front());
        qu.pop();                               //出队第 m 个小孩,只出不进
    }
```

```
        return ans;
    }
```

6.设计一个算法判断字符串 s 中的每个字符是否唯一。例如"abc"的每个字符是唯一的,算法返回 true;而"accb"中的字符'c'不是唯一的,算法返回 false。

解:设计 unordered_map < char,int >容器 cntmap,用 i 遍历 s,累计 $s[i]$ 出现的次数,若 cntmap$[s[i]]>1$,说明字符 $s[i]$ 出现的次数大于1,返回 false。遍历完毕返回 true。对应的算法如下:

```
bool isUnique(string &s) {
    unordered_map < char, int > cntmap;
    for (int i = 0; i < s.length(); i++) {
        cntmap[s[i]]++;
        if (cntmap[s[i]] > 1)
            return false;
    }
    return true;
}
```

7.字符的删除(LintCode1909★)。给出两个字符串 str 和 sub,设计一个算法在 str 中完全删除在 sub 中存在的字符,返回删除后的字符串。例如,str="They are students",sub="aeiou",答案是"Thy r stdnts"。要求设计如下成员函数:

string CharacterDeletion(string &str, string &sub) {}

解:设计一个 unordered_map < char,int >类型的哈希表 cntmap 作为计数器,遍历 sub,累计每个字符出现的次数,再遍历 str,将其计数为0的字符连接起来构成 ans,最后返回 ans 即可。对应的程序如下:

```
string CharacterDeletion(string &str, string &sub) {
    unordered_map < char, int > cntmap;
    for (int i = 0; i < sub.length(); i++)
        cntmap[sub[i]]++;
    string ans = "";
    for (int i = 0; i < str.length(); i++) {
        if (cntmap[str[i]] == 0)
            ans += str[i];
    }
    return ans;
}
```

8.设计一种好的数据结构,尽可能高效地实现元素的插入、删除、按值查找和按序号查找(假设所有元素值不相同)。

解:由于数组的插入和删除的时间复杂度为 $O(n)$,但按序号查找的时间复杂度为 $O(1)$,unordered_map 按键值查找的时间复杂度接近于 $O(1)$,所以将两者结合起来,不妨假设元素为 string 类型。对应的数据结构和相关算法如下:

```
struct DS {                              //定义的数据结构
    vector < string > data;              //用 vector 存放元素
    unordered_map < string, int > ht;    //用 unordered_map 存放元素的下标
};
void Insert(DS &ds, string str) {        //插入元素 str
    ds.data.push_back(str);
    int i = ds.data.size() - 1;          //获取最后元素的下标
```

```
        ds.ht[str] = i;
    }
    bool Searchi(DS ds, int i, string &str) {      //查找下标为 i 的元素 str
        if(i < 0 || i >= ds.data.size())
            return false;
        str = ds.data[i];
        return true;
    }
    int Searchs(DS ds, string &str){               //查找值为 str 的元素的下标
        unordered_map < string, int >::iterator it;
        it = ds.ht.find(str);
        if (it!= ds.ht.end())
            return it -> second;
        else
            return -1;
    }
    bool Delete(DS &ds, string str) {              //删除元素 str
        int i = Searchs(ds, str);                  //查找元素 str 的下标
        if(i == -1) return false;                  //没有 str 元素返回 false
        int j = ds.data.size() - 1;                //求尾元素的下标
        ds.data[i] = ds.data[j];                   //i 下标元素用尾元素代替
        ds.ht[ds.data[j]] = i;                     //修改哈希表中原来尾元素的下标
        ds.data.pop_back();                        //从 data 中删除尾元素
    }
```

第 2 章

递归算法设计技术

2.1 本章知识结构

本章主要讨论递归的概念、递归算法设计方法、递归的经典应用示例和递推式的计算方法,其知识结构如图 2.1 所示。

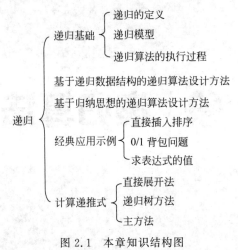

图 2.1 本章知识结构图

2.2 《教程》中的练习题及其参考答案

1. 给出以下程序的执行结果。

```
void fun( int n, int &m) {
    if (n > 1) {
        n--; m--;
        printf("(1)n = % d, m = % d\n", n, m);
        fun(n, m);
        printf("(2)n = % d, m = % d\n", n, m);
    }
}
int main() {
    int n = 4, m = 4;
    fun(n, m);
    return 0;
}
```

答:本程序的执行结果如下。

(1) n=3,m=3

(1) n=2,m=2

(1) n=1,m=1

(2) n=1,m=1

(2) n=2,m=1

(2) n＝3,m＝1

2. 如何修改第 1 题中的递归算法 fun 使得 m 和 n 的输出结果相同？

答：修改递归算法 fun 如下。

```
void fun(int n,int &m) {
    if (n>1) {
        n--; m--;
        printf("(1)n= %d,m= %d\n",n,m);
        fun(n,m);
        printf("(2)n= %d,m= %d\n",n,m);
        m++;                         //恢复 m 的值
    }
}
```

修改后程序的输出结果如下：

(1) n＝3,m＝3

(1) n＝2,m＝2

(1) n＝1,m＝1

(2) n＝1,m＝1

(2) n＝2,m＝2

(2) n＝3,m＝3

3. 设有以下递归算法，分析 fun(8) 的返回值是多少。

```
int fun(int n) {
    if(n<1)
        return 0;
    if(n<=4)
        return 1;
    return fun(n-1) + fun(n-2) + fun(n-3) + fun(n-4);
}
```

答：上述递归算法的递归模型如下。

$f(n)=0$　　　　　　　　　　　　　　　　　　当 $n<1$ 时

$f(n)=1$　　　　　　　　　　　　　　　　　　当 $n \leqslant 4$ 时

$f(n)=f(n-1)+f(n-2)+f(n-3)+f(n-4)$　　其他情况

类似求斐波那契数列，根据上述递归模型求出如下结果：

n	0	1	2	3	4	5	6	7	8
$f(n)$	0	1	1	1	1	4	7	13	25

所以 fun(8) 的返回值是 25。

4. 分析以下递推式的计算结果。

$T(1)=1$

$T(n)=T(n/2)+T(n/4)+n$　　当 $n>1$ 时

答：构造的一棵递归树如图 2.2 所示，设左边最长路径的长度为 h（指路径上经过的分支线数目），则有 $n(1/2)^h=1$，求出 $h=\log_{0.5}n$。第 1 层和为 $(1/2)^0 n$，第 2 层和为 $(3/4)^1 n$，第 3 层和为 $(3/4)^2 n$，以此类推，则 $T(n)=\sum_{i=0}^{h}\left(\dfrac{3}{4}\right)^i n=O(n)$。

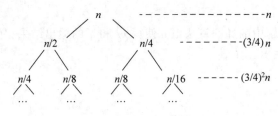

图 2.2　一棵递归树

5. 分析以下递推式的计算结果。

$$T(1)=1$$
$$T(n)=5T(n/2)+(n\log_2 n)^2 \qquad\qquad 当 n>1 时$$

答： 这里 $a=5,b=2,f(n)=(n\log_2 n)^2=(n^{1+\varepsilon})^2=n^{2+2\varepsilon}$（其中 ε 是很小的正数），$n^{\log_b a}=n^{\log_2 5}>f(n)$，由于 $f(n)<O(n^2)$，根据主定理，$T(n)=O(n^{\log_2 5})$。

6. 分析以下递推式的计算结果。

$$T(1)=1$$
$$T(n)=9T(n/3)+n \qquad\qquad 当 n>1 时$$

答： 这里 $a=9,b=3,f(n)=n,n^{\log_b a}=n^{\log_3 9}=O(n^2)$，由于 $f(n)<O(n^2)$，根据主定理，$T(n)=O(n^2)$。

7. 分析《教程》例 2.19 中求斐波那契数列的第 n 项的时间复杂度。

答： 设求斐波那契数列第 n 项 $f(n)$ 的执行时间为 $T(n)$，则 $f(n-1)$ 的执行时间为 $T(n-1)$，$f(n-2)$ 的执行时间为 $T(n-2)$，再考虑一次加法运算，所以得到 $T(n)$ 的时间递推式如下。

$$T(n)=1 \qquad\qquad 当 n=1 时$$
$$T(n)=1 \qquad\qquad 当 n=2 时$$
$$T(n)=T(n-1)+T(n-2)+1 \qquad\qquad 当 n>2 时$$

给出求 $f(n)$ 和 $T(n)$ 的前 10 项如下：

n	1	2	3	4	5	6	7	8	9	10
$f(n)$	1	1	2	3	5	8	13	21	34	55
$T(n)$	1	1	3	5	9	15	25	41	67	109

可以发现当 $n>2$ 时两者之间的关系是 $T(n)=2f(n)-1$。采用第二数学归纳法证明如下：

（1）$n=3$ 时 $f(3)=2$，而 $T(3)=3$，该式成立。

（2）假设问题规模小于 n 时均成立，即 $T(n-1)=2f(n-1)-1,T(n-2)=2f(n-2)-1$ 成立，则 $T(n)=T(n-1)+T(n-2)+1=2f(n-1)-1+2f(n-2)-1+1=2(f(n-1)+f(n-2))-1=2f(n)-1$。

由《教程》中的例 2.19 可知，$f(n)\approx\dfrac{1}{\sqrt{5}}\varphi^n\left(其中 \varphi=\dfrac{1+\sqrt{5}}{2}\approx 1.61803\right)$，所以 $T(n)=2f(n)-1=\dfrac{2}{\sqrt{5}}\varphi^n-1=O(\varphi^n)$。

8. 设计一个递归算法，不使用 * 运算符实现两个正整数的相乘，可以使用加号、减号或者位移运算符,但用尽可能少的运算符。

解:设 $f(a,b)$ 返回 $a \times b$,保证 $a \leqslant b$。假设 $a/2$ 是整除法:

(1) 当 $a=1$ 时,$f(a,b)=b$。

(2) 当 a 为偶数时,$a \times b=((a/2) \times b) \times 2$,即 $f(a,b)=f(a \gg 1,b) \ll 1$。

(3) 当 a 为奇数时,$a \times b=(a-1) \times b+b=((a/2) \times b) \times 2+b$($a$ 为奇数时 $a/2=$ $(a-1)/2$),即 $f(a,b)=(f(a \gg 1,b) \ll 1)+b$。

对应的递归算法如下:

```
int multiply(int a,int b) {                          //求 a * b
    if(a > b)
        return multiply(b,a);
    if(a == 1)
        return b;
    if(a % 2 == 0)                                    //a 为偶数
        return multiply(a >> 1,b) << 1;
    else                                             //a 为奇数
        return (multiply(a >> 1,b) << 1) + b;
}
```

9. 有一个不带头结点的单链表 L,设计一个算法删除第一个值为 x 的结点。

解:设 $f(L,x)$ 删除单链表 L 中第一个值为 x 的结点,并返回删除后的单链表,为大问题,则小问题 $f(L\text{->}next,x)$ 是删除单链表 $L\text{->}next$ 中第一个值为 x 的结点,并返回删除后的单链表。对应的递归模型如下:

$f(L,x)=NULL$ 当 $L=NULL$ 时

$f(L,x)=L\text{->}next$ 当 $L\text{->}val=x$ 时

$f(L,x)=f(L\text{->}next,x)$ 其他情况

对应的递归算法如下:

```
ListNode * delx(ListNode * L,int x) {
    if(L == NULL) return NULL;
    if(L -> val == x) {
        ListNode * h = L -> next;
        delete L;
        return h;
    }
    else {
        L -> next = delx(L -> next,x);
        return L;
    }
}
```

10. 有一个不带头结点的单链表 L,设计一个算法删除所有值为 x 的结点。

解:设 $f(L,x)$ 删除单链表 L 中所有值为 x 的结点,并返回删除后的单链表,为大问题,则小问题 $f(L\text{->}next,x)$ 是删除单链表 $L\text{->}next$ 中所有值为 x 的结点,并返回删除后的单链表。对应的递归模型如下:

$f(L,x)=NULL$ 当 $L=NULL$ 时

$f(L,x)=h$(删除结点 L,$h=f(L\text{->}next,x)$)   当 $L\text{->}val=x$ 时

$f(L,x)=f(L\text{->}next,x)$ 其他情况

对应的递归算法如下:

```
ListNode * delallx(ListNode * L, int x) {
    if (L == NULL) return NULL;
    if (L -> val == x) {
        ListNode * h = L -> next;
        delete L;
        return delallx(h, x);
    }
    else {
        L -> next = delallx(L -> next, x);
        return L;
    }
}
```

11. 假设二叉树采用二叉链存储结构存放,结点值为 int 类型,设计一个递归算法求二叉树 r 中所有叶子结点值之和。

解:设 $f(r)$ 返回二叉树 r 中所有叶子结点值之和,其递归模型如下。

$f(r)=0$ 当 $r=$ NULL 时

$f(r)=r\text{-}{>}\text{val}$ 当 $r\neq$ NULL 且 r 结点为叶子结点时

$f(r)=f(r\text{-}{>}\text{left})+f(r\text{-}{>}\text{right})$ 其他情况

对应的递归算法如下:

```
int leafsum(TreeNode * r) {          //求二叉树 r 中所有叶子结点值之和
    if (r == NULL) return 0;
    if (r -> left == NULL && r -> right == NULL)
        return r -> val;
    int lsum = leafsum(r -> left);
    int rsum = leafsum(r -> right);
    return lsum + rsum;
}
```

12. 二叉树展开为链表(LeetCode114★★)。给定一棵二叉树,设计一个算法原地将它展开为一个单链表。例如,如图 2.3(a)所示的二叉树展开的单链表如图 2.3(b)所示,单链表的指针利用二叉树的右指针 right 表示。要求设计如下成员函数:

```
void flatten(TreeNode * r) { }
```

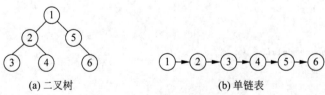

(a) 二叉树   (b) 单链表

图 2.3 一棵二叉树和展开的链表

解:设大问题 $f(r)$ 用于将二叉树 r 展开为一个单链表 r,则两个小问题是 $f(r\text{-}{>}\text{left})$ 和 $f(r\text{-}{>}\text{right})$,分别用于将二叉树 r 的左、右子树展开为单链表 A 和单链表 B,单链表 A 的首结点是 $r\text{-}{>}\text{left}$,单链表 B 的首结点是 $r\text{-}{>}\text{right}$。如图 2.4 所示为图 2.3(a)所示的二叉树展开后的根结点、单链表 A 和单链表 B 三部分,然后做以下操作将它们依次链接起来即可。

(1) 用 tmp 记录单链表 B 的根结点,即执行 tmp$=r\text{-}{>}\text{right}$。

(2) 链接根结点和单链表 A,即执行 $r\text{-}{>}\text{right}=r\text{-}{>}\text{left}$,$r\text{-}{>}\text{left}=$NULL。

（3）沿着根结点的 right 指针找到单链表 A 的尾结点 p。

（4）置 $p \rightarrow \text{right} = \text{tmp}$，将单链表 B 链接到前面展开部分的后面。

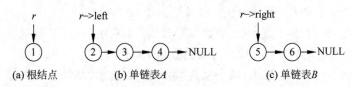

图 2.4　一棵二叉树展开的三部分

对应的程序如下：

```
class Solution {
public:
    void flatten(TreeNode * r) {              //递归算法
        if(r == NULL)                         //空树直接返回
            return;
        flatten(r->left);
        flatten(r->right);
        TreeNode * tmp = r->right;            //临时存放单链表 B 的首结点
        r->right = r->left;
        r->left = NULL;
        TreeNode * p = r;
        while(p->right!= NULL)                //找到单链表 A 的尾结点 p
            p = p->right;
        p->right = tmp;                       //链接起来
    }
};
```

上述程序提交后通过，执行用时为 0ms，内存消耗为 12.3MB。

13. 某数列为 $\{a_i \mid i \geqslant 1\}$，首项 $a_1 = 0$，后续奇数项和偶数项的计算公式分别为 $a_{2n} = a_{2n-1} + 2$，$a_{2n+1} = a_{2n-1} + a_{2n} - 1$，设计求数列第 n 项的递归算法。

解：设 $f(m)$ 用于计算数列第 m 项的值。

（1）当 m 为偶数时，不妨设 $m = 2n$，则 $2n - 1 = m - 1$，由 $a_{2n} = a_{2n-1} + 2$ 推出 $f(m) = f(m-1) + 2$。

（2）当 m 为奇数时，不妨设 $m = 2n + 1$，则 $2n - 1 = m - 2$，$2n = m - 1$，由 $a_{2n+1} = a_{2n-1} + a_{2n} - 1$ 推出 $f(m) = f(m-2) + f(m-1) - 1$。

对应的递归算法如下：

```
int fun(int m) {                        //递归算法
    if (m == 1) return 0;
    if (m % 2 == 0)
        return fun(m-1) + 2;
    else
        return fun(m-2) + fun(m-1) - 1;
}
```

14. 假设一元买一瓶水，两个空瓶换一瓶水，3 个瓶盖换一瓶水，设计一个算法求 n（$n > 3$）元最多可以得到多少瓶水。

解：以 $n = 3$ 为例，用 ans 表示最多可以得到多少瓶水（初始为 0）。

（1）ans += 3 ⇨ ans = 3，3 元买 3 瓶水，喝完后得到 3 个空瓶和 3 个瓶盖。

（2）3 个空瓶换 3/2 = 1 瓶水，3 个瓶盖换 3/3 = 1 瓶水，总共新得两瓶水，ans += 2 ⇨ ans =

5,喝完后的空瓶数为 2+3%2=3,瓶盖数为 2+3%3=2。

（3）3 个空瓶换 3/2=1 瓶水,两个瓶盖换 2/3=0 瓶水,总共新得一瓶水,ans+=1⇨ans=6,喝完后的空瓶数为 1+3%2=2,瓶盖数为 1+2%3=3。

（4）两个空瓶换 2/2=1 瓶水,3 个瓶盖换 3/3=1 瓶水,总共新得两瓶水,ans+=2⇨ans=8,喝完后的空瓶数为 2+2%2=2,瓶盖数为 2+3%3=2。

（5）两个空瓶换 2/2=1 瓶水,两个瓶盖换 2/3=0 瓶水,总共新得一瓶水,ans+=1⇨ans=9,喝完后的空瓶数为 1+2%2=1,瓶盖数为 1+2%3=3。

（6）一个空瓶换 1/2=0 瓶水,3 个瓶盖换 3/3=1 瓶水,总共新得一瓶水,ans+=1⇨ans=10,喝完后的空瓶数为 1+1%2=2,瓶盖数为 1+3%3=1。

（7）两个空瓶换 2/2=1 瓶水,一个瓶盖换 1/3=0 瓶水,总共新得一瓶水,ans+=1⇨ans=11,喝完后的空瓶数为 1+2%2=1,瓶盖数为 1+1%3=2。

剩下的空瓶和瓶盖数无法再继续兑换,算法结束,所以最多可以得到 11 瓶水。

设大问题 $f(\mathrm{bot},\mathrm{empbot},\mathrm{cap})$ 表示有 bot 瓶水,喝完该次水后剩余 empbot 个空瓶和 cap 个瓶盖。求解过程是先将 bot 累计到 ans 中。

（1）当 empbot<2 且 empbot<3 时结束,ans 即为所求。

（2）否则计算喝完 bot 瓶水后的结果,经过兑换新得水瓶数 newbot=empbot/2+cap/3,剩余空瓶数 newempbot=empbot+empbot%2,剩余瓶盖数 newcap=newbot+cap%3,对应的 $f(\mathrm{newbot},\mathrm{newempbot},\mathrm{newcap})$ 是小问题,即大问题在喝完一次水后转换为小问题。

对应的递归算法如下:

```
void drinkwater(int bot, int empbot, int cap) {          //递归算法
    ans += bot;
    if (empbot < 2 && cap < 3)
        return;
    int newbot = empbot/2 + cap/3;
    int newempbot = newbot + empbot % 2;
    int newcap = newbot + cap % 3;
    drinkwater(newbot, newempbot, newcap);
}
int solve(int n) {                                        //求解算法
    ans = 0;
    drinkwater (n, n, n);
    return ans;
}
```

15. 从 n 个不同的球中任意取出 m 个(不放回,并且 $0 \leqslant m \leqslant n < 100$),设计一个递归算法求有多少种不同取法。

解：设大问题 $f(n,m)$ 表示从 n 个不同的球中取出 m 个球的不同取法数。

（1）对于其中一个球 A,取球 A,剩下 $n-1$ 个球,对应的小问题是从 $n-1$ 个不同的球中取出 $m-1$ 个球,其不同取法数为 $f(n-1,m-1)$。

（2）不取球 A,对应的小问题是从剩下的 $n-1$ 个球中取出 m 个球,其不同取法数为 $f(n-1,m)$。

根据加法原理有 $f(n,m)=f(n-1,m-1)+f(n-1,m)$。对应的递归模型如下:

$$f(n,m)=0 \qquad\qquad\qquad\qquad 当 m>n 时$$
$$f(n,m)=1 \qquad\qquad\qquad\qquad 当 m=0 时$$

$$f(n,m) = 1 \qquad\qquad 当 m = n 时$$
$$f(n,m) = f(n-1,m-1) + f(n-1,m) \qquad\qquad 其他情况$$

对应的递归算法如下：

```
int cnt(int n, int m) {                          //递归算法
    if(m > n)
        return 0;
    if(m == 0)
        return 1;
    if(m == n)
        return 1;
    return cnt(n-1,m-1) + cnt(n-1,m);
}
```

上述递归算法的性能低下，可以改为等价的迭代算法：

```
int cnt1(int n, int m) {                          //迭代算法
    int x[100][100];
    memset(x,0,sizeof(x));
    for(int i = 0; i <= n; i++) {
        for(int j = 0; j <= m; j++) {
            if(j == 0)
                x[i][j] = 1;
            else if(i == j)
                x[i][j] = 1;
            else
                x[i][j] = x[i-1][j-1] + x[i-1][j];
        }
    }
    return x[n][m];
}
```

2.3 补充练习题及其参考答案

2.3.1 单项选择题及其参考答案

1. 在以下求 $n!$ 的递归算法中的空白处应选择_____。

```
long fact(int n) {
    if(n == 0)
        return 1;
    else
        return _____;
}
```

  A. $n * (n-1)$ B. n

  C. $n * \text{fact}(n-1)$ D. $\text{fact}(n) * (n-1)$

2. 以下递归算法中递归出口的条件是_____。

```
void fun(int n) {
    if(n > 0) {
        cout << n % 10;
```

```
        fun(n/10);
    }
}
```
　　A. $n>0$　　　　　　B. $n<=0$　　　　　C. 没有递归出口　　D. $n<0$

3. 以下递归算法中递归出口的条件是_____。

```
int fun(int n) {
    if(n==1)
        return 1;
    else
        return n+fun(n-1);
}
```
　　A. $n==1$　　　　　B. $n>1$　　　　　C. $n<1$　　　　　D. 没有递归出口

4. 以下递归算法的描述中正确的是_____。

```
int sum(int i) {
    if(i<=0)
        return 0;
    else
        return i+sum(i-1);
}
```
　　A. 调用 sum(0) 的返回值是 1　　　　B. 调用 sum(1) 的返回值是 0
　　C. 调用 sum(2) 的返回值是 5　　　　D. 调用 sum(10) 的返回值是 55

5. 在以下判断字符串 s 是否为回文的递归算法中的空白处应选择_____。

```
bool ispal(string& s,int l,int h) {
    if(h<=l)
        return true;
    else if(s[l]!=s[h])
        return false;
    else
        _____;
}
bool ispalindrome(string& s) {
    return ispal(s,0,s.size()-1);
}
```
　　A. ispal(s)　　　　　　　　　B. ispal(s,l,h)
　　C. ispal(s,l+1,h)　　　　　　D. ispal(s,l+1,h-1)

6. 设有以下递归算法，则 fun(1291) 的返回值是_____。

```
int fun(int n) {
    if(n<=10)
        return n;
    else
        return n%10+fun(n/10);
}
```
　　A. 13　　　　　　B. 129　　　　　　C. 1921　　　　　　D. 1291

7. 设有以下递归算法，则 fun(1291) 的返回值是_____。

```
int fun(int n) {
    if(n<=2)
        return 3;
```

```
    else
        return n * fun(n - 1);
}
```

A. 30   B. 无限循环   C. 9   D. 2160

8. 给定如下递归算法，则该算法的时间复杂度是_____。

```
int fun(int n) {
    if(n <= 1)
        return 1;
    else
        return n * fun(n - 1);
}
```

A. $O(n)$ B. $O(n\log_2 n)$ C. $O(\log_2 n)$ D. $O(n^2)$

9. 给定如下递归算法，则该算法的时间复杂度是_____。

```
int fun(int n) {
    if(n <= 1)
        return 2;
    else
        return fun(n/2) + n;
}
```

A. $O(n)$ B. $O(n\log_2 n)$ C. $O(\log_2 n)$ D. $O(n^2)$

10. 给定如下递归算法，则该算法的时间复杂度是_____。

```
void fun(int n, int x, int y) {
    int z = 0;
    if(n <= 0)
        z = x + y;
    else {
        fun(n - 1, x + 1, y);
        fun(n - 1, x, y + 1);
    }
}
```

A. $O(2^n)$ B. $O(n)$ C. $O(\log_2 n)$ D. $O(n^2)$

2.3.2 问答题及其参考答案

扫一扫

在线资源

1. 简述递归求解的思路。

2. 设有以下递归算法，分析 fun(fun(8)) 的返回值是多少。

```
int fun(int n) {
    if(n <= 3)
        return 1;
    else
        return fun(n - 2) + fun(n - 4) + 1;
}
```

3. 分析以下递归算法的时间复杂度。

```
int fun(int n) {
    if(n <= 10)
        return n;
```

```
        else
            return n % 10 + fun(n/10);
    }
```

4. 分析以下递归算法的时间复杂度。

```
int fun(int n) {
    if(n <= 1)
        return 2;
    else {
        int s = 0;
        for(int i = 0; i < n; i++)
            s += i;
        return fun(n/2) + s;
    }
}
```

5. 分析以下递推式的计算结果。

$T(1) = 1$

$T(n) = T(n-1) + \log_2 n$　　　　　　　　当 $n > 1$ 时

6. 给出以下递推式的计算结果。

$T(n) = 1$　　　　　　　　　　　　　　当 $n \leq 1$ 时

$T(n) = 2T(n/2) + n^2 \log_2 n$　　　　　　当 $n > 1$ 时

7. 给出以下递推式的计算结果。

$T(n) = 1$　　　　　　　　　　　　　　当 $n \leq 1$ 时

$T(n) = 4T(n/2) + 3n^2 + 2n$　　　　　　当 $n > 1$ 时

2.3.3　算法设计题及其参考答案

1. 有一个不带头结点的单链表 L，设计一个算法释放其中的所有结点。

解：设 $L = \{a_0, a_1, \cdots, a_{n-1}\}$，大问题 $f(L)$ 的功能是释放 $a_1 \sim a_n$ 的所有结点，则小问题 $f(L \text{->} \text{next})$ 的功能是释放 $a_1 \sim a_{n-1}$ 的所有结点。假设 $f(L \text{->} \text{next})$ 已实现，则 $f(L)$ 就可以采用先调用 $f(L \text{->} \text{next})$，然后释放 L 所指结点来求解。对应的递归模型如下：

$f(L) \equiv$ 不做任何事情　　　　　　　　当 $L = \text{NULL}$ 时

$f(L) \equiv f(L \text{->} \text{next})$；释放 L 结点　　其他情况

其中，"$\equiv$"表示功能等价关系。对应的递归算法如下：

```
void freelist(ListNode * &L){          //释放单链表 L 中的所有结点
    if (L != NULL){
        freelist(L -> next);
        delete L;
    }
}
```

2. 对于不带头结点的单链表 L，设计一个递归算法正序输出所有结点值。

解：设 $f(L)$ 正序输出单链表 L 的所有结点值。其递归模型如下：

$f(L) \equiv$ 不做任何事情　　　　　　　　当 $L = \text{NULL}$ 时

$f(L) \equiv$ 输出 $L \text{->} \text{val}$；$f(L \text{->} \text{next})$；　当 $L \neq \text{NULL}$ 时

对应的递归算法如下：

```
void displist(ListNode * L) {            //正序输出所有结点值
    if (L!= NULL) {
        printf(" % d ",L->val);
        displist(L->next);
    }
}
```

3. 对于不带头结点的单链表 L，设计一个递归算法逆序输出所有结点值。

解：设 $f(L)$ 逆序输出单链表 L 的所有结点值。其递归模型如下：

$f(L) \equiv$ 不做任何事情   当 $L =$ NULL 时

$f(L) \equiv f(L\text{->next})$；输出 $L\text{->val}$ 当 $L \neq$ NULL 时

对应的递归算法如下：

```
void revdisp(ListNode * L) {            //逆序输出所有结点值
    if (L!= NULL){
        revdisp(L->next);
        printf(" % d ",L->val);
    }
}
```

4. 对于不带头结点的非空单链表 L，设计一个递归算法返回值最大结点的地址（假设这样的结点唯一）。

解：设 $f(L)$ 返回单链表 L 中值最大结点的地址。其递归模型如下：

$f(L) = L$ 当 L 只有一个结点时

$f(L) = \text{MAX}\{f(L\text{->next}), L\text{->val}\}$ 其他情况

对应的递归算法如下：

```
ListNode * maxnode(ListNode * L) {            //返回值最大结点的地址
    if (L->next == NULL)
        return L;                             //只有一个结点时
    else {
        ListNode * maxp;
        maxp = maxnode(L->next);
        if (L->val > maxp->val)
            return L;
        else
            return maxp;
    }
}
```

5. 对于不带头结点的单链表 L，设计一个递归算法返回第一个值为 x 的结点的地址，如果没有这样的结点返回 NULL。

解：设 $f(L,x)$ 返回单链表 L 中第一个值为 x 的结点的地址。其递归模型如下：

$f(L,x) =$ NULL   当 $L =$ NULL 时

$f(L,x) = L$ 当 $L \neq$ NULL 且 $L\text{->val} = x$ 时

$f(L,x) = f(L\text{->next},x)$ 其他情况

对应的递归算法如下：

```
ListNode * firstxnode(ListNode * L,int x){            //返回第一个值为 x 的结点的地址
    if (L == NULL) return NULL;
    if (L->val == x)
        return L;
```

```
    else
        return firstxnode(L->next,x);
}
```

6. 两两交换链表中的结点(LeetCode24★★)。给定一个不带头结点的单链表 head,设计一个算法两两交换相邻的结点,交换方式是结点地址交换而不是结点值交换。例如,单链表 head={1,2,3,4},交换后 head 变为{2,1,4,3};单链表 head={1,2,3,4,5},交换后 head 变为{2,1,4,3,5}。

解:设不带头结点的单链表 head 中存放的元素为$(a_0,a_1,a_2,\cdots)$,大问题 $f(\text{head})$ 用于两两交换单链表 head 中的结点。

(1) 若单链表 head 为空或者只有一个结点(head = NULL 或者 head-> next == NULL),交换后的结果单链表没有变化,返回 head。

(2) 否则,让 last 和 p 分别指向 a_0 和 a_1 结点,显然 $f(p)$ 为小问题,用于两两交换链表 p 中的结点。$f(\text{head})$ 的执行过程是先交换 last 和 head 结点(让 head 指向 a_1 结点,last 指向 a_0 结点),再置 last-> next=$f(p)$,最后返回 head。

对应的递归算法如下:

```
ListNode* swapPairs(ListNode* head) {          //两两交换链表中的结点
    if (head == NULL || head->next == NULL)
        return head;                            //空或者只有一个结点的情况
    ListNode * last = head->next;               //last 指向 a1
    ListNode * p = last->next;                  //p 指向 a2
    last->next = head;                          //交换 head 和 last 结点
    head = last; last = head->next;
    last->next = swapPairs(p);
    return head;
}
```

7. 假设二叉树采用二叉链存储结构存放,结点值为 int 类型,设计一个递归算法求二叉树 r 中所有值大于或等于 k 的结点的个数。

解:设 $f(r,k)$ 返回二叉树 r 中所有值大于或等于 k 的结点的个数。其递归模型如下:

$f(r,k)=0$ 当 r=NULL 时

$f(r,k)=f(r\text{-> left},k)+f(r\text{-> right},k)+1$ 当 $r\neq$NULL 且 r-> val$\geqslant k$ 时

$f(r,k)=f(r\text{-> left},k)+f(r\text{-> right},k)$ 其他情况

对应的递归算法如下:

```
int cntk(TreeNode * r,int k){                   //求大于或等于 k 的结点的个数
    if (r == NULL) return 0;
    int lnum = cntk(r->left,k);
    int rnum = cntk(r->right,k);
    if (r->val >= k)
        return lnum + rnum + 1;
    else
        return lnum + rnum;
}
```

8. 假设二叉树采用二叉链存储结构存放,所有结点值均不相同,设计一个递归算法求值为 x 的结点的层次(根结点的层次为1),如果没有找到这样的结点返回0。

解:设 $f(r,x,h)$ 返回二叉树 r 中 x 结点的层次,其中 h 表示 r 所指结点的层次,初始

调用时 r 指向根结点，h 置为 1。其递归模型如下：

$f(r,x,h)=0$ 　　　　　　　　当 $r=$ NULL 时

$f(r,x,h)=h$ 　　　　　　　　当 $r\neq$ NULL 且 $r\text{->}val=x$ 时

$f(r,x,h)=l$ 　　　　　　　　当 $l=f(r\text{->}left,x,h+1)\neq0$ 时

$f(r,x,h)=f(r\text{->}right,x,h+1)$ 　　其他情况

对应的递归算法如下：

```
int level(TreeNode * r, int x, int h) {        //求二叉树 r 中 x 结点的层次
    if (r == NULL) return 0;
    if (r -> val == x)                         //找到 x 结点,返回 h
        return h;
    else {
        int l = level(r -> left, x, h + 1);    //在左子树中查找
        if (l != 0)                            //在左子树中找到,返回其层次 l
            return l;
        else
            return level(r -> right, x, h + 1); //返回在右子树中的查找结果
    }
}
```

9. 对称二叉树(LeetCode101★)。给定一棵二叉树，设计一个算法检查它是否为镜像对称的，若是镜像对称的，返回 true，否则返回 false。例如，如图 2.5(a)所示的二叉树 A 是镜像对称的，返回 true，而如图 2.5(b)所示的二叉树 B 不是镜像对称的，返回 false。

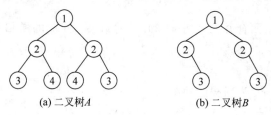

(a) 二叉树A　　　　　　　　(b) 二叉树B

图 2.5　两棵二叉树

解：设 $f(r1,r2)$ 表示两棵二叉树 $r1$ 和 $r2$ 是否镜像对称(当 $r1$ 和 $r2$ 镜像对称时返回 true，否则返回 false)。对应的递归模型如下：

$f(r1,r2)=$ true 　　　　当 $r1=r2=$ NULL 时

$f(r1,r2)=$ false 　　　　当 $r1$、$r2$ 中一棵为空，另外一棵不空时

$f(r1,r2)=$ false 　　　　当 $r1$ 和 $r2$ 均不空且两个结点值不同时

$f(r1,r2)=$ false 　　　　当 $r1$ 和 $r2$ 均不空且 $f(r1\text{->}left,r2\text{->}right)$ 为 false 时

$f(r1,r2)=$ false 　　　　当 $r1$ 和 $r2$ 均不空且 $f(r1\text{->}right,r2\text{->}left)$ 为 false 时

$f(r1,r2)=$ true 　　　　其他情况

对应的递归算法如下：

```
bool isMirror(TreeNode * r1, TreeNode * r2) {   //判断 r1 和 r2 是否对称
    if (r1 == NULL && r2 == NULL)
        return true;
    else if (r1 == NULL || r2 == NULL)
        return false;
    if (r1 -> val != r2 -> val)
        return false;
    if (isMirror(r1 -> right, r2 -> left) == false)
```

```
        return false;
    if (isMirror(r1 -> left, r2 -> right) == false)
        return false;
    return true;
}
bool isSymmetric(TreeNode * root) {                    //求解递归算法
    if (root == NULL)
        return true;
    return
        isMirror(root -> left, root -> right);
}
```

10. 合并二叉树(LeetCode617★)。给定两棵二叉树,在将其中一棵覆盖到另一棵上时两棵二叉树的一些结点会重叠。设计一个算法将两棵二叉树合并为一棵新的二叉树,合并的规则是如果两个结点重叠,那么将它们的值相加作为结点合并后的新值,否则不为空的结点直接作为新二叉树的结点。例如,如图 2.6 所示,由树 1 和树 2 合并后得到树 3。

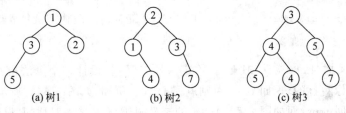

图 2.6　3 棵二叉树

解：设 $f(r1, r2)$ 返回合并二叉树 $r1$ 和 $r2$ 的结果。对应的递归模型如下：

$f(r1, r2) = r2$　　　　　　　　　　　　　　　当 $r1 = $ NULL 时

$f(r1, r2) = r1$　　　　　　　　　　　　　　　当 $r2 = $ NULL 时

$f(r1, r2) = r1$(以 $r1$ 为新树的根结点, 即 $r1$-> val $+= r2$-> val　其他情况

　　　　　　$r1$-> left $= f(r1$-> left, $r2$-> left);

　　　　　　$r1$-> right $= f(r1$-> right, $r2$-> right))

对应的递归算法如下：

```
TreeNode * mergeTrees(TreeNode * root1, TreeNode * root2){
    if(root1 == NULL)
        return root2;
    if(root2 == NULL)
        return root1;
    root1 -> val += root2 -> val;                    //将结点值相加的结果存放到 root1 中
    root1 -> left = mergeTrees(root1 -> left, root2 -> left);
    root1 -> right = mergeTrees(root1 -> right, root2 -> right);
    return root1;
}
```

11. 猴子第一天摘下 N 个桃子,当时就吃了一半,但不过瘾,又多吃了一个。第二天又将剩下的桃子吃掉一半,又多吃了一个。以后每天都吃前一天剩下的一半零一个。到第 10 天再想吃的时候就剩下一个桃子了,设计一个递归算法求第一天共摘下多少个桃子。

解：设大问题 $f(n)$ 表示猴子第 n 天吃的桃子。

(1) $n = 10$ 时 $f(n) = 1$。

(2) 否则每天都吃前一天剩下的一半零一个,即第 $n+1$ 天吃的桃子数为 $f(n)/2+1$,

那么第 $n+1$ 天剩下的桃子 $f(n+1)=f(n)-(f(n)/2+1)=f(n)/2-1$,进一步推出 $f(n)=(f(n+1)+1)/2$。

对应的递归模型如下:

$$f(10)=1$$
$$f(n)=(f(n+1)+1)/2 \qquad\qquad 当 n<10 时$$

本问题是求 $f(1)$。对应的递归算法如下:

```
int peachs(int n) {                              //递归算法
    if(n == 10) return 1;
    else return (peachs(n + 1) + 1) * 2;
}
```

12. 一只青蛙可以一次跳一级台阶或者一次跳两级台阶,设计一个算法求青蛙要跳上第 n 级台阶有多少种不同的跳法。

解:设 $f(n)$ 表示青蛙跳上第 n 级台阶的不同跳法数。

(1) 当 $n=1$ 时只有一次跳一级台阶的跳法,即 $f(1)=1$。

(2) 当 $n=2$ 时,一种跳法是一次跳一级台阶(共跳两次),另外一种跳法是一次跳两级台阶(共跳一次),即 $f(2)=2$。

(3) 当 $n>2$ 时,考虑青蛙的第一次跳法,第一次跳一级台阶,剩下 $n-1$ 级台阶,此种跳法最终的不同跳法数为 $f(n-1)$;第一次跳两级台阶,剩下 $n-2$ 级台阶,此种跳法最终的不同跳法数为 $f(n-2)$。采用加法原理有 $f(n)=f(n-1)+f(n-2)$。

对应的递归模型如下:

$$f(1)=1$$
$$f(2)=2$$
$$f(n)=f(n-1)+f(n-2) \qquad\qquad 当 n>2 时$$

对应的递归算法如下:

```
int stairs(int n) {                              //递归算法
    if(n == 1) return 1;
    else if(n == 2) return 2;
    else return stairs(n - 1) + stairs(n - 2);
}
```

上述递归算法的性能低下,可以改为等价的迭代算法:

```
int stairs1(int n) {                             //迭代算法
    if(n == 1) return 1;
    else if(n == 2) return 2;
    else {
        int a,b,c;
        a = 1; b = 2;
        for(int i = 3; i <= n; i++) {
            c = a + b;
            a = b; b = c;
        }
        return c;
    }
}
```

13. 有一个细胞,它每秒分裂一次,每个新分裂的细胞从第 4 秒开始每秒也会分裂一个细胞。设计一个算法求第 $n(n<100)$ 秒时共有多少个细胞?

解：设 $f(n)$ 表示第 n 秒时的细胞数，推导过程如表 2.1 所示。

表 **2.1** 第 n 秒时的细胞数

第几秒	细胞总数
1	1
2	2
3	3
4	4
5	6（第 4 秒细胞数＋第 2 秒细胞数）
6	9（第 5 秒细胞数＋第 3 秒细胞数）
…	…
n	第 $n-1$ 秒细胞数＋第 $n-3$ 秒细胞数

对应的递归模型如下：

$f(1)=1$

$f(n)=f(n-1)+1$　　　　　　　　　　　当 $n<5$ 时

$f(n)=f(n-1)+f(n-3)$　　　　　　　　其他情况

对应的递归算法如下：

```
int cells(int n) {                    //递归算法
    if (n == 1) return 1;
    else if (n < 5) return cells(n - 1) + 1;
    else return cells(n - 1) + cells(n - 3);
}
```

上述递归算法的性能低下，可以改为等价的迭代算法：

```
int cells1(int n) {                    //迭代算法
    int x[100];
    for (int i = 1; i <= n; i++) {
        if (i == 1) x[i] = 1;
        else if (i < 5) x[i] = x[i - 1] + 1;
        else x[i] = x[i - 1] + x[i - 3];
    }
    return x[n];
}
```

第3章 穷举法

3.1 本章知识结构

本章主要讨论穷举法的概念、算法执行中列举元素的方法、基本优化数据结构和穷举法经典应用示例,其知识结构如图 3.1 所示。

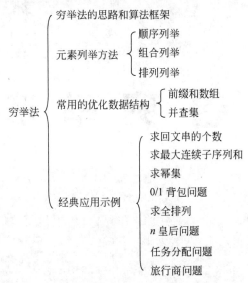

图 3.1 本章知识结构图

3.2 《教程》中的练习题及其参考答案

1. 简述穷举法的基本思想。

答:穷举法的基本思想是根据问题的部分条件确定解的大致范围,并在此范围内对所有可能的情况逐一验证,直到全部情况验证完毕。若某个情况验证符合题目的全部条件,则为本问题的一个解;若全部情况验证后都不符合题目的全部条件,则本问题无解。

2. 简述穷举法中有哪几种列举方法。

答:穷举法中常用的列举方法如下。

(1)顺序列举:指问题的解范围内的各种情况很容易与自然数对应甚至就是自然数,可以按自然数的变化顺序去列举。

(2)组合列举:指问题的解表现为一些元素的组合,可以通过组合列举方式枚举所有的组合情况,通常情况下组合列举是无序的。

(3)排列列举:指问题的解表现为一组元素的排列,可以通过排列列举方式枚举所有的排列情况,针对不同的问题有些排列列举是无序的,有些是有序的。

3. 举一个例子说明前缀和数组的应用。

答:例如有 m 个询问,某个询问要求 a 到 b 的素数的个数(a、b 均为大于 1 的正整数,

$a \leqslant b$，并且 b 的最大值不超过 10 000）。定义一个数组 $c[10000]$，采用素数筛选法求出 c，其中 $c[i]=1$ 表示整数 i 是素数，$c[i]=0$ 表示整数 i 不是素数。再定义一个前缀和数组 psum，其中 $psum[i]$ 表示 $2 \sim i$ 中素数的个数。对应的递推关系如下：

$$psum[1]=0$$
$$psum[2]=c[2]=1$$
$$psum[i]=c[2]+c[3]+\cdots+c[i-1]+c[i]=psum[i-1]+c[i] \qquad i>2$$
$$psum[j]=c[2]+c[3]+\cdots+c[i-1]+c[i]+c[i+1]+\cdots+c[j]$$
$$=psum[i-1]+c[i+1]+\cdots+c[j] \qquad\qquad j \geqslant i$$

因此有 $psum[j]-psum[i]=c[i+1]+\cdots+c[j]$ 或者 $psum[j]-psum[i-1]=c[i]+\cdots+c[j]$，所以 a 到 b 的素数的个数为 $psum[b]-psum[a-1]$。当一次性求出 psum 数组后，m 个询问花费的时间为 $O(m)$。

4. 举一个例子说明并查集的应用。

答：例如给定一个用邻接矩阵 A 表示的无向图（顶点的编号为 $0 \sim n-1$），求其中连通分量的个数。采用并查集求解，首先调用 Init(n) 初始化并查集，然后遍历 A，当 $A[i][j]=1$ 时调用 Union(i,j) 合并顶点 i 和 j。最后求其中子集树的个数即为图的连通分量的个数。

5. 考虑下面的算法，用于求数组 a 中相差最小的两个元素的差。请对这个算法做尽可能多的改进。

```
int mindif(int a[],int n) {
    int dmin = INF;
    for (int i = 0;i <= n - 2;i++) {
        for (int j = i + 1;j <= n - 1;j++){
            int temp = abs(a[i] - a[j]);
            if (temp < dmin) dmin = temp;
        }
    }
    return dmin;
}
```

答：该算法的时间复杂度为 $O(n^2)$，采用的是最基本的穷举法。改进方法是先对 a 中的元素递增排序，然后依次比较相邻元素的差，求出最小差，对应的优化算法如下：

```
int mindif1(int a[],int n) {
    sort(a,a + n);                          //递增排序
    int dmin = a[1] - a[0];
    for (int i = 2;i < n;i++){
        int tmp = a[i] - a[i-1];
        if (tmp < dmin) dmin = tmp;
    }
    return dmin;
}
```

优化算法的时间主要花费在排序上，算法的时间复杂度为 $O(n\log_2 n)$。

6. 为什么采用穷举法求解 n 皇后问题时列举方式是排列列举？

答：n 皇后问题是在 $n \times n$ 的棋盘中放置互相不冲突的 n 个皇后，假设行、列号是 $0 \sim n-1$，每一行只能放置一个皇后，剩下的问题是确定每一个皇后的列号，全部 n 个皇后的列号恰好是 $0 \sim n-1$ 的一个排列，所以采用穷举法求解时列举方式是排列列举。

7. 给定一个整数数组 $a=(a_0,a_1,\cdots,a_{n-1})$，若 $i<j$ 且 $a_i>a_j$，称 $<a_i,a_j>$ 为一个逆

序对。例如数组(3,1,4,5,2)的逆序对有<3,1>、<3,2>、<4,2>、<5,2>。设计一个算法采用穷举法求 a 中逆序对的个数,即逆序数。

解:采用两重循环直接判断是否为逆序对,算法的时间复杂度为 $O(n^2)$。对应的穷举法算法如下:

```
int revcnt(int a[ ], int n) {
    int ans = 0;
    for(int i = 0; i < n - 1; i++) {
        for(int j = i + 1; j < n; j++) {
            if(a[i] > a[j]) ans++;
        }
    }
    return ans;
}
```

8. 求最长回文子串(LeetCode5★★)。给定一个字符串 s,设计一个算法求 s 中的最长回文子串,如果有多个最长回文子串,求出其中的任意一个。例如,s = "babad",答案为 "bab" 或者 "aba"。要求设计如下成员函数:

string longestPalindrome(string s) { }

解:利用《教程》中 3.3 节求回文子串问题的优化算法求解,用 ans 存放 s 中的最长回文子串(初始为空串)。修改其中的 cnt 算法求 ans,对于子串 $s[l..r]$,若 $s[l] = s[r]$,说明 $s[l..r]$ 为回文,执行 $l--$ 和 $r++$ 继续向两边扩展。当循环结束后此时的 $s[l+1..r-1]$ 就是本次中心点扩展得到的最长回文子串,其长度为 $r-l-1$,若该长度大于 ans.size(),则置 ans = s.substr($l+1, r-l-1$)。最后返回 ans 即可。对应的算法如下:

```
class Solution {
    int n;
    string ans;
public:
    string longestPalindrome(string s) {
        ans = "";
        n = s.size();
        for(int c = 0; c < n; c++)          //考虑每个字符位置为回文中心点
            cnt(s, c, c);
        for(int c = 0; c < n - 1; c++)      //考虑每两个字符的中间位置为回文中心点
            cnt(s, c, c + 1);
        return ans;
    }
    void cnt(string &s, int l, int r) {     //求最长回文子串
        while (l >= 0 && r < n && s[l] == s[r]) {
            l-- ; r++;
        }
        if(r - l - 1 > ans.size())
            ans = s.substr(l + 1, r - l - 1);
    }
};
```

上述程序提交后通过,执行用时为 20ms,内存消耗为 10.8MB。

9. 求解涂棋盘问题。小易有一块 $n \times n$ 的棋盘,棋盘的每一个格子都为黑色或者白色,小易现在要用他喜欢的红色去涂画棋盘。小易会找出棋盘的某一列中拥有相同颜色的最大区域去涂画,帮助小易计算他会涂画多少个棋盘格。

输入格式：输入数据包括 $n+1$ 行，第一行为一个整数 $n(1 \leqslant n \leqslant 50)$，即棋盘的大小，接下来的 n 行每行一个字符串，表示第 i 行棋盘的颜色，'W'表示白色，'B'表示黑色。

输出格式：输出小易会涂画的区域大小。

输入样例：

```
3
BWW
BBB
BWB
```

输出样例：

```
3
```

解：采用穷举法求解，统计每一列相同颜色的相邻棋盘格的个数 countj，在 countj 中求最大值。对应的程序如下：

```
# include < iostream >
# include < algorithm >
using namespace std;
# define MAXN 51
int n;
char board[MAXN][MAXN];
int getmaxarea() {                      //求解算法
    int maxarea = 0;
    for (int j = 0; j < n; j++) {
        int countj = 1;
        for (int i = 1; i < n; i++) {        //统计第 j 列中相同颜色的相邻棋盘格的个数
            if (board[i][j] == board[i-1][j]) countj++;
            else countj = 1;
        }
        maxarea = max(maxarea,countj);
    }
    return maxarea;
}
int main() {
    scanf("%d",&n);
    for (int i = 0;i < n;i++)
        scanf("%s",board[i]);
    printf("%d\n",getmaxarea());
    return 0;
}
```

10．电话号码的字母组合（LeetCode17★★）。给定一个仅包含数字 $2 \sim 9$ 的长度为 $n(0 \leqslant n \leqslant 4)$ 的字符串 digits，设计一个算法求所有能表示的字母组合，答案可以按任意顺序返回。给出数字到字母的映射如图 3.2 所示（与电话的按键相同），注意 1 不对应任何字母。例如，digits ＝ "23"，答案是｛"ad"，"ae"，"af"，"bd"，"be"，"bf"，"cd"，"ce"，"cf"｝。要求设计如下成员函数：

图 3.2 用电话按键表示的
数字到字母的映射

vector < string > letterCombinations(string digits) { }

解：用 unordered_map < char，string >类型的容器 hmap 表

示数字到字母的映射关系,用 vector < string >容器 ps 存放 digits 的所有能表示的字母组合。这里以 digits="23"为例进行说明,用 i 遍历 digits,其求解过程如下:

(1) $i=0$,digits[0]='2',将 hmap['2']映射的字符串中的每个字符作为一个字符串添加到 ps 中。这里 hmap['2']="abc",则 ps={"a","b","c"}。

(2) $i=1$,digits[1]='3',置 ps1=ps,清空 ps。提取 mapstr=hmap['3'],在 ps1 中每个字符串的末尾添加 mapstr 的每个字符,将结果存放在 ps 中。这里 mapstr=hmap['3']="def",ps1={"a","b","c"},组合起来得到 ps={"ad","ae","af","bd","be","bf","cd","ce","cf"}。

从中可以看出,求解过程就是枚举 digits 的每一个字符 digits[i],对应的值域为 hmap[digits[i]],全部组合起来得到结果。对应的代码如下:

```cpp
class Solution {
public:
    vector < string > letterCombinations(string digits) {
        int n = digits.size();
        if(n == 0) return {};
        unordered_map < char, string > hmap = {{'2',"abc"},{'3',"def"},{'4',"ghi"},
                {'5',"jkl"},{'6',"mno"},{'7',"pqrs"},{'8',"tuv"},{'9',"wxyz"}}; //映射表
        vector < string > ps;
        for (int i = 0; i < hmap[digits[0]].size(); i++)
            ps.push_back(string(1,hmap[digits[0]][i]));
        for (int i = 1; i < n; i++) {
            vector < string > ps1 = ps;
            ps.clear();
            for (int j = 0; j < ps1.size(); j++) {
                string mapstr = hmap[digits[i]];
                for (int k = 0; k < mapstr.size(); k++) {
                    string e = ps1[j];
                    e.push_back(mapstr[k]);
                    ps.push_back(e);
                }
            }
        }
        return ps;
    }
};
```

11. 求子数组的和为 k 的个数(LintCode838★)。给定一个整数数组 nums 和一个整数 k,设计一个算法求该数组中连续子数组的和为 k 的总个数。例如,nums={2,1,−1,1,2},$k=3$,和为 3 的子数组为(2,1)、(2,−1,1,2)、(2,1,−1,1)和(1,2),答案为 4。要求设计如下成员函数:

```cpp
int subarraySumEqualsK(vector < int > &nums, int K) { }
```

解:用整数变量 ans 存放答案(初始为 0)。采用直接穷举法,通过两重循环穷举所有的连续子序列,对应的代码如下:

```cpp
class Solution {
public:
    int subarraySumEqualsK(vector < int > &nums, int K) {
        int n = nums.size();
        int ans = 0;
```

```
        for (int i = 0;i < n;i++) {                    //用两重循环穷举所有的连续子序列
            for (int j = i;j < n;j++) {
                int cursum = 0;
                for (int k = i;k < = j;k++)
                    cursum += nums[k];
                if(cursum == K) ans++;
            }
        }
        return ans;
    }
};
```

上述程序会超时(time limit exceeded)。改进的方法是采用前缀和数组 psum 提高时间性能,psum[i]表示 nums[0..i]的元素和,另外定义一个 unordered_map $<$ int, int $>$ 类型的哈希表 cntmap 实现前缀和数组的计数,置 cntmap[0]=1。在求出 psum 数组后,用 i 遍历 psum,若当前 psum[i]$-k$ 出现在 cntmap 中,说明找到了和为 k 的连续子数组,其个数为 cntmap[psum[i]$-k$],将其累计到 ans 中,同时将 cntmap[psum[i]]增 1。最后返回 ans。对应的代码如下:

```
class Solution {
public:
    int subarraySumEqualsK(vector < int > &nums, int K) {
        unordered_map < int, int > cntmap;
        int n = nums. size();
        int psum[n];
        psum[0] = nums[0];
        for (int i = 1;i < n;i++)
            psum[i] = psum[i - 1] + nums[i];
        int ans = 0;
        cntmap[0] = 1;
        for (int i = 0;i < n;i++) {
            ans += cntmap[psum[i] - K];
            cntmap[psum[i]]++;
        }
        return ans;
    }
};
```

12. 给定 n 个城市(城市编号为从 1 到 n),城市和无向道路成本之间的关系为三元组 (A, B, C),表示在城市 A 和城市 B 之间有一条路,成本是 C,所有的三元组用 tuple 表示。现在需要从城市 1 开始找到旅行所有城市的最小成本。每个城市只能通过一次,可以假设能够到达所有的城市。例如,$n=3$,tuple$=\{\{1,2,1\},\{2,3,2\},\{1,3,3\}\}$,答案为 3,对应的最短路径是 1→2→3。

解:本问题与旅行商问题类似,不同之处是不必回到起点。先将边数组 tuple 转换为邻接矩阵 A,为了简单,将城市编号由 $1\sim n$ 改为 $0\sim n-1$,这样起点变成了顶点 0,并且不必考虑路径中最后一个顶点到顶点 0 的道路。然后采用《教程》第 3 章中 3.10 节求 TSP 问题的穷举法求出最短路径长度 ans 并返回。对应的穷举法算法如下:

```
const int INF = 0x3f3f3f3f;                           //表示∞
int mincost(int n, vector < vector < int >> &tuple) {
    if(n == 1) return 0;
    vector < vector < int >> A(n, vector < int >(n,INF));   //邻接矩阵
```

```
for(int i = 0; i < tuple.size(); i++) {
    int a = tuple[i][0] - 1;
    int b = tuple[i][1] - 1;
    int w = tuple[i][2];
    A[a][b] = A[b][a] = w;
}
vector < int > path;
for(int i = 1; i < n; i++)                      //初始化 path = {1, 2, …, n - 1}
    path.push_back(i);
int ans = INF;
do {
    int curlen = 0, u = 0, j = 0;
    while(j < path.size()) {
        int v = path[j];
        curlen += A[u][v];                      //对应一条边 <u, v>
        u = v;
        j++;
    }
    ans = min(ans, curlen);
} while(next_permutation(path.begin(), path.end()));
return ans;
}
```

13. n 皇后问题 Ⅱ(LintCode34★★)。给定一个整数 $n(n \leqslant 10)$,设计一个算法求 n 皇后问题的解的数量。例如,$n = 4$ 时答案为 2,也就是说 4 皇后问题共有两个解。要求设计如下成员函数:

```
int totalNQueens(int n) { }
```

解:利用求 n 皇后问题的全部解的思路,仅改为当找到一个解时不是输出解而是累计解的个数 ans,最后返回 ans 即可。对应的代码如下:

```
class Solution {
public:
    int totalNQueens(int n) {                    //求解算法
        int q[12];
        for(int i = 0; i < n; i++)q[i] = i;      //初始化 q 为 0～n - 1
        int ans = 0;
        do {
            if(isaqueen(n, q))ans++;             //当 q 是一个解时 ans 增 1
        } while(next_permutation(q, q + n));     //取 q 的下一个排列
        return ans;
    }
    bool isaqueen(int n, int q[]) {              //判断 q 是否为 n 皇后问题的一个解
        for(int i = 1; i < n; i++) {
            if(!valid(i, q)) return false;
        }
        return true;
    }
    bool valid(int i, int q[]) {                 //测试 (i, q[i]) 位置是否与前面的皇后不冲突
        if (i == 0) return true;
        int k = 0;
        while (k < i) {                          //k = 0～i - 1 是已放置了皇后的行
            if ((q[k] == q[i]) || (abs(q[k] - q[i]) == abs(k - i)))
                return false;                    //(i, q[i])与皇后 k 有冲突
            k++;
        }
```

```
        return true;
    }
};
```

上述程序提交后通过,执行用时为 365ms,内存消耗为 5.42MB。

3.3　　补充练习题及其参考答案 ✳

3.3.1　单项选择题及其参考答案

1. 列举所有可能的情况,逐个判断哪些符合问题所要求的条件,从而得到问题的解,这是_____的思路。

　　A. 解析法　　　　　　B. 顺序查找算法　　C. 递归法　　　　　D. 穷举法

2. 穷举法的适用范围是_____。

　　A. 一切问题　　　　　　　　　　　　B. 解的个数极多的问题

　　C. 解的个数有限且可一一列举的问题　　D. 不适合设计算法的问题

3. 以下关于穷举法的描述中正确的是_____。

　　A. 穷举法是一种适用于解决小规模问题的方法

　　B. 可作为产生其他有效算法的基础

　　C. 可作为其他有效算法的衡量标准

　　D. 以上都正确

4. 以下关于穷举算法的描述中正确的是_____。

　　A. 穷举算法的时间复杂度一般都比较高,在求解问题时不可取

　　B. 穷举算法的时间复杂度与枚举对象的数目有关,减少枚举对象的数目是提高穷举算法效率的重要手段

　　C. 穷举算法只能用循环实现

　　D. 穷举算法不能用递归实现

5. 有 100 块砖,100 个人搬,一个男人搬 4 块,一个女人搬 3 块,两个小孩抬一块,要求一次全搬完,问需要男、女、小孩各多少人。该搬砖问题适合采用_____求解。

　　A. 穷举法　　　　　　B. 解析法　　　　　C. 递归法　　　　　D. 排序法

6. 如果一个 4 位数恰好等于它的各位数字的四次方之和,则这个数被称为“玫瑰花数”。例如 1634 就是一个玫瑰花数,即 $1634 = 1^4 + 6^4 + 3^4 + 4^4$。如果要求出所有的玫瑰花数,下列算法中合适的是_____。

　　A. 查找法　　　　　　B. 解析法　　　　　C. 穷举法　　　　　D. 排序法

7. 一张单据上有一个 5 位数的号码 67??8,其中百位和十位上的数字看不清楚了,但知道该数能够被 78 整除,也能被 67 整除,设计一个算法求出该号码。下列算法中合适的是_____。

　　A. 穷举法　　　　　　B. 解析法　　　　　C. 排序法　　　　　D. 查找法

8. 以下适合采用穷举法求解的是_____。

A. 求两个实数之间所有实数的个数

B. 对一个边数少于 10 的带权有向图求出其中一个顶点到另外一个顶点的所有路径

C. 列出所有的汉字

D. 给定一个三角形的边长求其面积

9. 在采用穷举法求解以下问题时属于组合列举的是_____。

A. n 皇后问题

B. 查找某个班最高分的学生的姓名

C. 在 n 个学生分数中选择总分数为 k 的 m 个分数

D. 在一个递增有序的数组中查找一个元素

10. 在采用穷举法求解以下问题时属于排列列举的是_____。

A. n 皇后问题

B. 查找某个班最高分的学生的姓名

C. 在 n 个学生分数中选择总分数为 k 的 m 个分数

D. 在一个递增有序的数组中查找一个元素

扫一扫

在线资源

3.3.2　问答题及其参考答案

1. 某城市的电话号码共 8 位,采用穷举法找到其中某个电话号码最多需要比较多少次?

2. 有人说穷举算法的时间性能差,没有任何意义,你如何理解?

3. 有人说穷举算法只能采用迭代实现,不能采用递归实现,你如何理解?

4. 求 1～1000 中所有能够被 5 和 7 整除的奇数,给出采用穷举法求解时尽可能优化的枚举值域和约束条件。

5. 鸡兔同笼问题是一个笼子里有鸡和兔若干只,数一数,共有 a 个头、b 条腿。假设鸡和兔各有 x 和 y 只,给出采用穷举法求解时尽可能优化的枚举值域和约束条件。

6. 为什么采用穷举法求解 0/1 背包问题时列举方式是组合列举?

7. 假设有一个含 n 个整数的数组 a 以及一个整数 t,现在在 a 中找出若干和等于 t 的元素,问采用穷举法求解时列举方式是什么?

3.3.3　算法设计题及其参考答案

1. 有 1～4 共 4 个数字,设计一个算法求能组成多少个互不相同而且无重复数字的三位数。

解:用 abc 表示互不相同而且无重复数字的三位数,其中 a、b 和 c 的取值范围均为 1～4,用 ans 存放这样的三位数的个数(初始为 0)。显然满足要求的条件是 a！＝b ＆＆ a！＝c ＆＆ b！＝c。对应的穷举算法如下:

```
int count() {
    int ans = 0;
    for(int a = 1;a < 5;a++) {
        for(int b = 1;b < 5;b++) {
            for(int c = 1;c < 5;c++) {
```

```
                    if(a!= b && a!= c && b!= c) ans++;
                }
            }
        }
        return ans;
    }
```

2. 所谓"水仙花数"是指一个三位数,其各位数字的立方和等于该数本身。例如 153 是一个水仙花数,因为 $153 = 1^3 + 5^3 + 3^3$。设计一个算法求所有水仙花数。

解:用 abc 表示一个三位数,a 的取值范围是 $1\sim9$,b 和 c 的取值范围是 $0\sim9$,求所有满足 $a\times100+b\times10+c = a\times a\times a+b\times b\times b+c\times c\times c$ 的水仙花数。对应的穷举算法如下:

```
void flower() {
    for(int a = 1;a < 10;a++) {
        for(int b = 0;b < 10;b++) {
            for(int c = 0;c < 10;c++) {
                int s = a * 100 + b * 10 + c;
                if(a * a * a + b * b * b + c * c * c == s)
                    printf(" % d\n",s);
            }
        }
    }
}
```

3. 有一个三位数,个位数字比百位数字大,而百位数字又比十位数字大,并且各位数字之和等于各位数字相乘之积,求此三位数。

解:用 abc 表示该三位数,依题意 $c>a$、$a>b$,即 $c>a>b$,b 的取值范围是 $0\sim9$,同时满足 $a+b+c=a\times b\times c$。对应的穷举算法如下:

```
void threed() {
    for(int b = 0;b < 10;b++) {
        for(int a = b + 1;a < 10;a++) {
            for(int c = a + 1;c < 10;c++) {
                if(a + b + c == a * b * c)
                    printf("abc = % d% d% d\n",a,b,c);
            }
        }
    }
}
```

4. 有 $n(n\geqslant4)$ 个正整数,存放在数组 a 中,设计一个算法从中选出 3 个正整数组成周长最长的三角形,输出该三角形的周长,若无法组成三角形则输出 0。

解:采用直接穷举思路,用 i、j、k 三重循环,让 $i<j<k$ 以避免正整数被重复选中。设选中的 3 个正整数 $a[i]$、$a[j]$、$a[k]$ 之和为 curlen,其中最大正整数为 ma,能组成三角形的条件是两边之和大于第三边,即 ma$<$curlen-ma。对应的穷举算法如下:

```
int maxlen(int a[],int n) {
    int ans = 0;
    for (int i = 0;i < n;i++) {
        for (int j = i + 1;j < n;j++) {
            for (int k = j + 1;k < n;k++) {
                int curlen = a[i] + a[j] + a[k];
                int ma = max3(a[i],a[j],a[k]);
```

```
                if (ma < curlen - ma)           //a[i]、a[j]、a[k]能组成一个三角形
                    ans = max(ans,curlen);       //求最长的周长
            }
        }
    }
    return ans;
}
```

5. 有一堆硬币,面值只有 1 分、2 分和 5 分 3 种,其中有 57 枚面值不是 5 分,有 77 枚面值不是 2 分,有 72 枚面值不是 1 分,设计一个算法求 1 分、2 分和 5 分的硬币各有多少,输出全部答案。

解：设 1 分、2 分、5 分硬币的个数分别是 x、y 和 z,则 $x+y=57$,$x+z=77$,$y+z=72$,可以推出 $x \leqslant 57$,$y \leqslant 57$,$z \leqslant 72$。对应的穷举算法如下：

```
void coins() {
    for (int x = 0;x < = 57;x++) {
        for (int y = 0;y < = 57;y++) {
            for (int z = 0;z < = 72;z++) {
                if (x + y == 57 && x + z == 77 && y + z == 72)
                    printf("x = % d,y = % d,z = % d\n",x,y,z);
            }
        }
    }
}
```

6. 对于给定的整数 $n(n > 1)$,设计一个穷举算法求 $1!+2!+\cdots+n!$,并改进该算法提高时间性能。

解：直接采用穷举算法如下。

```
long fact(int n) {                              //求 n!
    long fn = 1;
    for (int i = 2;i < = n;i++) fn = fn * i;
    return fn;
}
long fsum1(int n) {                             //求 1! + 2! + … + n!
    long ans = 0;
    for (int i = 1;i < = n;i++)
        ans += fact(i);
    return ans;
}
```

实际上,$fact(n)=fact(n-1) \times n$,$fact(1)=1$,在求 $fact(n)$ 时可以利用 $fact(n-1)$ 的结果。改进后的算法如下：

```
long fsum2(int n) {                             //求 1! + 2! + … + n!
    long ans = 0;
    long fn = 1;
    for (int i = 1;i < = n;i++) {
        fn = fn * i;
        ans += fn;
    }
    return ans;
}
```

7. 某年级的同学集体去公园划船,如果每只船坐 10 个人,那么多出两个座位;如果每只船多坐两个人,那么可少租一只船。设计一个算法用穷举法求该年级的最多人数。

解：设该年级的人数为 x，租船数为 y。因为每只船坐 10 个人多出两个座位，则 $x = 10 \times y - 2$；因为每只船多坐两个人（即 12 人）时可少租一只船（没有说座位是否恰好全部占满），有 $x + z = 12 \times (y - 1)$，$z$ 表示此时空出的座位，显然 $z < 12$。让 y 从 1 到 100（实际上 y 取更大范围的结果是相同的）、z 从 0 到 11 枚举，求出最大的 x 即可。对应的穷举算法如下：

```
int maxstuds() {
    int x;
    for (int y = 1;y <= 100;y++) {
        for (int z = 0;z < 12;z++) {
            if (10 * y - 2 == 12 * (y - 1) - z) x = 10 * y - 2;
        }
    }
    return x;
}
```

8. 求解完数问题。如果一个大于 1 的正整数的所有因子之和等于它本身，则称这个数是完数，例如 6、28 都是完数，因为 $6 = 1 + 2 + 3$，$28 = 1 + 2 + 4 + 7 + 14$。设计一个算法求两个正整数之间完数的个数。

输入格式：输入数据包含多行，第一行是一个正整数 n，表示测试实例的个数，然后是 n 个测试实例，每个实例占一行，由两个正整数 num1 和 num2 组成（$1 <$ num1，num2 $< 10\ 000$）。

输出格式：对于每组测试数据，输出 num1 和 num2 之间（包括 num1 和 num2）存在的完数的个数。

输入样例：

```
2
2 5
5 7
```

输出样例：

```
0
1
```

解：对于输入的 n，循环 n 次，每次输入 num1 和 num2，调用 count(num1，num2) 求这两个数之间完数的个数，该算法枚举 num1 和 num2 之间的数（包括这两个数），判断是不是完数，如果是完数，则累计到 ans 中，最后返回 ans。对应的程序如下：

```
# include < iostream >
# include < algorithm >
using namespace std;
int n;
int count(int num1,int num2) {              //求 num1 和 num2 之间完数的个数
    int ans = 0;
    for(int j = num1;j <= num2;j++) {       //执行 num2 - num1 + 1 次循环
        int sum = 0;
        for(int k = 1;k < j;k++) {
            if(j % k == 0) sum += k;        //累计 j 的因子
        }
        if (sum == j) ans++;                //如果是完数,累计个数
    }
```

```
        return ans;
    }
int main(){
    int num1,num2;
    scanf(" % d",&n);
    for(int i = 0;i < n;i++) {              //执行 n 次循环
        scanf(" % d % d",&num1,&num2);      //输入两个整数
        printf(" % d\n",count(num1,num2));
    }
    return 0;
}
```

9. 三角形最大面积(LintCode1005★)。给定二维平面上的 $n(3 \leqslant n \leqslant 50)$ 个点 points $(-50 \leqslant \text{points}[i][j] \leqslant 50)$,设计一个算法求由其中 3 个点形成的三角形的最大面积。例如,points$=\{\{0,0\},\{0,1\},\{1,0\},\{0,2\},\{2,0\}\}$,答案是 2。要求设计如下成员函数:

```
double largestTriangleArea(vector < vector < int >> &points) {}
```

解:枚举 points 中的任意 3 个点 x、y、z,求出其面积 s,通过比较求最大面积 ans(当 x、y 和 z 中存在相同点时面积为 0,所以不必判重),最后返回 ans 即可。对应的代码如下:

```
class Solution {
public:
    double largestTriangleArea(vector < vector < int >> &points) {
        int n = points.size();
        double ans = 0;
        for(auto x:points) {
            for(auto y:points) {
                for(auto z:points) {
                    double s = 0.5 * (x[0] * y[1] + y[0] * z[1] + z[0] * x[1] - x[0] * z[1] - y
[0] * x[1] - z[0] * y[1]);
                    ans = max(ans,s);
                }
            }
        }
        return ans;
    }
};
```

10. 图是否为树(LintCode178★★)。给出 n 个顶点,编号为 $0 \sim n-1$,并且给出一个无向边的列表(给出每条边的两个顶点),设计一个算法判断这个无向图是否为一棵树。假设列表中没有重复的边。例如,$n=5$,edges$=\{\{0,1\},\{0,2\},\{0,3\},\{1,4\}\}$,答案是 true。要求设计如下成员函数:

```
bool validTree(int n, vector < vector < int >> &edges) { }
```

解:采用并查集求解,遍历 edges 的每一条边(a,b),求出对应子集树的编号 ra 和 rb,若 ra=rb,说明之前 a 和 b 已经连通,再加上边(a,b)一定出现回路,则该图不是树,返回 false,否则合并 ra 和 rb。当 edges 遍历完毕,说明图中没有回路,再求出子集树的棵数 cnt,若只有一棵子集树,说明该图是树,返回 true,否则说明该图不是树,返回 false。对应的算法如下:

```
class Solution {
public:
    int n;
```

```
vector < int > parent;                          //并查集存储结构
vector < int > rnk;                             //存储结点的秩(近似于高度)
bool validTree( int n, vector < vector < int >> &edges) {
    this -> n = n;
    int m = edges.size();
    parent.resize(n);
    rnk.resize(n);
    Init();
    for( int i = 0; i < m; i++) {
        int a = edges[i][0];
        int b = edges[i][1];
        int ra = Find(a);
        int rb = Find(b);
        if(ra == rb) return false;
        else Union(ra, rb);
    }
    int cnt = 0;
    for( int i = 0; i < n; i++) {
        if(parent[i] == i) cnt++;
    }
    return cnt == 1;
}
void Init() {                                   //并查集的初始化
    for (int i = 0; i < n; i++) {
        parent[i] = i;
        rnk[i] = 0;
    }
}
int Find(int x) {                               //递归算法:在并查集中查找 x 结点的根结点
    if (x != parent[x])
        parent[x] = Find(parent[x]);            //路径压缩
    return parent[x];
}
void Union(int rx, int ry) {                    //两个根合并
    if (rx == ry) return;                       //x 和 y 属于同一棵树的情况
    if (rnk[rx]< rnk[ry])
        parent[rx] = ry;                        //rx 结点作为 ry 的孩子
    else {
        if (rnk[rx] == rnk[ry])                 //秩相同,合并后 rx 的秩增 1
            rnk[rx]++;
        parent[ry] = rx;                        //ry 结点作为 rx 的孩子
    }
}
};
```

11. 求解好多鱼问题。牛牛有一个鱼缸,鱼缸里面已经有 n 条鱼,每条鱼的大小为 fishSize$[i]$ $(1 \leqslant i \leqslant n$,均为正整数),牛牛现在想把新捕捉的鱼放入鱼缸。鱼缸内存在着大鱼吃小鱼的定律,经过观察,牛牛发现若一条鱼 A 为另外一条鱼 B 的大小的 2～10 倍(含 2 倍和 10 倍),则鱼 A 会吃掉鱼 B。牛牛需要保证放进去的鱼是安全的,不会被其他鱼吃掉,并且放进去的鱼也不能吃掉其他鱼。

鱼缸里面存在的鱼已经相处了很久,不必考虑它们互相捕食。现在知道新放入鱼的大小范围[minSize, maxSize](考虑鱼的大小都是整数表示),牛牛想知道有多少种大小的鱼可以放入这个鱼缸。

输入格式：输入数据包括 3 行，第一行为新放入鱼的大小范围[minSize,maxSize]($1\leqslant$ minSize,maxSize$\leqslant 1000$)，以空格分隔，第二行为鱼缸里面已经有的鱼的数量 n ($1\leqslant n\leqslant$ 50)，第三行为已经有的鱼的大小 fishSize[i]($1\leqslant$ fishSize[i]$\leqslant 1000$)，以空格分隔。

输出格式：输出有多少种大小的鱼可以放入鱼缸。考虑鱼的大小都是整数表示。

输入样例：

1 12
1
1

输出样例：

3

解：直接采用穷举法求解。设有 ans 种大小的鱼可以放入鱼缸（初始为 0）。i 从 minSize 到 maxSize 循环枚举，如果 i 满足题目要求，ans++。最后输出 ans。对应的程序如下：

```cpp
#include<iostream>
using namespace std;
#define MAX 51
int fishSize[MAX];
int n;
int minSize,maxSize;
int ans = 0;
void solve() {                              //求解算法
    bool flag;
    for (int i = minSize; i <= maxSize; i++) {
        flag = true;
        for (int j = 0; j < n; j++) {
            if ((i >= fishSize[j] * 2 && i <= fishSize[j] * 10) || (fishSize[j] >= i * 2 &&
fishSize[j] <= i * 10)) {
                flag = false;               //不能放入
                break;
            }
        }
        if (flag) ans++;                    //能够放入
    }
}
int main() {
    scanf("%d%d",&minSize,&maxSize);
    scanf("%d",&n);
    for (int i = 0; i < n; ++i)
        scanf("%d",&fishSize[i]);
    solve();
    printf("%d\n",ans);
    return 0;
}
```

12. 最大子数组之和为 k（LintCode911★★）。给一个数组 nums 和目标值 k，设计一个算法找到数组中最长的子数组，使其中的元素和为 k，如果没有则返回 0。例如，nums = $\{1,-1,5,-2,3\}$，$k=3$，其中子数组$(1,-1,5,-2)$的和为 3，且长度最大，答案为 4。要求设计如下成员函数：

```cpp
int maxSubArrayLen(vector<int> &nums, int k) { }
```

解：用整数变量 ans 存放答案(初始为 0)。为了提高时间性能,采用前缀和数组 psum 和 unordered_map < int, int >类型的哈希容器 hmap,psum[i]表示 nums[$0..i-1$]的元素和,即前 i 个元素的和,hmap 存放 psum[i]$+k$ 在 hmap 中第一次出现的序号 i,即最小序号。

用 i 遍历 psum,若在 hmap 中找到 psum[i],说明存在一个元素和为 k 的子数组,其长度为 $i-$hmap[psum[i]](该子数组是 nums 的前 i 个元素除去前 hmap[psum[i]]个元素后剩下的元素),通过比较将最大长度存放到 ans 中,若 psum[i]$+k$ 在 hmap 中没有出现,置 hmap[psum[i]$+k$]$=i$。最后返回 ans。对应的代码如下:

```cpp
class Solution {
public:
    int maxSubArrayLen(vector < int > &nums, int k) {
        unordered_map < int, int > hmap;
        int n = nums.size();
        int psum[n + 1];
        psum[0] = 0;
        hmap[k] = 0;
        int ans = 0;
        for(int i = 1; i <= n; i++){
            psum[i] = psum[i - 1] + nums[i - 1];
            if(hmap.find(psum[i]) != hmap.end()){
                ans = max(ans, i - hmap[psum[i]]);
            }
            if(hmap.find(psum[i] + k) == hmap.end()) {
                hmap[psum[i] + k] = i;
            }
        }
        return ans;
    }
};
```

上述程序提交后通过,执行用时为 61ms,内存消耗为 5.59MB。实际上可以将前缀和数组 psum 改为单个变量,以节省空间,对应的代码如下:

```cpp
class Solution {
public:
    int maxSubArrayLen(vector < int > &nums, int k) {
        unordered_map < int, int > hmap;
        int n = nums.size();
        int psum = 0;
        hmap[k] = 0;
        int ans = 0;
        for(int i = 1; i <= n; i++){
            psum += nums[i - 1];
            if(hmap.find(psum) != hmap.end()) {
                ans = max(ans, i - hmap[psum]);
            }
            if(hmap.find(psum + k) == hmap.end()) {
                hmap[psum + k] = i;
            }
        }
        return ans;
    }
};
```

上述程序提交后通过,执行用时为 61ms,内存消耗为 3.61MB。

13. **集合的合并**(LintCode1396★★)。有一个由 $n(n \leqslant 1000)$ 个集合组成的 list,如果两个集合有相同的元素,将它们合并,设计一个算法返回最后还剩下几个集合。例如,list $=$ $\{\{1,2,3\},\{3,9,7\},\{4,5,10\}\}$,答案是 2,合并后剩下的两个集合是 $\{1,2,3,9,7\}$ 和 $\{4,5,10\}$。要求设计如下成员函数:

```
int setUnion(vector < vector < int >> &sets) { }
```

解:采用并查集进行优化。n 个集合的编号为 $0 \sim n-1$,用 unordered_map < int, vector < int >> 类型的哈希映射 hmap 记录每个元素所属的集合编号列表,然后遍历每个元素的所有集合编号列表,将列表中的所有集合编号进行合并,最后求出子集树的个数 ans 并返回。

例如,list $=\{\{1,2,3\},\{3,9,7\},\{4,5,10\}\}$,3 个集合的编号为 $0 \sim 2$,遍历后求出每个元素的集合编号列表如下:

```
1:{0}
2:{0}
3:{0,1}
4:{2}
5:{2}
7:{1}
9:{1}
10:{2}
```

其中只有集合列表 $\{0,1\}$ 的长度大于 1,将 0 和 1 合并。也就是说,3 个集合对应 $U=$ $\{0,1,2\}$,通过上述操作得到关系 $R=\{(0,1)\}$,处理 R 后得到等价类 $\{(0,1),(2)\}$,所以答案为 2。对应的代码如下:

```
class Solution {
    int n;
    vector < int > parent;              //并查集存储结构
    vector < int > rnk;                 //存储结点的秩(近似于高度)
public:
    int setUnion(vector < vector < int >> &sets) {
        n = sets. size();
        parent. resize(n);
        rnk. resize(n);
        unordered_map < int, vector < int >> hmap;
        Init();
        for(int i = 0; i < n; i++) {
            for(int j = 0; j < sets[i]. size(); j++)
                hmap[sets[i][j]]. push_back(i);
        }
        for(auto it = hmap. begin(); it!= hmap. end(); it++) {
            vector < int > tmp = it - > second;
            if(tmp. size()> 1) {
                for(int i = 0; i < tmp. size() - 1; i++)
                    Union(tmp[i], tmp[i + 1]);
            }
        }
        int ans = 0;
        for(int i = 0; i < n; i++) {
            if(parent[i] == i) ans++;
```

```
        }
        return ans;
    }
    void Init() {                           //并查集的初始化
        for (int i = 0;i < n;i++) {
            parent[i] = i;
            rnk[i] = 0;
        }
    }
    int Find(int x) {                       //递归算法:在并查集中查找 x 结点的根结点
        if (x!= parent[x])
            parent[x] = Find(parent[x]);    //路径压缩
        return parent[x];
    }
    void Union(int x,int y) {               //并查集中 x 和 y 的两个集合的合并
        int rx = Find(x);
        int ry = Find(y);
        if (rx == ry) return;               //x 和 y 属于同一棵树的情况
        if (rnk[rx]< rnk[ry])
            parent[rx] = ry;                //rx 结点作为 ry 的孩子
        else {
            if (rnk[rx] == rnk[ry])         //秩相同,合并后 rx 的秩增 1
                rnk[rx]++;
            parent[ry] = rx;                //ry 结点作为 rx 的孩子
        }
    }
};
```

上述程序提交后通过,执行用时为 163ms,内存消耗为 5.46MB。

14. 容器储存的最大水量(LeetCode11★★)。给定一个长度为 $n(2 \leqslant n \leqslant 100\ 000)$ 的整数数组 height,表示有 n 条垂线,第 i 条线的两个端点是 $(i,0)$ 和 $(i,\text{height}[i])$。设计一个算法找出其中的两条线使得它们与 X 轴共同构成的容器可以容纳最多的水,返回容器可以储存的最大水量。例如,height $=\{1,8,6,2,5,4,8,3,7\}$,答案是 49,对应的容器是由 height[1]和 height[8]之间的垂线构成的。要求设计如下成员函数:

```
int maxArea(vector < int > & height) { }
```

解:采用双指针方法,i 和 j 分别指向 height 的两个端点,height$[i]$ 和 height$[j]$ 两条垂线构成的容器的容水量 $S_{i,j}=\min(\text{height}[i],\text{height}[j])\times(j-i)$,若 height$[i]<$ height$[j]$,显然有 $S_{i,j-1} \leqslant S_{i,j}$ 成立,所以执行 $i++$,否则有 $S_{i+1,j} \leqslant S_{i,j}$ 成立,所以执行 $j--$。以此类推,直到 $i=j$,通过比较每次求出的容水量 S 得到最大值 ans,最后返回 ans 即可。对应的代码如下:

```
class Solution {
public:
    int maxArea(vector < int > & height) {
        int n = height. size();
        int i = 0,j = n - 1;
        int ans = 0;
        while(i < j) {
            int curs = min(height[i],height[j]) * (j- i);
            if(height[i]< height[j]) i++;
            else j-- ;
            ans = max(ans,curs);
```

```
        }
        return ans;
    }
};
```

上述程序提交后通过,执行用时为 80ms,内存消耗为 57.6MB。

15. 最长山脉子数组的长度(LeetCode845★★)。把一个长度为 n 的符合下列属性的数组 arr 称为山脉数组:

(1) $n \geq 3$。

(2) 存在下标 $i(0 < i < n-1)$,满足 $arr[0] < arr[1] < \cdots < arr[i-1] < arr[i]$ 并且 $arr[i] > arr[i+1] > \cdots > arr[n-1]$。

给出一个整数数组 arr,设计一个算法求最长山脉子数组的长度,如果不存在山脉子数组则返回 0。例如,arr={2,1,4,7,3,2,5},答案是 5,最长山脉子数组是{1,4,7,3,2}。要求设计如下成员函数:

```
int longestMountain(vector < int > & arr) { }
```

解法 1:采用双指针 i、j 枚举山脉子数组。置 $i=0$,置 $j=i+1$,若 $arr[i] < arr[i+1]$,先找左侧山脉,接着找右侧山脉,得到一个山脉子数组 $arr[i..j]$,其长度为 $j-i+1$。再置 $i=j$ 继续。在所有的山脉子数组中进行比较求最大长度 ans,最后返回 ans 即可。对应的代码如下:

```
class Solution {
public:
    int longestMountain(vector < int > & arr) {
        int n = arr.size();
        int ans = 0, i = 0;
        while(i + 2 < n) {
            int j = i + 1;
            if(arr[i] < arr[i + 1]) {
                while (j + 1 < n && arr[j] < arr[j + 1]) j++;
                if (j < n - 1 && arr[j] > arr[j + 1]) {
                    while (j + 1 < n && arr[j] > arr[j + 1]) j++;
                    ans = max(ans, j - i + 1);
                }
                else j++;
            }
            i = j;
        }
        return ans;
    }
};
```

上述程序提交后通过,执行用时为 24ms,内存消耗为 18.1MB。

解法 2:采用类似前缀和数组的思路,设置 left 和 right 两个一维数组,left[i] 表示 arr[i] 左侧山脉的长度,right[i] 表示 arr[i] 右侧山脉的长度。枚举 arr[i],其作为山峰的山脉子数组长度为 left[i]+right[i]+1,通过比较求最大长度 ans,最后返回 ans 即可。对应的代码如下:

```
class Solution {
public:
    int longestMountain(vector < int > & arr) {
```

```
        int n = arr.size();
        if (n == 0) return 0;
        vector < int > left(n);
        for (int i = 1; i < n; i++) {
            if (arr[i - 1] < arr[i]) left[i] = left[i - 1] + 1;
            else left[i] = 0;
        }
        vector < int > right(n);
        for (int j = n - 2; j > = 0; j -- ) {
            if(arr[j + 1] < arr[j]) right[j] = right[j + 1] + 1;
            else right[j] = 0;
        }
        int ans = 0;
        for (int i = 0; i < n; i++) {
            if (left[i] > 0 && right[i] > 0)
                ans = max(ans, left[i] + right[i] + 1);
        }
        return ans;
    }
};
```

上述程序提交后通过,执行用时为 12ms,内存消耗为 19.2MB。

第 4 章 分治法

4.1 本章知识结构

本章主要讨论分治法的概念、分治法求解问题的特性、分治法的求解过程和分治法经典应用示例,其知识结构如图 4.1 所示。

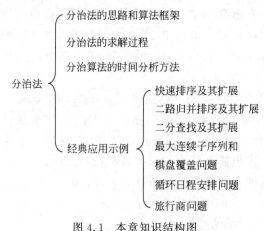

图 4.1 本章知识结构图

4.2 《教程》中的练习题及其参考答案

1. 简述分治法求解问题的基本步骤。

答:采用分治法求解问题的基本步骤如下。

① 分解:将原问题分解为若干个规模较小、一般相互独立并且与原问题形式相同的子问题。

② 求解子问题:若子问题的规模较小且容易解决则直接解,否则递归地解各个子问题。

③ 合并:将各个子问题的解合并为原问题的解。

2. 分治算法只能采用递归算法实现吗?如果你认为是请解释原因;如果你认为不是请给出一个实例。

答:尽管许多常见的分治算法都是采用递归算法实现的,但分治算法并非只能采用递归算法实现,例如二分查找算法就是典型的分治算法,既可以采用递归算法实现,也可以采用迭代算法实现。

3. 已知有序表为{3,5,7,8,11,15,17,22,23,27,29,33},求用二分查找法查找 27 时所需的比较序列和比较次数。

答:查找 27 的比较序列为(15,23,29,27),查找成功共比较 4 次。

4. 假设有 14 个硬币,编号为 0~13,其中编号为 12 的硬币是假币(假币的重量比真币重),给出采用天平称重方法找出该假币的过程。

答：查找假币的过程如下。

(1) 将 14 个硬币分为 A、B 和 C 三组，A 组包含编号为 0～4 的硬币(5 个硬币)，B 组包含编号为 5～9 的硬币(5 个硬币)，C 组包含编号为 10～13 的硬币(4 个硬币)。A 和 B 称重一次，两者相等，假币在 C 中。

(2) 将 C 组硬币分为 A1、B1 和 C1 三组，A1 组和 B1 组中各含一个硬币，C1 组中含两个硬币。A1 组和 B1 组称重一次，两者相等，假币在 C1 组中。

(3) C1 组中仅有两个硬币，两者称重一次，找到较重的假币，即编号为 12 的硬币。

5. 有一个递增有序序列 $(1,3,5,6,8,10,12)$，给出查找 $k=2$ 的插入点的过程。

答：$a[0..6]=(1,3,5,6,8,10,12)$，采用《教程》第 4 章中 4.4.2 节的解法 1，查找 $k=2$ 的插入点的过程如下。

(1) $mid=(0+6)/2=3,k\leqslant a[3]$ 成立，在 $a[0..2]$ 区间中查找。

(2) $mid=(0+2)/2=1,k\leqslant a[1]$ 成立，在 $a[0..0]$ 区间中查找。

(3) $mid=(0+0)/2=0,k\leqslant a[1]$ 不成立，在 $a[1..0]$ 区间中查找。

(4) 查找区间为空，求出插入点为 1(low 或者 high+1)。

6. 有两个长度相同的递增有序序列，$a=(1,5,8,10)$，$b=(2,3,4,7)$，给出求所有元素的中位数的过程(偶数个元素的中位数指较小者)。

答：求所有元素的中位数的过程如下。

(1) a 的中位数为 5,b 的中位数为 3,后者小，删除 b 的前一半元素和 a 的后一半元素得到 $a=(1,5)$,$b=(4,7)$。

(2) a 的中位数为 1,b 的中位数为 4,前者小，删除 a 的前一半元素和 b 的后一半元素得到 $a=(5)$,$b=(4)$。

(3) a 和 b 中均只有一个元素，较小者 4 就是所有元素的中位数。

7. 如何理解快速排序的分治思想？

答：在对 $a[s..t]$ 区间进行快速排序时主要步骤如下。

(1) 分解：选择一个基准元素 base，将 $a[s..t]$ 划分为两个子序列 $a[s..i]$ 和 $a[i+1..t]$(i 为基准元素归位的位置)，$a[s..i]$ 中的元素不大于 base,$a[i+1..t]$ 中的元素不小于 base，即分解为 $a[s..i]$ 和 $a[i+1..t]$ 排序的两个子问题。

(2) 求解子问题：采用递归方式分别对 $a[s..i]$ 和 $a[i+1..t]$ 排序。

(3) 合并：$a[s..i]$ 和 $a[i+1..t]$ 分别排序后，则合起来 $a[s..t]$ 就是排列的结果。

上述过程属于典型的分治法求解问题的过程。

8. 给定一个有 $n(n\geqslant1)$ 个整数的序列，可能含有负整数，要求求出其中最大连续子序列的积。问能不能采用《教程》第 4 章中 4.5 节的求最大连续子序列和的方法？

答：不能。例如，$a[0..5]=\{-2,3,2,4,1,-5\}$，显然最大连续子序列的积为 $(-2)\times3\times2\times4\times(-5)=240$。如果采用上述分治法，$mid=(0+5)/2=2$，划分为 $a[0..2]$ 和 $a[3..5]$ 两部分。递归求出左部分 $(-2,3,2)$ 的最大连续子序列的积为 $3\times2=6$，递归求出右部分 $(4,1,-5)$ 的最大连续子序列的积为 $4\times1=4$。再求出以 $a[mid]=2$ 为中心的最大连续子序列的积为 $3\times2\times4\times1=24$。最终结果为 $MAX\{6,4,24\}=24$。

9. 有一个 8×8 的棋盘，行、列号均为 0～7，一个特殊方格的位置是 $(5,6)$，给出采用 L 形骨牌覆盖其他全部方格的一种方案。

答：一种棋盘覆盖方案如图 4.2 所示。

10．设计一个分治算法求整数数组 a（长度至少为 2）中第二大的元素。

解：设 a 中最大元素为 max1、次大元素为 max2。考虑 $a[low..high]$ 区间，分为 3 种情况进行处理：

（1）若 a 中只有一个元素，置 $max1 = a[low]$，$max2 = -\infty$。

（2）若 a 中只有两个元素，置 $max1 = a[low]$，$max2 = a[high]$。

3	3	4	4	8	8	9	9
3	2	2	4	8	7	7	9
6	2	5	5	11	11	7	10
6	6	5	1	1	11	10	10
18	18	19	1	13	13	14	14
18	17	19	19	13	12	0	14
21	17	17	20	16	12	12	15
21	21	20	20	16	16	15	15

图 4.2 一种棋盘覆盖方案

（3）其他情况，置 $mid = (low + high)/2$，递归求出左区间的 lmax1 和 lmax2、右区间的 rmax1 和 rmax2。当 lmax1 > rmax1 时，$max1 = lmax1$，$max2 = \max(lmax2, rmax1)$，否则 $max1 = rmax1$，$max2 = \max(rmax2, lmax1)$。

最后返回 max2 即可，对应的分治算法如下：

```
void secondmax1(vector < int > &a, int low, int high, int&max1, int&max2) {
    if(low == high) {
        max1 = a[low];
        max2 = - INF;
    }
    else if(low + 1 == high) {
        max1 = max(a[low], a[high]);
        max2 = min(a[low], a[high]);
    }
    else {
        int mid = (low + high)/2;
        int lmax1, lmax2, rmax1, rmax2;
        secondmax1(a, low, mid, lmax1, lmax2);
        secondmax1(a, mid + 1, high, rmax1, rmax2);
        if(lmax1 > rmax1) {
            max1 = lmax1;
            max2 = max(lmax2, rmax1);
        }
        else {
            max1 = rmax1;
            max2 = max(rmax2, lmax1);
        }
    }
}
int secondmax(vector < int > &a) {          //求解算法
    int max1, max2;
    secondmax1(a, 0, a.size() - 1, max1, max2);
    return max2;
}
```

11．设计一个分治算法求数组 a 中元素 x 出现的次数。

解：对于 $a[low..high]$，置 $mid = (low + high)/2$，递归求出左区间中 x 出现的次数 lcnt、右区间中 x 出现的次数 rcnt，返回 lcnt + rcnt 即可。对应的分治算法如下：

```
int countx1(vector < int > &a, int low, int high, int x) {
    if(low == high) {
        if(a[low] == x) return 1;
```

```
            else return 0;
        }
        else {
            int mid = (low + high)/2;
            int lcnt = countx1(a, low, mid, x);
            int rcnt = countx1(a, mid + 1, high, x);
            return lcnt + rcnt;
        }
    }
    int countx(vector < int > &a, int x) {          //求解算法
        return countx1(a, 0, a.size() - 1, x);
    }
```

12. 给定一个含 n 个整数的序列 a，设计一个分治算法求前 k（$1 \leqslant k \leqslant n$）个较小的元素，返回结果的顺序任意。

解：采用快速排序的划分思路在 a 中找到第 k 小的元素 $a[k-1]$，则 $a[0..k-1]$ 就是前 k 个较小的元素。对应的分治算法如下：

```
    int partition(vector < int > &a, int s, int t) {          //划分算法(用于递增排序)
        int i = s, j = t;
        int base = a[s];
        while (i < j) {
            while (i < j && a[j] >= base)
                j--;
            if(i < j) {
                a[i] = a[j];
                i++;
            }
            while (i < j && a[i] <= base)
                i++;
            if(i < j) {
                a[j] = a[i];
                j--;
            }
        }
        a[i] = base;
        return i;
    }
    void quickselect(vector < int > &a, int s, int t, int k) {   //在 a[s..t]序列中找第 k 小的元素
        if (s < t) {                                             //区间内至少存在两个元素的情况
            int i = partition(a, s, t);
            if (k - 1 == i)
                return;
            else if (k - 1 < i)
                quickselect(a, s, i - 1, k);                     //在左区间中递归查找
            else
                quickselect(a, i + 1, t, k);                     //在右区间中递归查找
        }
    }
    vector < int > smallk(vector < int > &a, int k) {           //求 a 的前 k 个较小元素
        int n = a.size();
        quickselect(a, 0, n - 1, k);
        return vector < int >(a.begin(), a.begin() + k);
    }
```

13. 给定一个整数序列 a，设计一个算法判断其中是否存在两个不同的元素之和恰好

等于给定的整数 k。

解：先将 a 中的元素递增排序，然后采用双指针 i、j 从两端开始进行判断，求出 sum＝ $a[i]+a[j]$，若 sum＝k，返回 true；若 sum＜k，说明 sum 小了需要增大，置 $i++$；若 sum＞k，说明 sum 大了需要减小，置 $j--$。对应的算法如下：

```
bool judge(int a[], int n, int k) {
    sort(a, a + n);                    //递增排序
    int i = 0, j = n - 1;
    while (i < j) {                    //区间中存在两个或者两个以上的元素
        if (a[i] + a[j] == k)
            return true;
        else if (a[i] + a[j] < k)
            i++;
        else
            j-- ;
    }
    return false;
}
```

14. 设有 n 个互不相同的整数，按递增顺序存放在数组 $a[0..n-1]$ 中，若存在一个下标 $i(0 \leqslant i < n)$，使得 $a[i]=i$，设计一个算法以 $O(\log_2 n)$ 时间找到这个下标 i。

解：采用二分查找方法。$a[i]=i$ 时表示该元素在有序非重复序列 a 中恰好第 i 大。对于序列 $a[\text{low..high}]$，$\text{mid}=(\text{low}+\text{high})/2$，若 $a[\text{mid}]=\text{mid}$，表示找到该元素；若 $a[\text{mid}]>\text{mid}$，说明右区间中的所有元素都大于其位置，只能在左区间中查找；若 $a[\text{mid}]<\text{mid}$，说明左区间中的所有元素都小于其位置，只能在右区间中查找。对应的程序如下：

```
int find(int a[], int n) {            //查找 a[i] = i 的 i
    int low = 0, high = n - 1;
    while (low <= high) {
        int mid = (low + high)/2;
        if (a[mid] == mid)
            return mid;               //查找到这样的元素
        else if (a[mid] < mid)
            low = mid + 1;            //这样的元素只能在右区间中出现
        else
            high = mid - 1;           //这样的元素只能在左区间中出现
    }
    return -1;
}
```

15. 假设递增有序整数数组 a 中的元素个数为 $3^m(m>0)$，模仿二分查找过程设计一个三分查找算法，分析其时间复杂度。

解：对于有序序列 $a[\text{low..high}]$，若元素个数少于 3，直接查找。若含有更多的元素，将其分为 $a[\text{low..mid1}-1]$、$a[\text{mid1}+1..\text{mid2}-1]$、$a[\text{mid2}+1..\text{high}]$ 子序列，对每个子序列递归查找，算法的时间复杂度为 $O(\log_3 n)$，属于 $O(\log_2 n)$ 级别。对应的分治算法如下：

```
int trisection(int a[], int low, int high, int x) {    //三分查找
    if (high == low) {                                  //序列中只有一个元素
        if (x == a[low])
            return low;
        else
            return -1;
    }
```

```
        if (high - low < 2) {                        //序列中只有两个元素
            if (x == a[low])
                return low;
            else if (x == a[low + 1])
                return low + 1;
            else
                return - 1;
        }
        int length = (high - low + 1)/3;             //每个子序列的长度
        int mid1 = low + length;
        int mid2 = high - length;
        if (x == a[mid1])
            return mid1;
        else if (x < a[mid1])
            return trisection(a, low, mid1 - 1, x);
        else if (x == a[mid2])
            return mid2;
        else if (x < a[mid2])
            return trisection(a, mid1 + 1, mid2 - 1, x);
        else
            return trisection(a, mid2 + 1, high, x);
    }
```

16. 给定一个整数序列 a，设计一个分治算法求最大连续子序列，当存在多个最大连续子序列时返回任意一个。

解：其原理参见《教程》第 4 章中的 4.5 节，这里增加引用型参数 s 和 t 表示求出的一个最大连续子序列是 $a[s..t]$。在左区间求出的一个最大连续子序列是 $a[ls..lt]$，在右区间求出的一个最大连续子序列是 $a[rs..rt]$，中间部分求出的一个最大连续子序列是 $a[left..right]$，在最后合并时置 $a[s..t]$ 为其中的最大连续子序列。对应的分治算法如下：

```
int maxsubsum51(int a[ ], int low, int high, int &s, int &t) {       //分治算法
    if (low == high) {                                              //当子序列只有一个元素时
        if(a[low] > 0) {
            s = t = low;
            return a[low];
        }
        else {
            s = low; t = s - 1;
            return 0;
        }
    }
    int mid = (low + high)/2;                                        //求中间位置
    int ls, lt, rs, rt;
    int maxLeftSum = maxsubsum51(a, low, mid, ls, lt);              //求左边的最大连续子序列之和
    int maxRightSum = maxsubsum51(a, mid + 1, high, rs, rt);        //求右边的最大连续子序列之和
    int maxLeftBorderSum = 0, lowBorderSum = 0;
    int left = mid;
    for (int i = mid; i >= low; i -- ) {                            //求左段 a[i..mid]的最大连续子序列和
        lowBorderSum += a[i];
        if (lowBorderSum > maxLeftBorderSum) {
            left = i;
            maxLeftBorderSum = lowBorderSum;
        }
    }
    int maxRightBorderSum = 0, highBorderSum = 0;
    int right = mid + 1;
```

```
        for (int j = mid + 1; j <= high; j++) {        //求右段 a[mid + 1..j]的最大连续子序列和
            highBorderSum += a[j];
            if (highBorderSum > maxRightBorderSum) {
                right = j;
                maxRightBorderSum = highBorderSum;
            }
        }
        int ans;
        if(maxLeftSum > maxRightSum) {
            ans = maxLeftSum;
            s = ls; t = lt;
        }
        else {
            ans = maxRightSum;
            s = rs; t = rt;
        }
        if(ans < maxLeftBorderSum + maxRightBorderSum) {
            s = left; t = right;
            ans = maxLeftBorderSum + maxRightBorderSum;
        }
        return max(ans,0);
}
int maxsubsum5(int a[], int n, int &s, int &t) {        //求 a 序列中的一个最大连续子序列 a[s..t]
        return maxsubsum51(a,0,n − 1,s,t);
}
```

17. 寻找旋转排序数组中的最小值(LintCode159★★)。假设一个按升序排好序的数组在其某一未知点发生了旋转,称之为旋转排序数组,例如{0,1,2,4,5,6,7}可能变成{4,5,6,7,0,1,2},假设数组中不存在重复元素,设计一个算法求其中最小的元素。例如,nums={3,5,8,1,2},答案是1。要求设计如下成员函数:

```
int findMin(vector < int > &nums) { }
```

解:将旋转排序数组 nums 中的最小元素称为基准,显然基准左边的元素都大于右边的元素。采用二分查找方法,假设至少有两个元素的查找区间为[low,high](初始为[0,n−1]),这样基准就是第一个小于 nums[high]的元素(例如{4,5,6,7,0,1,2}中基准就是第一个小于 2 的元素 0),现在求中间位置 mid=(low+high)/2:

① 若 nums[mid]<nums[high],继续向左逼近(因为要找第一个满足该条件的元素)查找基准位置,新查找区间为[low,mid],如图 4.3(a)所示。

② 若 nums[mid]⩾nums[high],在右区间中查找基准位置,如图 4.3(b)所示。

循环结束时查找区间中只有一个元素,该位置 low 就是所求的基准位置,返回 nums[low]即可。

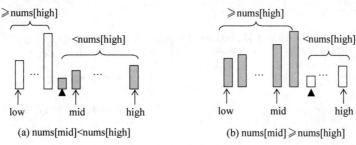

图 4.3 求基准位置的两种情况

对应的代码如下：

```
class Solution {
public:
    int findMin(vector < int > &nums) {
        int n = nums.size();
        int low = 0, high = n - 1;
        while (low < high) {
            int mid = (low + high)/2;
            if (nums[mid]< nums[high])
                high = mid;                          //向左区间逼近
            else
                low = mid + 1;                       //在右区间中查找
        }
        return nums[low];
    }
};
```

上述程序提交后通过，执行用时为 44ms，内存消耗为 4.36MB。

18. 求逆序对(LintCode532★★)。在数组 a 中的两个数字如果前面一个数字大于后面的数字，则这两个数字组成一个逆序对，即如果 $a[i] > a[j]$ 且 $i < j$，则 $a[i]$ 和 $a[j]$ 构成一个逆序对。给定一个数组 A，设计一个算法求出这个数组中逆序对的个数。例如，$A = \{2,4,1,3,5\}$，答案是 3，对应的 3 个逆序对是 $(2,1)$、$(4,1)$ 和 $(4,3)$。要求设计如下成员函数：

```
long long reversePairs(vector < int > &A) { }
```

解：用 ans 存放 A 中逆序对的个数，即逆序数(初始为 0)，采用递归二路归并排序方法求解。若当前排序区间为 $A[low..high]$，置 $mid = (low+high)/2$，分解为 $A[low..mid]$ 和 $A[mid+1..high]$ 两个子问题，当它们排序后，合并过程是用 i、j 分别遍历 $A[low..mid]$ 和 $A[mid+1..high]$：

(1) $A[i] > A[j]$ 时归并 $A[j]$，同时说明 $A[i..mid]$ 中的每一个元素均大于 $A[j]$，对于 $A[j]$ 而言，逆序数增加 $mid-i+1$ 个，所以置 $ans += mid-i+1$。

(2) 否则归并 $A[i]$，不产生逆序对。

整个二路归并排序完毕返回 ans 即可。对应的代码如下：

```
class Solution {
    long long ans;                                   //存放逆序数
public:
    long long reversePairs(vector < int > &A) {
        ans = 0;
        MergeSort(A, 0, A.size() - 1);
        return ans;
    }
    void Merge(vector < int > &A, int low, int mid, int high) {
    //两个有序段二路归并为一个有序段 A[low..high]
        vector < int > tmp;
        tmp.resize(high - low + 1);                  //设置 tmp 的长度为 high - low + 1
        int i = low, j = mid + 1, k = 0;             //k 是 tmp 的下标
        while (i <= mid && j <= high) {              //在有序表 1 和有序表 2 均未遍历完时循环
            if (A[i]> A[j]) {                        //归并有序表 2 中的元素
                tmp[k] = A[j];
                ans += mid - i + 1;                  //累计逆序数
```

```
                j++; k++;
            }
            else {                      //归并有序表 1 中的元素
                tmp[k] = A[i];
                i++; k++;
            }
        }
        while (i <= mid) {              //归并有序表 1 中余下的元素
            tmp[k] = A[i];
            i++; k++;
        }
        while (j <= high) {             //归并有序表 2 中余下的元素
            tmp[k] = A[j];
            j++; k++;
        }
        for (k = 0,i = low;i <= high;k++,i++)   //将 tmp 复制回 A 中
            A[i] = tmp[k];
    }
    void MergeSort(vector < int > &A,int s,int t) {
        if (s < t) {                    //当 A[s..t]的长度为 0 或者 1 时返回
            int m = (s + t)/2;          //取中间位置 m
            MergeSort(A,s,m);           //对左子表排序
            MergeSort(A,m + 1,t);       //对右子表排序
            Merge(A,s,m,t);             //将两个有序子表合并成一个有序表
        }
    }
};
```

上述程序提交后通过,执行用时为 101ms,内存消耗为 2.74MB。

19. 二十四点游戏(LeetCode679★★★)。给定一个长度为 4 的整数数组 cards,其中有 4 张卡片,每张卡片上包含一个 1～9 的整数。设计一个算法使用运算符'+'、'-'、'*'、'/'和左、右圆括号将这些卡片上的数字排列成数学表达式,以获得值 24,如果可以得到值为 24 的表达式,返回 true,否则返回 false。数学表达式需要遵守以下规则:除法运算符'/'表示实数的除法,而不是整数的除法;每个运算都在两个数字之间,不能使用'-'作为一元运算符;不能把数字串在一起,如 cards=\{1,5,3,6\},则表达式"15+3+6"是无效的。例如,cards=\{4,1,8,7\},存在值为 24 的表达式"(8-4) * (7-1)",答案为 true;cards=\{1,2,1,2\},不存在值为 24 的表达式,答案为 false。要求设计如下成员函数:

```
bool judgePoint24(vector < int > & cards) { }
```

解:用类变量 ans 表示答案(初始时置为 false)。为了方便做实数'/'运算,用实型数组 a 表示 cards。设 $f(a,n)$ 是大问题,递归分治法思路如下:

(1) 若 $n=1,a[0]>0$,并且 $|a[0]-24|<0.0001$(即 $a[0]$ 等于 24.0),则说明找到了值为 24 的表达式,置 ans=true。

(2) 若 $n>1$ 并且 ans 为 false,设计一个数组 b,枚举 a 中所有两个不同的元素 $a[i]$ 和 $a[j]$,将 a 中其余的元素放入 b 中,然后将 $a[i]+a[j]$、$a[i]-a[j]$、$a[i]*a[j]$、$a[i]/a[j]$ 的结果作为一个元素放入 b 中,这样 b 中共 m 个元素,每次放入一个元素时递归调用子问题 $f(b,m)$。

最后返回 ans。调用的程序如下:

```
class Solution {
```

```
        bool ans = false;
public:
    bool judgePoint24(vector < int > & cards) {
        int n = 4;
        double a[4];
        for(int i = 0;i < n;i++)
            a[i] = cards[i];
        dfs(a,n);
        return ans;
    }
    void dfs(double a[ ],int n) {                    //分治算法
        double b[4];
        if(n == 1 && a[0]> 0 && fabs(a[0] - 24)< 0.0001)
            ans = true;
        else if(n > 1 && !ans) {
            for(int i = 0;i < n;i++) {
                for(int j = 0;j < n;j++) {
                    if(i == j) continue;
                    int m = 0;
                    for(int k = 0;k < n;k++) {
                        if(k!= i && k!= j)
                            b[m++] = a[k];
                    }
                    b[m] = a[i] + a[j];
                    dfs(b,m + 1);
                    b[m] = a[i] - a[j];
                    dfs(b,m + 1);
                    b[m] = a[i] * a[j];
                    dfs(b,m + 1);
                    if(a[j]!= 0) {
                        b[m] = a[i]/a[j];
                        dfs(b,m + 1);
                    }
                }
            }
        }
    }
};
```

上述程序提交后通过,执行用时为 0ms,内存消耗为 7.4MB。

20. 题目描述见第 3 章中 3.11 节的第 12 题,这里要求采用分治法求解。

解:本问题与旅行商问题类似,不同之处是不必回到起点。先将边数组 tuple 转换为邻接矩阵 A,为了简单,将城市编号由 $1\sim n$ 改为 $0\sim(n-1)$,这样起点变成了顶点 0。然后采用《教程》第 4 章中 4.8 节求 TSP 问题的回溯法求解。

设 $f(i,V)$ 表示从顶点 i 出发经过 V 中全部顶点(每个顶点恰好经过一次)的最短路径长度。对应的递归模型如下:

$$f(i,V)=A[i][j]　　　　　　　　　　　当 V=\{j\} 时$$
$$f(i,V)=\min_{j\in V}\{ A[i][j]+f(V-\{j\},j) \}　其他$$

置 V 包含顶点 $1\sim(n-1)$,则调用 $f(0,V)$ 返回从顶点 0 出发经过顶点 $1\sim(n-1)$ 的最短路径长度。对应的分治算法如下:

```
const int INF = 0x3f3f3f3f;                          //表示∞
int mincost1(vector < vector < int >> &A,int i,set < int > V) {    //递归分治算法
```

```
        int minpathlen = INF;                               //最短路径长度
        if (V.size() == 1) {                                //当 V 中仅含一个顶点时
            int j = * (V.begin());
            return A[i][j];
        }
        else {                                              //当 V 中含两个或更多顶点时
            for (auto it = V.begin();it!= V.end();it++) {    //遍历集合 V 中的顶点 j
                set < int > tmpV = V;
                int j = * it;
                tmpV.erase(j);                              //tmpV = V - {j}
                int pathlen1 = mincost1(A,j,tmpV);
                int pathlen = A[i][j] + pathlen1;
                minpathlen = min(minpathlen,pathlen);
            }
            return minpathlen;
        }
    }
    int mincost(int n,vector < vector < int >> &tuple) {    //求解算法
        if(n == 1) return 0;
        vector < vector < int >> A(n,vector < int >(n,INF)); //邻接矩阵
        for(int i = 0;i < tuple.size();i++) {
            int a = tuple[i][0] - 1;
            int b = tuple[i][1] - 1;
            int w = tuple[i][2];
            A[a][b] = A[b][a] = w;
        }
        set < int > V;
        for (int i = 1;i < n;i++) {                         //这里 s = 0
            V.insert(i);
        }
        return mincost1(A,0,V);
    }
```

4.3 补充练习题及其参考答案

4.3.1 单项选择题及其参考答案

1. 在分治法中分治的目的是_____。
   A. 减小问题规模   B. 对问题进行分类
   C. 对问题进行枚举   D. 对问题进行总结

2. 使用分治法求解不需要满足的条件是_____。
   A. 子问题必须是一样的   B. 子问题不能够重复
   C. 子问题的解可以合并   D. 原问题和子问题使用相同的方法解

3. 分治法所能解决的问题应具有的关键特性是_____。
   A. 该问题的规模缩小到一定的程度就可以容易地解决
   B. 该问题可以分解为若干个规模较小的相同问题
   C. 利用该问题分解出的子问题的解可以合并为该问题的解
   D. 该问题所分解出的各个子问题是相互独立的

4. 分治法的步骤是_____。

    A. 分解—求解—合并   B. 求解—分解—合并

    C. 合并—分解—求解   D. 求解—合并—分解

5. 以下不可以采用分治法求解的问题是_____。

    A. 求一个序列中的最小元素   B. 求一条迷宫路径

    C. 求二叉树的高度   D. 求一个序列中的最大连续子序列和

6. 以下不适合采用分治法求解的问题是_____。

    A. 快速排序   B. 归并排序

    C. 求集合中第 k 大的元素   D. 迷宫路径搜索问题

7. 有人说分治算法只能采用递归实现,该观点_____。

    A. 正确   B. 错误

8. 设有 100 个元素的有序表,采用二分查找法查找成功时最大的比较次数是_____。

    A. 25   B. 50   C. 10   D. 7

9. 设有 100 个元素的有序表,采用折半查找法查找失败时最大的比较次数是_____。

    A. 25   B. 10   C. 7   D. 6

10. 以下二分查找算法是_____的。

```
int binarySearch(int a[ ], int x) {          //a 中的元素递增有序
    int n = a.size();
    int low = 0, high = n - 1;
    while(low <= high) {
        int mid = (low + high)/2;
        if(x == a[mid]) return mid;
        if(x > a[mid]) low = mid;
        else high = mid;
    }
    return - 1;
}
```

    A. 正确   B. 错误

11. 以下二分查找算法是_____的。

```
int binarySearch(int a[ ], int x) {          //a 中的元素递增有序
    int n = a.size();
    int low = 0, high = n - 1;
    while(low + 1!= high) {
        int mid = (low + high)/2;
        if(x >= a[mid]) low = mid;
        else high = mid;
    }
    if(x == a[low]) return low;
    else return - 1;
}
```

    A. 正确   B. 错误

12. 对{28,16,32,12,60,2,5,72}序列进行递增快速排序,在划分时以排序区间的首元素为基准,则第一趟划分结果为_____。

A. (2,5,12,16) 26 (60,32,72)　　　　　　B. (5,16,2,12) 28 (60,32,72)

C. (2,16,12,5) 28 (60,32,72)　　　　　　D. (5,16,2,12) 28 (32,60,72)

13. 对于递归快速排序算法,下列关于递归次数的叙述中正确的是_____。

　　A. 递归次数与初始数据的排列次序无关

　　B. 每次划分后,先处理较长的分区可以减少递归次数

　　C. 每次划分后,先处理较短的分区可以减少递归次数

　　D. 递归次数与每次划分后得到的分区处理顺序无关

14. 在递归二路归并排序中,当序列分解为长度等于_____的子序列时才开始合并。

　　A. 1　　　　　　　　B. 0　　　　　　　　C. 0 或者 1　　　　　　D. 大于 1

15. 递归二路归并排序算法是基于_____的一种排序算法。

　　A. 分治策略　　　　B. 动态规划法　　　　C. 贪心法　　　　　　D. 回溯法

16. 实现棋盘覆盖利用的算法是_____。

　　A. 分治法　　　　　B. 动态规划法　　　　C. 贪心法　　　　　　D. 回溯法

4.3.2　问答题及其参考答案

1. 简述分治法所能解决的问题的一般特征。

2. 已知有序表为{5,8,10,22,36,50,53,88},求用二分查找法查找 70 时所需的比较序列和比较次数。

3. 对含有 8 个整数元素的序列进行快速排序,问在最好情况下所有元素之间的比较次数是多少?

4. 若 $a=\{4,1,3,2,6,5,7\}$,给出 a 采用以首元素为基准的快速排序方法实现递增排序的过程。

5. 假设含有 n 个元素的待排序的数据 a 恰好是递减排列的,说明调用 QuickSort$(a,0,$ $n-1)$ 递增排序的时间复杂度。

6. 两个长度均为 n 的递增有序序列采用二路归并方法合并为一个递增有序序列,元素的比较次数是多少?

7. 设有两个复数 $x=a+bi$ 和 $y=c+di$。一般的复数乘积 xy 需要使用 4 次乘法来完成,即 $xy=(ac-bd)+(ad+bc)i$。请设计一个仅用 3 次乘法计算复数乘积 xy 的方法。

8. 有 4 个数组 a、b、c 和 d,都已经排好序,说明找出这 4 个数组的交集的方法。

9. 说明以下二分查找扩展算法中存在的问题。

```
int binsch(vector < int > &a, int k) {
    int n = a.size();
    int low = 0, high = n - 1;
    while (low < = high) {
        int mid = (low + high)/2;
        if (k < = a[mid])
            high = mid;
        else
            low = mid + 1;
    }
    return low;
}
```

4.3.3 算法设计题及其参考答案

1. 设计一个分治算法求一个整数序列 a 中的最大、最小元素(当 a 中只有一个元素时,该元素既是最大元素又是最小元素)。

解:用 ans 存放结果,其中 ans[0] 表示最大元素,ans[1] 表示最小元素,采用类似求一个整数序列中的最大、次大元素的分治法思路。对应的算法如下:

```
vector < int > maxmin(int a[ ], int low, int high) {        //求 a 中的最大、最小元素
    int maxe, mine;
    if (low == high)                                        //只有一个元素
        return {a[low], a[low]};
    else if (low == high - 1) {                             //有两个元素
        maxe = max(a[low], a[high]);
        mine = min(a[low], a[high]);
        return {maxe, mine};
    }
    else {                                                  //有两个以上的元素
        int mid = (low + high)/2;
        vector < int > lans = maxmin(a, low, mid);
        vector < int > rans = maxmin(a, mid + 1, high);
        maxe = max(lans[0], rans[0]);
        mine = min(lans[1], rans[1]);
        return {maxe, mine};
    }
}
```

2. 给定一个序列 a,其中所有元素均为非 0 整数,设计一个算法将 a 中的所有负整数移动到正整数的前面。

解:采用类似快速排序的划分思路,用 i 从左向右找正整数,用 j 从右向左找负整数,找到后两者交换。对应的算法如下:

```
void move(vector < int > & a) {                            //所有负整数移到正整数的前面
    int i = 0, j = a.size() - 1;
    while(i < j) {
        while(i < j && a[i] < 0)                           //跳过负整数
            i++;
        while(i < j && a[j] > 0)                           //跳过正整数
            j--;
        if(i < j) {
            swap(a[i], a[j]);
            i++; j--;
        }
    }
}
```

3. 给定一个长度为 $n(n = 2m)$ 的整数序列 a,其中恰好有 m 个奇数和 m 个偶数,设计一个算法将所有奇数放在奇数序号位置(从 1 开始),将所有偶数放在偶数序号位置(从 0 开始)。

解:采用类似快速排序的划分思路,i 从 1 开始遍历奇数序号,找到偶数元素,j 从 0 开始遍历偶数序号,找到奇数元素,找到后两者交换。对应的算法如下:

```
void move(vector < int > & a) {                            //移动奇数和偶数
    int n = a.size();
```

```
    int i = 1;                                    //奇数序号
    int j = 0;                                    //偶数序号
    while(i < n && j < n) {
        while(i < n && a[i] % 2 == 1)             //跳过奇数元素
            i += 2;
        while(j < n && a[j] % 2 == 0)             //跳过偶数元素
            j += 2;
        swap(a[i],a[j]);
        i += 2; j += 2;
    }
}
```

4. 给定一个含 n 个整数的序列 a,设计一个分治算法求其中位数。这里中位数是指长度为 n 的递增有序序列中序号为 $n/2$ 的元素,例如$\{1,2,3\}$的中位数为 2,$\{1,2,3,4\}$的中位数为 3。

解: 对于长度为 n 的递增有序序列,这里的中位数是指第 $n/2+1$ 小的元素,采用《教程》第 4 章中例 4.2 的思路求解。对应的分治算法如下:

```
int partition(vector < int > &a, int s, int t) {      //划分算法(用于递增排序)
    int i = s, j = t;
    int base = a[s];
    while (i < j) {
        while (i < j && a[j] >= base)
            j -- ;
        if(i < j) {
            a[i] = a[j];
            i++;
        }
        while (i < j && a[i] <= base)
            i++;
        if(i < j) {
            a[j] = a[i];
            j -- ;
        }
    }
    a[i] = base;
    return i;
}
int quickselect(vector < int > &a, int s, int t, int k) {  //在 a[s..t]序列中找第 k 小的元素
    if (s < t) {                                  //区间内至少存在两个元素的情况
        int i = partition(a, s, t);
        if (k - 1 == i)
            return a[i];
        else if (k - 1 < i)
            return quickselect(a, s, i - 1, k);   //在左区间中递归查找
        else
            return quickselect(a, i + 1, t, k);   //在右区间中递归查找
    }
    else return a[k - 1];
}
int middle(vector < int > &a) {                   //求 a 的中位数
    int n = a.size();
    return quickselect(a, 0, n - 1, n/2 + 1);
}
```

5. 已知由 $n(n \geq 2)$个正整数构成的集合 $A = \{a_k\}(0 \leq k < n)$,将其划分为两个不相交

的子集 A_1 和 A_2，元素的个数分别是 n_1 和 n_2，A_1 和 A_2 中元素之和分别为 S_1 和 S_2。设计一个尽可能高效的划分算法，满足 $|n_1-n_2|$ 最小且 $|S_1-S_2|$ 最大，算法返回 $|S_1-S_2|$ 的结果。

解：将 A 中最小的 $\lfloor n/2 \rfloor$ 个元素放在 A_1 中，其他元素放在 A_2 中，即得到题目要求的结果。采用递归快速排序思路，查找第 $n/2$ 小的元素，前半部分为 A_1 的元素，后半部分为 A_2 的元素，这样算法的时间复杂度为 $O(n)$。如果将 A 中的元素全部排序，再进行划分，时间复杂度为 $O(n\log_2 n)$，不如前面的方法。对应的分治算法如下：

```
int partition(vector < int > &a, int s, int t) {        //划分算法(用于递增排序)
    int i = s, j = t;
    int base = a[s];
    while (i < j) {
        while (i < j && a[j] >= base)
            j--;
        if(i < j) {
            a[i] = a[j];
            i++;
        }
        while (i < j && a[i] <= base)
            i++;
        if(i < j) {
            a[j] = a[i];
            j--;
        }
    }
    a[i] = base;
    return i;
}
int maxsum(vector < int > &a, int n) {                   //求解算法
    int low = 0, high = n - 1;
    bool flag = true;
    while (flag) {
        int i = partition(a, low, high);
        if (i == n/2 - 1)                                //基准 a[i]为第 n/2 小的元素
            flag = false;
        else if (i < n/2 - 1)                            //在右区间中查找
            low = i + 1;
        else
            high = i - 1;                                //在左区间中查找
    }
    int S1 = 0, S2 = 0;
    for (int i = 0; i < n/2; i++)                        //求前半部分元素之和 S1
        S1 += a[i];
    for (int j = n/2; j < n; j++)                        //求和半部分元素之和 S2
        S2 += a[j];
    return S2 - S1;
}
```

6. 给定两个长度分别是 n 和 m 的数组 a 和 b，a 中前 k 个元素递增有序，b 中全部 m 个元素递增有序，并且 $n=k+m$，设计一个算法将全部 n 个元素合并到 a 中，并且合并后 a 中的 n 个元素也是递增有序的。

解：采用二路归并，i 从 $k-1$ 开始向前遍历 a，j 从 $m-1$ 开始向前遍历 b，p 表示归并的元素位置(从 $n-1$ 开始)。当 i 和 j 均没有超界时将较大的元素归并到 $a[p]$ 中。最后将

没有遍历完的元素归并到 $a[p]$ 中。对应的算法如下：

```
void mergen(int a[], int b[], int n, int m, int k) {
    int i = k - 1, j = m - 1;
    int p = n - 1;
    while(i >= 0 && j >= 0) {
        if(a[i] > b[j]) {
            a[p] = a[i];
            i--; p--;
        }
        else {
            a[p] = b[j];
            j--; p--;
        }
    }
    while(i >= 0) {
        a[p] = a[i];
        i--; p--;
    }
    while(j >= 0) {
        a[p] = b[j];
        j--; p--;
    }
}
```

7. 给定两个长度分别是 n 和 m 的数组 a 和 b，分别表示集合 A 和 B，其中 $m = O(\log_2 n)$，设计一个算法求出集合 $C = A \bigcap B$，给出算法的时间复杂度。

解：用 ans 存放求交集的结果（初始为空），先将 a 中的元素递增排序，用 i 遍历 b，采用二分查找方法在 a 中查找元素 $b[i]$，若查找成功，将 $b[i]$ 添加到 ans 中。最后返回 ans。对应的算法如下：

```
vector < int > interset(vector < int > &a, vector < int > &b) {
    vector < int > ans;
    sort(a.begin(), a.end());
    for(int i = 0; i < b.size(); i++) {
        if(binary_search(a.begin(), a.end(), b[i]))
            ans.push_back(b[i]);
    }
    return ans;
}
```

在上述算法中 a 排序的时间为 $O(n\log_2 n)$，for 循环执行 m 次，每次的时间为 $O(\log_2 n)$，总时间为 $O(n\log_2 n + m\log_2 n)$，由于 $m = O(\log_2 n)$，算法的时间复杂度为 $O(n\log_2 n)$。

8. 给定一个整数序列 a 和一个整数 x，设计一个算法求出 a 中最接近 x 的元素，如果有两个最接近的元素，返回较小者。

解：先将 a 中的元素递增排序，采用 STL 的通用算法 lower_bound() 在 a 中查找第一个大于或等于 x 的元素的位置 j。

（1）若 $j = 0$，则返回 $a[0]$。

（2）若 $j = n$，则返回 $a[n-1]$。

（3）其他情况，置 $i = j - 1$，在 $a[i]$ 和 $a[j]$ 中进行比较求最接近 x 的元素并返回。

对应的算法如下：

```
int closest(vector < int > &a, int x) {
    int n = a.size();
    sort(a.begin(),a.end());                          //递增排序
    int j = lower_bound(a.begin(),a.end(),x) - a.begin();
    if(j == 0)
        return a[0];
    else if(j == n)
        return a[n-1];
    else {
        int i = j-1;
        if(x-a[i]< = a[j]-x)
            return a[i];
        else
            return a[j];
    }
}
```

9. 给定 n 个不含重复整数的递增有序数组 a 以及整数 x 和 y，设计一个算法求出 a 中满足 $x<z<y$ 的所有元素 z。

解：假设在 a 中找到的结果子序列为 $a[first..last]$。

(1) 采用 STL 的通用算法 upper_bound() 在 a 中查找第一个大于或等于 x 的元素的位置 i，若 $i=n$，说明 a 中所有元素均小于 x，置 $first=n-1$，否则置 $first=i$。

(2) 采用 STL 的通用算法 lower_bound() 在 a 中查找第一个大于或等于 y 的元素的位置 j，若 $j=n$，说明 a 中所有元素均小于 y，置 $last=n-1$，否则置 $last=j-1$。

将 $a[first..last]$ 中的元素复制到 ans 并返回 ans。对应的算法如下：

```
vector < int > midxy(vector < int > &a, int x, int y) {
    int n = a.size();
    int first, last;
    int i = upper_bound(a.begin(),a.end(),x) - a.begin();
    if(i == n)
        first = n-1;
    else
        first = i;
    int j = lower_bound(a.begin(),a.end(),y) - a.begin();
    if(j == n)
        last = n-1;
    else
        last = j-1;
    vector < int > ans;
    for(int i = first; i < = last; i++)
        ans.push_back(a[i]);
    return ans;
}
```

10. 有 $n(n>3)$ 个硬币，用数组 $c[0..n-1]$ 表示它们的重量，其中有且仅有一个假币，且假币较轻。若硬币 $i(0 \leqslant i<n)$ 是真币，则 $c[i]=2$，若硬币 i 是重量较轻的假币，则 $c[i]=1$，采用天平称重方式找到这个假币，设计查找其中假币的算法。

解：采用三分查找思想，在以 i 开始的 n 个硬币 $c[i..i+n-1]$ 中查找假币的过程如下。

(1) 如果 $n=1$，依题意它就是假币，返回假币的编号 i。

（2）如果 $n=2$，调用 Balance()算法将两个硬币 $c[i]$ 和 $c[i+1]$ 称重一次，若前者较轻，说明硬币 i 是假币，返回假币的编号 i，否则说明硬币 $i+1$ 是假币，返回假币的编号 $i+1$。

（3）如果 $n\geqslant3$，$n\%3=0$ 时置 $k=\lfloor n/3\rfloor$，$n\%3=1$ 时置 $k=\lfloor n/3\rfloor$，$n\%3=2$ 时置 $k=\lfloor n/3\rfloor+1$，依次将 c 中的 n 个硬币分为 A、B 和 C 共 3 份，A 和 B 中各有 k 个硬币（A 为 $c[ia..ia+k-1]$，B 为 $c[ib..ib+k-1]$），C 中有 $n-2k$ 个硬币（C 为 $c[ic..ic+n-2k-1]$），这样划分保证 A 和 B 中硬币的个数相同，并且 A 和 C 中硬币的个数最多相差 1。调用 Balance()算法将 A 和 B 中的硬币称重一次，结果为 b，分为以下 3 种情况：

① 若 $b=0$（两者重量相等），说明 A 和 B 中的所有硬币都是真币，假币一定在 C 中，递归在 C 中查找假币并返回结果。

② 若 $b=1$（A 比 B 的重量轻），说明假币一定在 A 中，递归在 A 中查找假币并返回结果。

③ 若 $b=-1$（B 比 A 的重量轻），说明假币一定在 B 中，递归在 B 中查找假币并返回结果。

对应的分治算法如下：

```
int Balance(int c[],int ia,int ib,int n) {        //将 c[ia]和 c[ib]开始的 n 个硬币称重一次
    int sa = 0,sb = 0;
    for(int i = ia,j = 0;j < n;i++,j++)
        sa += c[i];
    for(int i = ib,j = 0;j < n;i++,j++)
        sb += c[i];
    if(sa < sb)return 1;                           //A 轻
    else if(sa == sb) return 0;                    //A 和 B 重量相同
    else return - 1;                               //B 轻
}
int spcoin1(int c[],int i,int n) {                 //在 c[i..i + n - 1](共 n 个硬币)中查找假币
    if(n == 1)                                      //剩余一个硬币 c[i]
        return i;
    else if(n == 2) {                              //剩余两个硬币 c[i]和 c[i + 1]
        int b = Balance(c,i,i + 1,1);             //两个硬币称重
    if(b == 1)                                     //c[i]轻
        return i;
    else                                           //c[i + 1]轻
        return i + 1;
    }
    else {                                         //剩余 3 个或者 3 个以上的硬币
        int k;                                     //k 为 A 和 B 中硬币的个数
        if(n % 3 == 0)
            k = n/3;
        else if(n % 3 == 1)
            k = n/3;
        else
            k = n/3 + 1;
        int ia = i,ib = i + k,ic = i + 2 * k;      //分为 A、B、C 3 份,硬币的个数分别为 k、k、n - 2k
        int b = Balance(c,ia,ib,k);               //A 和 B 称重一次
        if(b == 0)                                 //A 和 B 的重量相同,假币在 C 中
            return spcoin1(c,ic,n - 2 * k);       //在 C 中查找假币
        else if(b == 1)                            //A 轻
            return spcoin1(c,ia,k);               //在 A 中查找假币
        else                                       //假币在 B 中,在 B 中查找假币
            return spcoin1(c,ib,k);              //假币在 B 中,在 B 中查找假币
```

```
        }
    }
    int spcoin(int c[], int n) {                    //求解算法:在 c 中查找轻的假币
        return spcoin1(c,0,n);
    }
```

11. 给定 4 个整数序列 A、B、C、D，计算有多少个四元组 (a,b,c,d) 满足 $a+b+c+d=0$，其中 $a \in A$，$b \in B$，$c \in C$，$d \in D$，假设 4 个序列中元素的个数均为 n。

解：用 vector < int > 向量 a、b、c、d 存放 4 个整数序列，将 a 和 b 中所有元素的和存放在 vector < int > 向量 sum1 中，将 c 和 d 中所有元素的和存放在 vector < int > 向量 sum2 中，对 sum2 元素递增排序。再遍历 sum1，对于每个元素 sum1$[i]$，在 sum2 中求$-$sum1$[i]$出现的次数并且累加到 ans 中，最后输出 ans。

由于 sum2 递增有序，用 upper_bound() 查找第一个大于$-$sum1$[i]$的元素的位置 pos1，用 lower_bound() 查找第一个大于或等于$-$sum1$[i]$的元素的位置 pos2，则 pos1$-$pos2 就是恰好等于$-$sum1$[i]$的元素的个数。对应的算法如下：

```
int count(vector < int > &a, vector < int > &b, vector < int > &c, vector < int > &d) {
    int n = a.size();
    vector < int > sum1, sum2;
    for(int i = 0; i < n; i++) {
        for(int j = 0; j < n; j++) {
            sum1.push_back(a[i] + b[j]);
        }
    }
    for(int i = 0; i < n; i++) {
        for(int j = 0; j < n; j++) {
            sum2.push_back(c[i] + d[j]);
        }
    }
    sort(sum2.begin(), sum2.end());
    int ans = 0;
    for(int i = 0; i < sum1.size(); i++) {
        ans += upper_bound(sum2.begin(), sum2.end(), - sum1[i]) -
            lower_bound(sum2.begin(), sum2.end(), - sum1[i]);
    }
    return ans;
}
```

12. 给定一个无序整数序列 a，设计二分查找算法求中位数。

解法 1：先求出 a 中的最大元素 maxd 和最小元素 mind，然后在有序序列 [mind，maxd] 中求满足以下条件的 mid：

$$\underset{mid \in [mind, maxd]}{\text{MIN}} \{mid \mid a \text{ 中小于或等于 } mid \text{ 的元素的个数 } cnt \geqslant mid\}$$

利用《教程》中 4.4.2 节的二分查找扩展算法求解，在采用求插入点的解法 1 时对应的算法如下：

```
int middle1(vector < int > & a) {                   //解法 1
    int n = a.size();
    int k;
    if(n % 2 == 0) k = n/2;
    else k = n/2 + 1;
    int mind = a[0], maxd = a[0];
    for(int i = 1; i < n; i++) {                     //求最大、最小元素
```

```
            if(a[i]> maxd)
                maxd = a[i];
            else if(a[i]< mind)
                mind = a[i];
        }
        if(maxd == mind)                          //所有元素相同的情况
            return maxd;
        else {
            int low = mind, high = maxd;
            while(low <= high) {
                int mid = (low + high)/2;
                int cnt = 0;
                for (int i = 0;i < n;i++)          //求 a 中小于或等于 mid 的元素的个数 cnt
                    if (a[i]<= mid) cnt++;
                    if(cnt >= k) high = mid - 1;    //查找大于或等于 k 的最小 mid
                    else low = mid + 1;
            }
            return low;
        }
    }
```

解法 2：在采用《教程》中 4.4.2 节求插入点的解法 2 时，由于 $cnt \geq k$ 时置 high＝mid，如果当前查找区间是 $[-1,0]$，若置 mid＝(low＋high)/2，则会陷入死循环，为此改为 mid＝low＋(high－low)/2。对应的代码如下：

```
int middle2(vector < int > & a) {                 //解法 2
    int n = a.size();
    int k;
    if(n % 2 == 0) k = n/2;
    else k = n/2 + 1;
    int mind = a[0], maxd = a[0];
    for(int i = 1;i < n;i++) {                      //求最大、最小元素
        if(a[i]> maxd)
            maxd = a[i];
        else if(a[i]< mind)
            mind = a[i];
    }
    if(maxd == mind)                               //所有元素相同的情况
        return maxd;
    else {
        int low = mind, high = maxd;
        while(low < high) {
            int mid = low + (high - low)/2;
            int cnt = 0;
            for (int i = 0;i < n;i++)              //求 a 中小于或等于 mid 的元素的个数 cnt
                if(a[i]<= mid) cnt++;
            if(cnt >= k) high = mid;               //查找大于或等于 k 的最小 mid
            else low = mid + 1;
        }
        return low;
    }
}
```

第 5 章　回溯法

5.1　本章知识结构 ✳

本章主要讨论回溯法的概念、回溯算法搜索解的过程、利用剪支函数提高搜索效率、基于子集树和排列树的算法框架及其经典应用示例,其知识结构如图 5.1 所示。

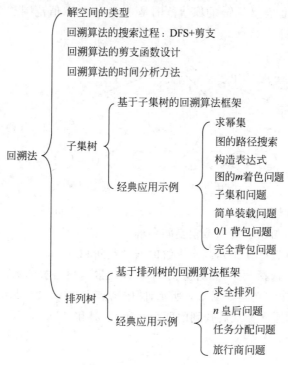

解空间的类型
回溯算法的搜索过程:DFS+剪支
回溯算法的剪支函数设计
回溯算法的时间分析方法

回溯法
　子集树
　　基于子集树的回溯算法框架
　　经典应用示例
　　　求幂集
　　　图的路径搜索
　　　构造表达式
　　　图的m着色问题
　　　子集和问题
　　　简单装载问题
　　　0/1 背包问题
　　　完全背包问题

　排列树
　　基于排列树的回溯算法框架
　　经典应用示例
　　　求全排列
　　　n 皇后问题
　　　任务分配问题
　　　旅行商问题

图 5.1　本章知识结构图

5.2　《教程》中的练习题及其参考答案 ✳

1. 简述回溯算法中主要的剪支策略。

答:回溯算法中主要的剪支策略如下。

(1)可行性剪支:在扩展结点处剪去不满足约束条件的分支。例如,在 0/1 背包问题中,如果选择物品 i 会导致总重量超过背包容量,则终止选择物品 i 的分支的继续搜索。

(2)最优性剪支:用限界函数剪去得不到最优解的分支。例如,在 0/1 背包问题中,如果沿着某个分支走下去无论如何都不可能得到比当前解 bestv 更大的价值,则终止该分支的继续搜索。

2. 简述回溯法中常见的两种类型的解空间树。

答:回溯法中常见的两种类型的解空间树是子集树和排列树。

当给定的问题是从 n 个元素的集合 S 中找出满足某种性质的子集时,相应的解空间树称为子集树,这类子集树通常有 2^n 个叶子结点,遍历子集树需要 $O(2^n)$ 的时间。

当给定的问题是确定 n 个元素满足某种性质的排列时,相应的解空间树称为排列树。这类排列树通常有 $n!$ 个叶子结点,遍历排列树需要 $O(n!)$ 的时间。

3. 鸡兔同笼问题是一个笼子里面有鸡和兔子若干只,数一数,共有 a 个头、b 条腿,求鸡和兔子各有多少只?假设 $a=3,b=8$,画出对应的解空间树。

答:用 x 和 y 分别表示鸡和兔子的数目,显然鸡的数目最多为 $\min(a,b/2)$,兔的数目最多为 $\min(a,b/4)$,也就是说 x 的取值范围是 $0\sim3$,y 的取值范围是 $0\sim2$。对应的解空间树如图 5.2 所示,共 17 个结点。

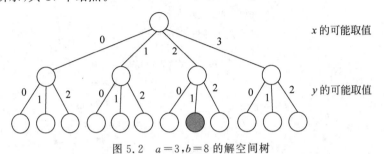

图 5.2　$a=3,b=8$ 的解空间树

4. 考虑子集和问题,$n=3,a=\{1,3,2\},t=3$,回答以下问题:

(1) 不考虑剪支,画出求解的搜索空间和解。

(2) 考虑左剪支(选择元素),画出求解的搜索空间和解。

(3) 考虑左剪支(选择元素)和右剪支(不选择元素),画出求解的搜索空间和解。

答:(1) 对应的搜索空间如图 5.3 所示,图中结点为"(cs,i)",其中 cs 表示当前选择的元素的和,i 为结点的层次。最后找到的两个解是 $\{1,2\}$ 和 $\{3\}$。

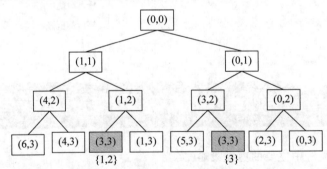

图 5.3　子集和问题的搜索空间(1)

(2) 对应的搜索空间如图 5.4 所示,图中结点所包含数字的含义同(1),最后找到的两个解是 $\{1,2\}$ 和 $\{3\}$。

(3) 对应的搜索空间如图 5.5 所示,图中结点为"(cs,rs,i)",其中 cs 表示当前选择的元素的和,rs 为剩余元素的和(含当前元素),i 为结点的层次。最后找到的两个解是 $\{1,2\}$ 和 $\{3\}$。

5. 考虑 n 皇后问题,其解空间树由 $1、2、\cdots\cdots、n$ 构成的 $n!$ 种排列组成,现用回溯法求解,要求:

(1) 通过解搜索空间说明 $n=3$ 时是无解的。

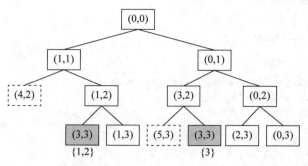

图 5.4   子集和问题的搜索空间(2)

（2）给出剪支操作。

（3）最坏情况下在解空间树上会生成多少个结点？分析算法的时间复杂度。

答：（1）$n=3$ 时的解搜索空间如图 5.6 所示，不能得到任何叶子结点，所以无解。

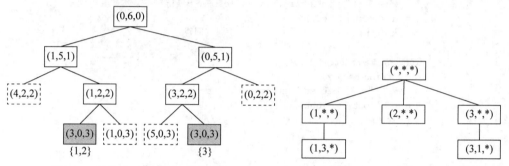

图 5.5   子集和问题的搜索空间(3)   图 5.6   3 皇后问题的解搜索空间

（2）剪支操作是任何两个皇后不能同行、同列和同对角线。

（3）最坏情况下解空间树中根结点层（$i=0$）有一个结点，$i=1$ 层有 n 个结点，$i=2$ 层有 $n(n-1)$ 个结点，$i=3$ 层有 $n(n-1)(n-2)$ 个结点，以此类推，设结点总数为 $C(n)$：

$$C(n)=1+n+n(n-1)+n(n-1)(n-2)+\cdots+n!$$
$$\approx n+n(n-1)+n(n-1)(n-2)+\cdots+n!$$
$$=n!\left(1+\frac{1}{1!}+\frac{1}{2!}+\cdots+\frac{1}{(n-1)!}\right)$$
$$=n!\left(e-\frac{1}{n!}-\frac{1}{(n+1)!}-\cdots\right)=n!\,e-1=O(n!)$$

每个结点进行冲突判断的时间为 $O(n)$，所以算法的时间复杂度为 $O(n\times n!)$。

6. 二叉树的所有路径（LintCode480★）。给定一棵二叉树，设计一个算法求出从根结点到叶子结点的所有路径。例如，对于如图 5.7 所示的二叉树，答案是｛"1-> 2-> 5","1-> 3"｝。要求设计如下成员函数：

```
vector < string > binaryTreePaths(TreeNode * root) { }
```

图 5.7   一棵二叉树

解：将二叉树看成一棵解空间树，从根结点开始搜索所有的结点，用解向量 x 表示从根结点到当前结点的路径串，当每次到达一个叶子结点时将 x 添加到 ans 中，最后返回 ans 即可。对应的回溯算法如下：

```
class Solution {
    vector < string > ans;
    string x;
public:
    vector < string > binaryTreePaths(TreeNode * root) {
        if(root == NULL) return {};
        x = to_string(root -> val);
        dfs(root);
        return ans;
    }
    void dfs(TreeNode * root) {                          //回溯算法
        if(root -> left == NULL && root -> right == NULL)
            ans.push_back(x);
        else {
            if(root -> left!= NULL) {
                string tmp = x;
                x += " ->" + to_string(root -> left -> val);
                dfs(root -> left);
                x = tmp;                                 //回溯
            }
            if(root -> right!= NULL) {
                string tmp = x;
                x += " ->" + to_string(root -> right -> val);
                dfs(root -> right);
                x = tmp;                                 //回溯
            }
        }
    }
};
```

上述程序提交后通过,执行用时为 42ms,内存消耗为 5.36MB。

7. 二叉树的最大路径和Ⅱ(LintCode475★★)。给定一棵二叉树,设计一个算法找到二叉树的最大路径和,路径必须从根结点出发,路径可在任意结点结束,但至少包含一个结点(也就是根结点)。要求设计如下成员函数:

```
int maxPathSum2(TreeNode * root) {}
```

解:将二叉树看成一棵解空间树,用 ans 表示答案,从根结点开始搜索,用 cursum 记录路径上的结点值之和,当到达任意一个结点时,如果 cursum>ans,则置 ans=cursum,最后返回 ans。对应的回溯算法如下:

```
class Solution {
    int ans;                                            //存放答案
public:
    int maxPathSum2(TreeNode * root) {
        if(root == NULL) return 0;
        ans = root -> val;
        int cursum = root -> val;
        dfs(cursum, root);
        return ans;
    }
    void dfs(int cursum, TreeNode * root) {             //回溯算法
        if(root == NULL) return;
        if(cursum > ans) ans = cursum;
        if(root -> left!= NULL) {
```

```
            cursum += root -> left -> val;
            dfs(cursum, root -> left);
            cursum -= root -> left -> val;
        }
        if(root -> right!= NULL) {
            cursum += root -> right -> val;
            dfs(cursum, root -> right);
            cursum -= root -> right -> val;
        }
    }
};
```

8. 求组合(LintCode152★★)。给定两个整数 n 和 k，设计一个算法求从 $1 \sim n$ 中选出 k 个数的所有可能的组合，对返回组合的顺序没有要求，但一个组合内的所有数字需要是升序排列的。例如，$n=4$，$k=2$，答案是 $\{\{1,2\},\{1,3\},\{1,4\},\{2,3\},\{2,4\},\{3,4\}\}$。要求设计如下成员函数：

```
vector < vector < int >> combine( int n, int k) { }
```

解：采用《教程》5.2 节中求幂集的解法 2 的思路，设置解向量 x，$x[i]$ 表示一个组合中位置为 i 的整数，按从 i 到 n 的顺序试探，所以得到的解中数字是按升序排列的。用 cnt 表示选择的整数的个数，当 cnt$=k$ 时对应一个解，将所有解添加到 ans 中，最后返回 ans 即可。对应的回溯程序如下：

```
class Solution {
    vector < vector < int >> ans;
    vector < int > x;
public:
    vector < vector < int >> combine( int n, int k) {
        dfs(0, n, k, 1);
        return ans;
    }
    void dfs( int cnt, int n, int k, int i) {            //回溯算法
        if(cnt == k) {
            ans.push_back(x);
        }
        else {
            for( int j = i; j <= n; j++) {
                x.push_back(j);
                dfs(cnt + 1, n, k, j + 1);
                x.pop_back();
            }
        }
    }
};
```

上述程序提交后通过，执行用时为 61ms，内存消耗为 5.46MB。

9. 最小路径和Ⅱ(LintCode1582★★)。给出一个 $m \times n$ 的矩阵，每个点有一个正整数的权值，设计一个算法从 $(m-1,0)$ 位置走到 $(0,n-1)$ 位置(可以走上、下、左、右 4 个方向)，找到一条路径使得该路径所经过的权值和最小，返回最小权值和。要求设计如下成员函数：

```
int minPathSumII( vector < vector < int >> &matrix) {}
```

解法 1：采用《教程》5.3 节中图路径搜索的思路，用 cursum 累计路径的长度(路径上所

经过点的权值和),为了避免路径上的点重复,设置 visited 数组(初始元素均为 0),一旦走到一个顶点便将对应位置的 visited 置为 1,每一步只能走 visited 为 0 的点。从起始点$(m-1,0)$出发进行搜索,当搜索到终点$(0,n-1)$时将较小的 cursum 存放到 ans 中。最后返回 ans 即可。对应的回溯算法如下:

```
class Solution {
    const int INF = 0x3f3f3f3f;
    int dx[4] = {0,0,1,-1};                    //水平方向的偏移量
    int dy[4] = {1,-1,0,0};                    //垂直方向的偏移量
    int ans;                                    //存放答案
    vector<vector<int>> visited;
    vector<vector<int>> A;
public:
    int minPathSumII(vector<vector<int>> &matrix) {
        A = matrix;
        int m = A.size();
        int n = A[0].size();
        visited = vector<vector<int>>(m,vector<int>(n,0));
        int x = m-1,y = 0;
        visited[x][y] = 1;
        int cursum = A[x][y];
        ans = INF;
        dfs(m,n,cursum,x,y);
        return ans;
    }
    void dfs(int m,int n,int cursum,int x,int y) {  //回溯算法
        if (x == 0 && y == n-1) {               //找到终点
            ans = min(ans,cursum);
        }
        else {
            for(int di = 0;di < 4;di++) {
                int nx = x + dx[di];
                int ny = y + dy[di];
                if(nx < 0 || nx >= m || ny < 0 || ny >= n)
                    continue;
                if(visited[nx][ny] == 1)
                    continue;
                visited[nx][ny] = 1;
                cursum += A[nx][ny];
                if(cursum < ans)                //剪支
                    dfs(m,n,cursum,nx,ny);
                cursum -= A[nx][ny];
                visited[nx][ny] = 0;
            }
        }
    }
};
```

上述程序提交后通过,执行用时为 183ms,内存消耗为 5.4MB。

解法 2:上述算法中的剪支操作是仅扩展 cursum<ans 的路径(用一条部分路径长度与一条完整路径长度比较),性能较低,可以将 visited[x][y] 改为存放从起始点到(x,y)位置的最小路径长度(初始时所有元素置为∞),当试探到(nx,ny)时,只有当前路径长度 cursum+A[nx][ny] 小于或等于 visited[nx][ny] 才将当前路径继续走下去,否则终止该路径。由于

A 中的元素均为正整数,这样比较一定会避免路径上出现重复点。对应的回溯算法如下:

```
class Solution {
    const int INF = 0x3f3f3f3f;
    int dx[4] = {0,0,1, -1};                    //水平方向的偏移量
    int dy[4] = {1, -1,0,0};                     //垂直方向的偏移量
    vector < vector < int >> visited;
    vector < vector < int >> A;
public:
    int minPathSumII(vector < vector < int >> &matrix) {
        A = matrix;
        int m = A.size();
        int n = A[0].size();
        visited = vector < vector < int >>(m,vector < int >(n,INF));
        int x = m - 1,y = 0;
        visited[x][y] = A[x][y];
        int cursum = A[x][y];
        dfs(m,n,cursum,x,y);
        return visited[0][n - 1];
    }
    void dfs(int m,int n,int cursum,int x,int y) {  //回溯算法
        visited[x][y] = cursum;
        for(int di = 0;di < 4;di++) {
            int nx = x + dx[di];
            int ny = y + dy[di];
            if(nx < 0 || nx >= m || ny < 0 || ny >= n)
                continue;
            if(cursum + A[nx][ny] > visited[nx][ny])
                continue;
            cursum += A[nx][ny];
            dfs(m,n,cursum,nx,ny);
            cursum -= A[nx][ny];
        }
    }
};
```

上述程序提交后通过,执行用时为 41ms,内存消耗为 5.45MB。

10. 递增子序列(LeetCode491★★)。给定一个含 $n(1 \leqslant n \leqslant 15)$ 个整数的数组 nums ($100 \leqslant \text{nums}[i] \leqslant 100$),找出并返回所有该数组中不同的递增子序列,递增子序列中至少有两个元素,可以按任意顺序返回答案。数组中可能含有重复元素,如果出现两个整数相等,也可以视作递增序列的一种特殊情况。例如,nums $= \{4,6,7,7\}$,答案是 $\{\{4,6\},\{4,6,7\},$ $\{4,6,7,7\},\{4,7\},\{4,7,7\},\{6,7\},\{6,7,7\},\{7,7\}\}$。要求设计如下成员函数:

```
vector < vector < int >> findSubsequences(vector < int > & nums) {}
```

解:用 x 表示解向量(一个满足题目要求的递增子序列),ans 存放最后答案。用 i 遍历 nums,分为以下两类情况:

(1) 当 x 为空时,有将 $\text{nums}[i]$ 添加到 x 中和不将 $\text{nums}[i]$ 添加到 x 中两种选择。

(2) 当 x 非空时,若 $\text{nums}[i] \geqslant x.\text{back}()$,将 $\text{nums}[i]$ 添加到 x 中,在 $\text{nums}[i] \neq x.\text{back}()$ 时不将 $\text{nums}[i]$ 添加到 x 中,因为 $\text{nums}[i] > x.\text{back}()$ 时只能将 $\text{nums}[i]$ 添加到 x 中,否则会得不到一些递增子序列。

对应的代码如下:

```
class Solution {
public:
    vector < vector < int >> ans;
    vector < int > x;
    vector < vector < int >> findSubsequences(vector < int > & nums) {
        dfs(nums, 0);
        return ans;
    }
    void dfs(vector < int > & nums, int i) {               //回溯算法
        if (i == nums.size()) {
            if (x.size() >= 2)
                ans.push_back(x);
        }
        else {
            if (x.size() == 0) {
                x.push_back(nums[i]);
                dfs(nums, i + 1);
                x.pop_back();
                dfs(nums, i + 1);
            }
            else {
                if (nums[i] >= x.back()) {
                    x.push_back(nums[i]);
                    dfs(nums, i + 1);
                    x.pop_back();
                }
                if (nums[i] != x.back()) {
                    dfs(nums, i + 1);
                }
            }
        }
    }
};
```

上述程序提交后通过,执行用时为 20ms,内存消耗为 19.3MB。如果改为当 x 非空时,若 $nums[i] \geqslant x.back()$,做将 $nums[i]$ 添加到 x 中和不将 $nums[i]$ 添加到 x 中两种选择,也就是将上述 dfs 中最下面的两个 if 语句改为如下:

```
if (nums[i] >= x.back()) {
    x.push_back(nums[i]);                         //将 nums[i] 添加到 x 中
    dfs(nums, i + 1);
    x.pop_back();
    dfs(nums, i + 1);                             //不将 nums[i] 添加到 x 中
}
```

则会出现重复的递增子序列,例如 $nums = \{4,6,7,7\}$ 时,输出结果是 $\{\{4,6,7,7\}, \{4,6,7\}, \{4,6,7\}, \{4,6\}, \{4,7,7\}, \{4,7\}, \{4,7\}, \{6,7,7\}, \{6,7\}, \{6,7\}, \{7,7\}\}$,从中看出 $\{4,6\}$ 等重复项。

另外也可增加一个 last 参数表示子序列 x 中最后的元素,当 x 为空时 last 为 INT_MIN。对应的代码如下:

```
class Solution {
public:
    vector < vector < int >> ans;
    vector < int > x;
```

```
vector < vector < int >> findSubsequences(vector < int > & nums) {
    int last = INT_MIN;
    dfs(nums, last, 0);
    return ans;
}
void dfs(vector < int > & nums, int last, int i) {          //回溯算法
    if (i == nums.size()) {
        if (x.size() >= 2)
            ans.push_back(x);
    }
    else {
        if (nums[i] >= last) {
            x.push_back(nums[i]);
            dfs(nums, nums[i], i + 1);
            x.pop_back();
        }
        if (nums[i] != last) {
            dfs(nums, last, i + 1);
        }
    }
};
```

上述程序提交后通过,执行用时为 32ms,内存消耗为 19.4MB。

11. 给表达式添加运算符(LeetCode282★★★)。给定一个长度为 $n(1 \leqslant n \leqslant 10)$ 的仅包含数字 0~9 的字符串 num 和一个目标值整数 $target(-2^{31} \leqslant target \leqslant 2^{31}-1)$,设计一个算法在 num 的数字之间添加二元运算符(不是一元)+、— 或 *,返回所有能够得到 target 的表达式。注意所返回表达式中的运算数不应该包含前导零。例如,num = "105",target = 5,答案是{"1 * 0+5","10—5"}。要求设计如下成员函数:

```
vector < string > addOperators( string num, int target) { }
```

解:采用回溯法求解,用 x 表示值为 target 的表达式,用 ans 存放这样的全部表达式。在算法设计中需要注意以下两个方面:

(1) 产生的表达式中运算数可以是连续的一个或者多个数字,当分隔点为 num[i] 时,通过 num.substr($i,j-i+1$) 取出后面的数字子串 curs,对应的值为 curd,由于运算数不应该包含前导零,所以当 $j! = i$ && num[i] == '0' 成立时返回。

(2) 当分隔点 num[i] 后面的运算数产生后,分隔点处可以取'+'、'—'或者'*',即三选一。若当前求出的表达式的值为 cursum,分隔点前面的一个运算数是 pred:

① 若取'+',执行 x += '+'+curs,cursum += curd,prev = curd,递归处理对应的子问题,回溯时恢复修改的参数。

② 若取'—',执行 x += '—'+curs,cursum —= curd,prev = curd,递归处理对应的子问题,回溯时恢复修改的参数。

③ 若取'*',执行 x += '*'+curs,cursum = cursum — pred + pred * curd,prev = pred * curd,例如 1+2×3×4,假设当前在 3 和 4 之间取'*',则 cursum 应减去 2×3=6,然后加上 2×3×4=24。再递归处理对应的子问题,回溯时恢复修改的参数。

例如,num = "105",target = 5,采用回溯法的过程如图 5.8 所示,图中用'.'表示分隔点,虚框表示为前导零的结点,带阴影结点对应一个解。

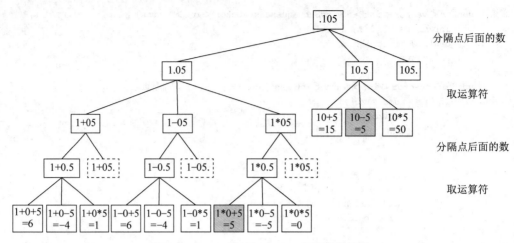

图 5.8 num="105"，target=5 的求解过程

对应的程序如下：

```cpp
class Solution
{
public:
    string num;
    int target;
    vector < string > ans;
    string x;
    vector < string > addOperators(string num, int target) {
        this - > num = num;
        this - > target = target;
        dfs(0,0,0);
        return ans;
    }
    void dfs(int i, long long cursum, long long pred) {        //回溯算法
        if (i == num.size()) {
            if (cursum == target)
                ans.push_back(x);
        }
        else {
            int oldlen = x.size();
            for (int j = i; j < num.size(); j++) {
                if (j!= i && num[i] == '0')                    //为前导零时返回
                    return;
                string curs = num.substr(i, j - i + 1);
                long long curd = stoll(curs);
                if (i == 0) {
                    x += curs;
                    dfs(j + 1, cursum + curd, curd);
                    x.resize(oldlen);                          //回溯(恢复 x)
                }
                else{
                    x += '+' + curs;
                    dfs(j + 1, cursum + curd, curd);
                    x.resize(oldlen);                          //回溯(恢复 x)
                    x += '-' + curs;
                    dfs(j + 1, cursum - curd, - curd);
                    x.resize(oldlen);                          //回溯(恢复 x)
```

```
        x += ' * ' + curs;
        dfs(j + 1, cursum - pred + pred * curd, pred * curd);
        x. resize(oldlen);                      //回溯(恢复 x)
            }
        }
    }
};
```

上述程序提交后通过,执行用时为 96ms,内存消耗为 14.5MB。

12. 求解马走棋问题。在 m 行 n 列的棋盘上有一个中国象棋中的马。马走"日"字且只能向右走。设计一个算法求马从棋盘的左上角$(1,1)$走到右下角(m,n)的可行路径的条数。例如,$m=4,n=4$的答案是 2。

解:在 m 行 n 列的棋盘上,若马的位置为(x,y),其满足要求的 4 种走法如图 5.9 所示。

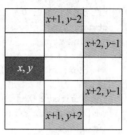

采用以下增量数组表示:

```
int dx[4] = {1,2,2,1};
int dy[4] = { - 2, - 1,1,2};
```

用二维数组 visited 表示棋盘上的对应位置是否已经访问,从$(1,1)$位置出发进行搜索,到达(m,n)位置时解个数 ans 增 1,搜索完毕返回 ans 即可。对应的回溯算法如下:

图 5.9　马的 4 种走法

```
int dx[4] = {1,2,2,1};
int dy[4] = { - 2, - 1,1,2};
int ans;                                        //路径的条数
vector < vector < int >> visited;
void dfs(int m,int n,int x,int y) {             //回溯算法
    if (x == m && y == n) {                     //找到目标位置
        ans++;                                   //路径的条数增加 1
    }
    else {
        for (int di = 0;di < 4;di++) {           //试探所有可走路径
            int nx = x + dx[di];                 //求出从(x,y)走到的位置(x1,y1)
            int ny = y + dy[di];
            if (nx < 1 || nx > m || ny < 1 || ny > n)   //跳过越界位置
                continue;
            if (visited[nx][ny] == 1)            //仅考虑没有访问的位置
                continue;
            visited[nx][ny] = 1;
            dfs(m,n,nx,ny);
            visited[nx][ny] = 0;                 //回溯
        }
    }
}
void solve(int m,int n) {                        //求解算法
    ans = 0;
    visited = vector < vector < int >>(m + 1,vector < int >(n + 1,0));
    visited[1][1] = 1;
    dfs(m,n,1,1);
    printf(" % d * % d 象棋中马的路径条数 = % d\n",m,n,ans);
}
```

13. 设计一个回溯算法求迷宫中从入口 s 到出口 t 的最短路径及其长度。

解：用 bestx 和 bestlen 保存最短路径及其长度。从 curp 方格（初始为 s）出发进行搜索，当前路径及其长度分别保存在 x 和 len 中：

（1）若 curp＝t，说明找到一条迷宫路径，通过比较路径长度将最优解保存在 bestx 和 bestlen 中。

（2）否则试探每个方位 di（取值为 0～3），求出相邻方格（nx,ny），跳过超界、已经访问或者为障碍物的位置，走到（nx,ny）位置并继续搜索，再从（nx,ny）位置回溯。最后输出 bestx 和 bestlen。

对应的回溯算法如下：

```
int dx[4] = { - 1, 1, 0, 0};
int dy[4] = {0, 0, - 1, 1};
struct Box {                                    //方格类型
    int x,y;
    Box() {}
    Box(int x,int y):x(x),y(y) {}
};
int visited[MAXM][MAXN];
vector < vector < int >> A;
int m,n;
Box t;
int bestlen;                                    //最短路径长度
vector < Box > bestx;                           //最短路径
void dfs(Box&curp, vector < Box > &x, int len) {  //回溯算法
    if(curp.x == t.x && curp.y == t.y) {
        if(len < bestlen) {
            bestlen = len;
            bestx = x;
        }
    }
    else {
        for(int di = 0;di < 4;di++) {
            int nx = curp.x + dx[di];
            int ny = curp.y + dy[di];
            if(nx < 0 || nx >= m || ny < 0 || ny >= n || visited[nx][ny] == 1)
                continue;
            if(A[nx][ny] == 1) continue;
            if(len < bestlen) {                  //剪支
                visited[nx][ny] = 1;
                Box nextp = Box(nx, ny);
                x.push_back(nextp);
                len++;
                dfs(nextp,x,len);
                len -- ;
                x.pop_back();
                visited[nx][ny] = 0;
            }
        }
    }
}
void maze(vector < vector < int >> mg, Box&start, Box&goal) {   //求解算法
    A = mg;
    m = A.size();
```

```
        n = A[0].size();
        Box curp = start;
        visited[start.x][start.y] = 1;
        t = goal;
        memset(visited, 0, sizeof(visited));
        vector < Box > x;
        x.push_back(curp);
        bestlen = INF;
        dfs(curp, x, 0);
        printf("最短路径: ");
        for(int i = 0; i < bestx.size(); i++)
            printf("[ % d, % d] ", bestx[i].x, bestx[i].y);
        printf("\n最短路径长度: % d\n", bestlen);
    }
```

14. 设计一个求解 n 皇后问题的所有解的迭代回溯算法。

解: n 皇后问题的迭代回溯算法设计如下。

(1) 用数组 $q[]$ 存放皇后的列位置,$(i, q[i])$ 表示第 i 个皇后的放置位置,n 皇后问题的一个解是 $(1, q[1]), (2, q[2]), \cdots, (n, q[n])$,数组 q 的 0 下标不用。

(2) 先放置第 1 个皇后,然后依 2、3、……、n 的次序放置其他皇后,当第 n 个皇后放置好后产生一个解。为了找出所有解,此时算法还不能结束,继续试探第 n 个皇后的下一个位置。

(3) 放置第 $i(i<n)$ 个皇后后,接着放置第 $i+1$ 个皇后,在试探第 $i+1$ 个皇后的位置时都是从第 1 列开始的。

(4) 当第 i 个皇后试探了所有列都不能放置时,回溯到第 $i-1$ 个皇后,此时与第 $i-1$ 个皇后的位置 $(i-1, q[i-1])$ 有关,如果第 $i-1$ 个皇后的列号小于 n,即 $q[i-1]<n$,则将其移到下一列,继续试探;否则再回溯到第 $i-2$ 个皇后,以此类推。

(5) 若第 1 个皇后的所有位置回溯完毕,则算法结束。

(6) 放置的第 i 个皇后应与前面已经放置的 $i-1$ 个皇后不发生冲突。

对应的迭代回溯算法如下:

```
int q[MAXN];                        //存放各皇后所在的列号,为全局变量
int cnt = 0;                        //累计解的个数
void dispasolution(int n) {         //输出一个解
    printf("  第 % d 个解:", ++cnt);
    for (int i = 1; i <= n; i++)
        printf("( % d, % d) ", i, q[i]);
    printf("\n");
}
bool place(int i) {                 //测试第 i 行的 q[i] 列上能否摆放皇后
    if (i == 1) return true;
    int k = 1;
    while (k < i){                  //k = 1~i-1 是已放置了皇后的行
        if ((q[k] == q[i]) || (abs(q[k] - q[i]) == abs(k - i)))
            return false;
        k++;
    }
    return true;
}
void Queens(int n) {                //求解 n 皇后问题
    int i = 1;                      //i 表示当前行,也表示放置第 i 个皇后
```

```
        q[i] = 0;                              //q[i]是当前列,从 0 列(即开头)开始试探
        while (i>=1){                          //重复试探
            q[i]++;
            while (q[i]<=n && !place(i))  //试探一个位置(i,q[i])
                q[i]++;
            if (q[i]<=n) {                     //为第 i 个皇后找到了一个合适的位置(i,q[i])
                if (i==n)                      //若放置了所有皇后,输出一个解
                    dispasolution(n);
                else {                         //皇后没有放置完
                    i++;                       //转向下一行,即开始下一个皇后的放置
                    q[i] = 0;                  //每次放一个新皇后都从该行的首列进行试探
                }
            }
            else i--;                          //若第 i 个皇后找不到合适的位置,则回溯到上一个皇后
        }
    }
```

15. 题目描述见《教程》第 3.11 节的第 12 题,这里要求采用回溯法求解。

解:本问题与旅行商问题类似,不同之处是不必回到起点。先将边数组 tuple 转换为邻接矩阵 A,为了简单,将城市编号由 $1\sim n$ 改为 $0\sim n-1$,这样起点变成了顶点 0,并且不必考虑路径中最后一个顶点到顶点 0 的道路。然后采用《教程》第 5 章中 5.13 节求 TSP 问题的回溯法求出最短路径长度 bestd 并返回。对应的回溯法算法如下:

```
const int INF = 0x3f3f3f3f;                              //表示∞
vector < int > x;                                        //解向量(路径)
int d;                                                   //x 路径的长度
int bestd = INF;                                         //保存最短路径长度
void dfs(vector < vector < int >> &A, int s, int i) {    //回溯算法
    int n = A.size();
    if(i>=n) {                                           //到达一个叶子结点
        bestd = min(bestd, d);                           //通过比较求最优解
    }
    else {
        for(int j = i;j < n;j++) {                       //试探 x[i]走到 x[j]的分支
            if (A[x[i-1]][x[j]]!=0 && A[x[i-1]][x[j]]!=INF) {   //若 x[i-1]到 x[j]有边
                if(d + A[x[i-1]][x[j]]<bestd) {          //剪支
                    swap(x[i],x[j]);
                    d += A[x[i-1]][x[i]];
                    dfs(A,s,i+1);
                    d -= A[x[i-1]][x[i]];
                    swap(x[i],x[j]);
                }
            }
        }
    }
}
int mincost(int n, vector < vector < int >> &tuple) {    //求解算法
    if(n==1) return 0;
    vector < vector < int >> A(n,vector < int >(n, INF));  //邻接矩阵
    for(int i = 0;i < tuple.size();i++) {
        int a = tuple[i][0] - 1;
        int b = tuple[i][1] - 1;
        int w = tuple[i][2];
        A[a][b] = A[b][a] = w;
    }
```

```
    int s = 0;                                  //添加起始顶点 s
    x.push_back(s);                             //将非 s 的顶点添加到 x 中
    for(int i = 0;i < n;i++){
        if(i!= s) x.push_back(i);
    }
    d = 0;
    dfs(A,s,1);
    return bestd;
}
```

5.3 补充练习题及其参考答案

5.3.1 单项选择题及其参考答案

1. 以下问题中最适合用回溯法求解的是_____。

   A. 迷宫问题　　　　B. 二分查找　　　　C. 求水仙花数　　　D. 求最大公约数

2. 以下问题中最适合用回溯法求解的是_____。

   A. 汉诺塔问题　　　B. 8 皇后问题　　　C. 求素数　　　　　D. 破解密码

3. 回溯法是在问题的解空间中按_____策略从根结点出发搜索的。

   A. 广度优先　　　　B. 活结点优先　　　C. 扩展结点优先　　D. 深度优先

4. 回溯法解题的步骤中通常不包含_____。

   A. 确定结点的扩展规则

   B. 针对给定的问题定义其解空间

   C. 枚举所有可能的解,并通过搜索到的解优化解空间结构

   D. 采用深度优先搜索方法搜索解空间树

5. 关于回溯法,以下叙述中不正确的是_____。

   A. 回溯法有通用解题法之称,可以系统地搜索一个问题的所有解或任意解

   B. 回溯法是一种既带有系统性又带有跳跃性的搜索算法

   C. 回溯法需要借助队列来保存从根结点到当前扩展结点的路径

   D. 回溯法在生成解空间中的任一结点时,先判断该结点是否可能包含问题的解,如果肯定不包含,则跳过对以该结点为根的子树的搜索,逐层向祖先结点回溯

6. 回溯法的效率不依赖于下列_____。

   A. 确定解空间的时间　　　　　　　　B. 满足显约束的值的个数

   C. 计算约束函数的时间　　　　　　　D. 计算限界函数的时间

7. 以下关于回溯法的叙述中正确的是_____。

   A. 即使问题的解存在,回溯法也不一定能找到问题的解

   B. 回溯法找到的问题的解不一定是最优解

   C. 回溯法不能找到问题的全部解

   D. 回溯法无法避免求出的问题的解重复

8. 以下关于回溯法的叙述中错误的是_____。

A. 以深度优先方式搜索解空间树

B. 可用约束函数剪去得不到可行解的子树

C. 可用限界函数剪去得不到最优解的子树

D. 即使在最坏情况下回溯法的性能也好于穷举法

9. 关于使用回溯法求解 0/1 背包问题,以下说法中正确的是_____。

A. 使用限界函数剪去得不到更优解的左子树(装入该物品)。

B. 使用限界函数剪去得不到更优解的右子树(不装入该物品)。

C. 使用约束函数剪去不合理的右子树(不装入该物品)。

D. 使用限界函数剪去不合理的左子树(装入该物品)。

10. 通常排列树的解空间树中有_____个叶子结点。

    A. $n!$ B. n^2 C. $n+1$ D. $n(n+1)/2$

11. 对于含有 n 个元素的子集树问题(每个元素二选一),最坏情况下解空间树的叶子结点个数是_____。

    A. $n!$ B. 2^n C. $2^{n+1}-1$ D. 2^{n-1}

12. 一般来说,回溯算法的解空间树不会是_____。

    A. 有序树   B. 子集树   C. 排列树   D. 无序树

13. 用回溯法求解 0/1 背包问题时最坏时间复杂度是_____。

    A. $O(n)$ B. $O(n\log_2 n)$ C. $O(2^n)$ D. $O(n^2)$

14. 用回溯法求解旅行商问题时的解空间是_____。

    A. 子集树   B. 排列树

    C. 深度优先生成树   D. 广度优先生成树

15. 求中国象棋中马从一个位置到另外一个位置的所有走法,采用回溯法求解时对应的解空间是_____。

    A. 子集树   B. 排列树

    C. 深度优先生成树   D. 广度优先生成树

16. n 个人排队在一台机器上做某个任务,每个人等待的时间不同,完成他的任务的时间是不同的,求完成这 n 个任务的最少时间,采用回溯法求解时对应的解空间是_____。

    A. 子集树   B. 排列树

    C. 深度优先生成树   D. 广度优先生成树

5.3.2 问答题及其参考答案

1. 简述回溯法和递归的区别。

2. 在采用回溯法求解问题时,通常设计解向量为 $\boldsymbol{x}=(x_0,x_1,\cdots,x_{n-1})$,是不是说同一个问题的所有解向量的长度是固定的?

3. 在用回溯法求解 0/1 背包问题时,该问题的解空间树是何种类型?在用回溯法求解旅行商问题时,该问题的解空间树是何种类型?

4. 对于递增序列 $a=\{1,2,3,4,5\}$,采用《教程》中 5.10.1 节的回溯法求全排列时,以 1、2 开头的排列一定最先出现吗?为什么?

5. 对于如图 5.10 所示的连通图,使用回溯算法来求解 3-着色问题,回答以下问题:

（1）给出解向量的形式，指出解空间树的类型。

（2）描述剪支操作。

（3）画出找到一个解的搜索空间，并给出这个解。

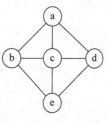

6. 以下是求解 n 皇后问题的回溯算法，q 数组存放皇后的列号，valid(i,j) 的功能是判断是否可以在 (i,j) 位置放置皇后 i，指出算法中的错误并改正。

图 5.10   一个连通图

```
void dfs(int n, int i) {                          //回溯算法
    if (i >= n)
        disp(n);                                  //所有皇后放置结束,输出一个解
    else {
        for (int j = i; j < n; j++) {             //在第 i 行上试探每一个 j 列
            if(valid(i,q[i])) {                   //剪支
                swap(q[i],q[j]);                  //皇后 i 放置在 q[j]列
                dfs(n, i + 1);
            }
            swap(q[i],q[j]);                      //回溯
        }
    }
}
```

5.3.3   算法设计题及其参考答案

1. 二叉树的路径和（LintCode376★）。给定一棵二叉树，找出所有路径中各结点相加总和等于给定目标值的路径。一个有效的路径指的是从根结点到叶子结点的路径。要求设计如下成员函数：

```
vector < vector < int >> binaryTreePathSum(TreeNode * root, int target) {}
```

解：将二叉树看成一棵解空间树，从根结点开始搜索，解向量 x 记录路径上的结点，cursum 记录路径上的结点值之和，当到达叶子结点时，如果 cursum＝target，则将 x 添加到答案 ans 中，最后返回 ans。对应的回溯算法如下：

```
class Solution {
    vector < vector < int >> ans;                 //存放答案
    vector < int > x;                             //解向量
public:
    vector < vector < int >> binaryTreePathSum(TreeNode * root, int target) {
        if(root == NULL) return ans;
        x.push_back(root -> val);
        int cursum = root -> val;
        dfs(cursum,target,root);
        return ans;
    }
    void dfs(int cursum, int target, TreeNode * root) {//回溯算法
        if (root -> left == NULL && root -> right == NULL) {
            if(cursum == target)
                ans.push_back(x);
        }
        else {
            if(root -> left != NULL) {
                x.push_back(root -> left -> val);
                cursum += root -> left -> val;
```

```
                dfs(cursum, target, root - > left);
                cursum -= root - > left - > val;
                x. pop_back();
            }
            if(root - > right!= NULL) {
                x. push_back(root - > right - > val);
                cursum += root - > right - > val;
                dfs(cursum, target, root - > right);
                cursum -= root - > right - > val;
                x. pop_back();
            }
        }
    }
};
```

2. 第 k 个排列(LintCode88★★)。给定 n 和 k,设计一个算法求 $1\sim n$ 的全排列中字典序的第 k 个排列。要求设计如下成员函数:

string getPermutation(int n, int k) {}

解:利用《教程》5.10.1 节的 perm1 算法的思路,增加 cnt 计数,x 作为解向量存放一个排列,每次找到一个排列时执行 cnt++,当 cnt=k 时将 x 存放到 ans 中,并置 flag 为 true,终止对其他路径的搜索。最后返回 ans。对应的回溯算法如下:

```
class Solution {
    string ans;                             //存放第 k 个排列
    int cnt;                                //计数
    bool flag;                              //是否找到
    string x;                               //解向量
    vector < bool > used;                   //used[ i ]表示 a[ i ]是否使用过
public:
    string getPermutation(int n, int k) {
        used = vector < bool >(n + 1, false);
        x = string(n, '0');
        flag = false;
        cnt = 1;
        dfs(n, k, 0);
        return ans;
    }
    void dfs(int n, int k, int i) {         //回溯算法
        if (i > = n) {
            if(cnt == k) {
                flag = true;
                ans = x;
            }
            cnt++;
        }
        else if(!flag) {
            for(int j = 1; j < = n; j++) {
                if(used[ j ]) continue;
                x[ i ] = '0' + j;
                used[ j ] = true;
                dfs(n, k, i + 1);
```

```
                used[j] = false;
                x[i] = '0';
            }
        }
    }
};
```

3. 设计一个算法求解这样的子集和问题：给定含 n 个正整数的数组 a，从中选出若干整数，使它们的和恰好为 t，如果找到任意一种解，返回 true，否则返回 false。

解法 1：利用《教程》5.6 节的求子集和问题的思路，用 flag 表示子集和问题是否有解，初始设置为 false，一旦找到一个解置 flag 为 true。含左、右剪支的回溯算法如下：

```
bool flag;                                      //子集和问题是否有解
void dfs(vector < int > &a, int t, int cs, int rs, int i) {//回溯算法
    if (i > = a.size()) {                       //到达一个叶子结点
        if (cs == t) flag = true;               //找到一个满足条件的解
    }
    else if(!flag) {                            //没有到达叶子结点
        rs -= a[i];                             //求剩余整数的和
        if (cs + a[i] < = t) {                  //左孩子结点剪支
            dfs(a, t, cs + a[i], rs, i + 1);
        }
        if (cs + rs > = t) {                    //右孩子结点剪支
            dfs(a, t, cs, rs, i + 1);
        }
        rs += a[i];                             //恢复剩余整数和(回溯)
    }
}
bool solve(vector < int > &a, int t) {          //判断子集和问题是否有解
    int rw = 0;
    for (int j = 0; j < a.size(); j++)          //求 a 中元素的和 rw
        rw += a[j];
    flag = false;
    dfs(a, t, 0, rw, 0);                        //i 从 0 开始
    return flag;
}
```

解法 2：利用《教程》5.2.2 节中求幂集的解法 2 的思路求解，同样用 flag 表示子集和问题是否有解，初始设置为 false，一旦找到一个解置 flag 为 true。对应的回溯算法如下：

```
bool flag;                                      //子集和问题是否有解
void dfs(vector < int > &a, int t, int cs, int i) {  //回溯算法
    if(cs == t) {
        flag = true;
    }
    if(!flag) {
        for(int j = i; j < a.size(); j++) {
            cs += a[j];
            dfs(a, t, cs, j + 1);
            cs -= a[j];
        }
    }
}
bool solve(vector < int > &a, int t) {          //判断子集和问题是否有解
    flag = false;
```

```
        dfs(a,t,0,0);                                      //i 从 0 开始
        return flag;
}
```

4. 设计一个算法求解这样的子集和问题：给定含 n 个正整数的数组 a，从中选出若干整数，使它们的和恰好为 t，假设该问题至少有一个解，当有多个解时求选出的整数个数最少的一个解。

解：利用《教程》5.6 节的求子集和问题的思路，用 x 存放当前解，bestx 存放最优解（初始时置其长度为 n），当找到一个解 x 时，将较小长度的 x 存放到 bestx 中，最后返回 bestx。含左、右剪支的回溯算法如下：

```
vector < int > x;
vector < int > bestx;
void dfs(vector < int > &a,int t,int cs,int rs,int i) {//回溯算法
    if (i >= a.size()) {                               //到达一个叶子结点
        if (cs == t && x.size() < bestx.size())
            bestx = x;
    }
    else {                                             //没有到达叶子结点
        rs -= a[i];                                    //求剩余整数的和
        if (cs + a[i] <= t) {                          //左孩子结点剪支
            x.push_back(a[i]);
            dfs(a,t,cs + a[i],rs,i + 1);
            x.pop_back();
        }
        if (cs + rs >= t) {                            //右孩子结点剪支
            dfs(a,t,cs,rs,i + 1);
        }
        rs += a[i];                                    //恢复剩余整数和(回溯)
    }
}
vector < int > solve(vector < int > &a,int t) {        //判断子集和问题是否有解
    int rw = 0;
    for (int j = 0;j < a.size();j++)                   //求 a 中元素的和 rw
        rw += a[j];
    bestx = vector < int >(a.size());                  //初始化 bestx 的长度为 n
    dfs(a,t,0,rw,0);                                   //i 从 0 开始
    return bestx;
}
```

5. 求有重复元素的排列问题（LintCode16★★）。设有一个含 n 个整数的数组 a，其中可能含有重复的元素，求这些元素的所有不同排列。例如 $a = \{1,1,2\}$，输出结果是 $\{1,1,2\},\{1,2,1\},\{2,1,1\}$。

解：在用回溯法求全排列的基础上增加对元素的重复性判断。例如，对于 $a = \{1,1,2\}$，不判断重复性时输出结果是 $\{1,1,2\},\{1,2,1\},\{1,1,2\},\{1,2,1\},\{2,1,1\},\{2,1,1\}$，共 6 个排列，其中有 3 个是重复的。重复性判断是这样的：当扩展 $a[i]$ 时仅选取在 $a[i..j-1]$ 中没有出现的元素 $a[j]$，将其与 $a[i]$ 交换，如果 $a[j]$ 出现在 $a[i..j-1]$ 中，则对应的排列已经在前面求出了，如果再这样做会产生重复的排列。基于排列树的回溯算法如下：

```
class Solution {
    vector < vector < int >> ans;                      //存放答案
public:
```

```
vector < vector < int >> permuteUnique(vector < int > &nums) {
    dfs(nums,0);
    return ans;
}
bool ok(vector < int > &a, int i, int j) {          //ok()用于判断重复元素
    if (j > i) {
        for(int k = i;k < j;k++) {
            if (a[k] == a[j])
                return false;
        }
    }
    return true;
}
void dfs(vector < int > &a, int i) {                //求有重复元素的排列问题
    int n = a.size();
    if (i == n) {
        ans.push_back(a);
    }
    else {
        for (int j = i;j < n;j++) {
            if (ok(a,i,j)) {                        //选取a[i..j-1]中没有出现的元素 a[j]
                swap(a[i],a[j]);
                dfs(a,i + 1);
                swap(a[i],a[j]);
            }
        }
    }
};
```

6. 设计一个回溯算法求从 $1 \sim n$ 的 n 个整数中取出 m 个元素的排列,要求每个元素最多只能取一次。例如,$n = 3$,$m = 2$ 时的输出结果是 $\{1,2\}$,$\{1,3\}$,$\{2,1\}$,$\{2,3\}$,$\{3,1\}$,$\{3,2\}$。

解:设解向量 $x = \{x_1, x_2, \cdots, x_m\}$,$x_i$ 取 $1 \sim n$ 中任意非重复的整数,i 从 1 开始,当 $i > m$ 时到达一个叶子结点,输出一个排列。采用 used 数组避免重复,used$[j]$ = false 表示没有选择整数 j,used$[j]$ = true 表示已经选择整数 j。对应的回溯算法如下:

```
vector < int > x;                               //x[1..m]中存放一个排列
vector < bool > used;
void dfs(int n, int m, int i){                  //回溯算法
    if (i > m) {
        for (int j = 1;j <= m;j++)
            printf(" % d",x[j]);                //输出一个排列
        printf("\n");
    }
    else {
        for (int j = 1;j <= n;j++) {
            if (!used[j]) {
                used[j] = true;                 //修改 used[i]
                x[i] = j;                       //x[i]选择 j
                dfs(n,m,i + 1);
                x[j] = 0;
                used[j] = false;                //回溯:恢复 used[i]
            }
        }
    }
}
```

```
}
void solve(int n, int m) {                           //求 1～n 中 m 个元素的全排列
    x = vector < int >(m + 1);
    used = vector < bool >(n, false);
    dfs(n, m, 1);                                    //i 从 1 开始
}
```

7. 对于 n 皇后问题,有人认为当 n 为偶数时,其解具有对称性,即 n 皇后问题的解个数恰好为 $n/2$ 皇后问题的解个数的两倍,这个结论正确吗? 请编写回溯法程序对 $n = 4$、6、8、10 的情况进行验证。

解:这个结论不正确。验证程序如下:

```
int q[MAXN];                                         //存放 n 皇后问题的解(解向量)
int cnt;                                             //累计解个数
bool valid(int i, int j) {                           //测试(i,j)位置能否放置皇后
    if (i == 0) return true;                         //第一个皇后总是可以放置
    int k = 0;
    while (k < i) {                                   //k = 1～i - 1 是已放置了皇后的行
        if ((q[k] == j) || (abs(q[k] - j) == abs(i - k)))
            return false;
        k++;
    }
    return true;
}
void dfs(int n, int i) {                             //回溯算法
    if (i >= n)
        cnt++;                                       //所有皇后放置结束
    else {
        for (int j = i; j < n; j++) {                //在第 i 行上试探每一个列 j
            swap(q[i], q[j]);                        //第 i 个皇后放置在 q[j]列
            if(valid(i, q[i]))                       //剪支
                dfs(n, i + 1);
            swap(q[i], q[j]);                        //回溯
        }
    }
}
int queens(int n) {                                  //求 n 皇后问题的解个数
    for(int i = 0; i < n; i++)                       //初始化 q 为 0～n - 1
        q[i] = i;
    cnt = 0;
    dfs(n, 0);
    return cnt;
}
bool solve() {                                       //验证算法
    bool flag = true;
    for (int n = 4; n <= 10; n += 2) {
        if (queens(n) != 2 * queens(n/2)) {
            flag = false;
            break;
        }
    }
    return flag;
}
```

8. 给定一个无向图,由指定的起点前往指定的终点,途中经过所有其他顶点且只经过一次,这称为哈密顿路径,闭合的哈密顿路径称为哈密顿回路(Hamiltonian cycle)。设计一

个回溯算法求无向图的所有哈密顿回路。

解法 1：假设无向图有 n 个顶点（顶点编号为 $0 \sim n-1$），采用邻接矩阵数组 A(0/1 矩阵)存放，求从顶点 s 出发回到顶点 s 的哈密顿回路。如同求解旅行商问题，采用《教程》5.10.1 节中解法 1 的思路，对应的回溯算法如下：

```
vector < int > x;                                    //解向量
vector < int > used;                                 //顶点访问标记
int cnt;                                             //累计哈密顿回路的数目
void disp(int n, int s) {                            //输出一个解路径
    printf(" ( % d ) ",cnt++);
    for (int i = 0;i < n;i++)
        printf(" % d->",x[i]);
    printf("% d\n",s);
}
void dfs(vector < vector < int >> &A,int s,int curlen,int i) {  //回溯算法
    int n = A.size();
    if(curlen == n - 1) {
        if(A[x.back()][s] == 1)
            disp(n,s);
    }
    else {
        for(int j = 0;j < n;j++) {
            if(A[i][j] == 0) continue;
            if(used[j] == 1) continue;
            x.push_back(j);
            used[j] = 1;
            dfs(A,s,curlen + 1,j);
            used[j] = 0;
            x.pop_back();
        }
    }
}
void Hamiltonian(vector < vector < int >> &A,int s){   //求从顶点 s 出发的哈密顿回路
    int n = A.size();
    x.clear();
    x.push_back(s);
    used = vector < int >(n,0);
    used[s] = 1;
    printf("从顶点 % d 出发的哈密顿回路:\n",s);
    dfs(A,s,0,s);
}
```

解法 2：采用《教程》5.10.1 节中解法 2 的思路。对应的回溯算法如下：

```
vector < int > x;                                    //解向量
int cnt;                                             //累计哈密顿回路的数目
void disp(int n, int s) {                            //输出一个解路径
    printf("   ( % d ) ",cnt++);
    for (int i = 0;i < n;i++)
        printf(" % d->",x[i]);
    printf("% d\n",s);
}
void dfs(vector < vector < int >> &A,int s,int i) {    //回溯算法
    int n = A.size();
    if (i >= n) {
        if(A[x[n - 1]][s] == 1)
```

```
            disp(n,s);
        }
        else {
            for (int j = i;j < n;j++) {
                swap(x[i],x[j]);
                if(A[x[i-1]][x[i]] == 1)              //剪支
                    dfs(A,s,i+1);
                swap(x[i],x[j]);                       //回溯
            }
        }
    }
    void Hamiltonian(vector < vector < int >> &A,int s){   //求从顶点 s 出发的哈密顿回路
        int n = A.size();
        x.clear();
        x.push_back(s);
        for(int i = 0;i < n;i++) {
            if(i!= s) x.push_back(i);
        }
        printf("从顶点 %d 出发的哈密顿回路:\n",s);
        dfs(A,s,1);
    }
```

9. 求解满足方程的解。设计一个算法求出所有满足 $a*b-c*d+e=1$ 方程的 a、b、c、d、e，其中所有变量的取值范围为 $1\sim5$，并且均不相同。

解：本题相当于求出 $1\sim5$ 的满足方程要求的所有排列。采用解空间为排列树的框架，对应的回溯算法如下：

```
    int x[5];                               //解向量
    int n = 5;
    void disp(int x[]){                      //输出一个解
        printf("  %d* %d- %d* %d- %d=1\n",x[0],x[1],x[2],x[3],x[4]);
    }
    void dfs(int i) {                        //回溯算法
        if (i == n) {                        //到达叶子结点
            if (x[0] * x[1] - x[2] * x[3] - x[4] == 1)
                disp(x);
        }
        else {
            for (int j = i;j < n;j++) {
                swap(x[i],x[j]);
                dfs(i+1);
                swap(x[i],x[j]);
            }
        }
    }
    void solve() {                           //求解算法
        for (int j = 0;j < n;j++)
            x[j] = j + 1;
        dfs(0);
    }
```

10. 求解最小重量机器设计问题Ⅰ。设某一机器由 n 个部件组成，部件的编号为 $1\sim n$，每一种部件都可以从 m 个供应商处购得，供应商的编号为 $1\sim m$。设 w_{ij} 是从供应商 j 处购得的部件 i 的重量，c_{ij} 是相应的价格。对于给定的机器部件重量和机器部件价格，设计一个算法计算总价格不超过 cost 的最小重量机器设计，可以在同一个供应商处购得多个部件。

例如,$n=3$,$m=3$,cost$=7$,$w=\{\{1,2,3\},\{3,2,1\},\{2,3,2\}\}$,$c=\{\{1,2,3\},\{5,4,2\},\{2,1,2\}\}$,答案是部件 1、2、3 分别选择供应商 1、3 和 1,最小重量为 4。

解:采用基于子集树的回溯法求解,由于可以在同一个供应商处购得多个部件,所以每个部件有 m 个选择方案,对应的解空间是一个 m 叉树的子集数。将 n、m、cost、w 和 c 设置为全局变量,对应的回溯算法如下:

```
vector < int > x;
vector < int > bestx;
int bestw;
void dfs(int cw,int cc,int i) {              //回溯算法
    if(i > = n){                             //搜索到叶子结点
        if (cw < bestw) {                    //通过比较产生最优解
            bestw = cw;                      //当前最小重量
            bestx = x;
        }
    }
    else {
        for(int j = 0;j < m;j++) {           //试探每一个供应商
            if(cc + c[i][j] > cost) continue; //剪支
            if(cw + w[i][j] > bestw) continue; //剪支
            x[i] = j;                        //部件 i 选择供应商 j
            cc += c[i][j];
            cw += w[i][j];
            dfs(cw,cc,i + 1);
            cc -= c[i][j];                   //cc 回溯
            cw -= w[i][j];                   //cw 回溯
            x[i] = - 1;
        }
    }
}
void solve() {                               //求解算法
    int cw = 0,cc = 0;
    x = vector < int >(n, - 1);
    printf("求解结果\n");
    bestw = INF;
    dfs(cw,cc,0);
    for(int i = 0;i < n;i++)
        printf("    部件 % d 选择供应商 % d\n",i + 1,bestx[i] + 1);
    printf("    最小重量 = % d\n",bestw);
}
```

11. 求解最小重量机器设计问题Ⅱ。设某一机器由 n 个部件组成,部件的编号为 $1\sim n$,共有 m 个供应商,供应商的编号为 $1\sim m(m \geqslant n)$。设 w_{ij} 是从供应商 j 处购得的部件 i 的重量,c_{ij} 是相应的价格。对于给定的机器部件重量和机器部件价格,设计一个算法计算总价格不超过 cost 的最小重量机器设计,要求在同一个供应商处最多只能购得一个部件。例如,$n=3$,$m=3$,cost$=7$,$w=\{\{1,2,3\},\{3,2,1\},\{2,3,2\}\}$,$c=\{\{1,2,3\},\{5,4,2\},\{2,1,2\}\}$,答案是部件 1、2、3 分别选择供应商 1、2 和 3,最小重量为 5。

解:采用回溯法求解,解法类似算法设计题 10,但这里要求在同一个供应商处最多只能购得一个部件,所以设置一个 used 数组(初始时所有元素为 false),一旦为部件分配了供应商 j,则置 used$[j]=$true。对应的回溯算法如下:

```
vector < int > x;
```

```
    vector < int > bestx;
    int bestw;
    vector < bool > used;                                    //供应商是否已经使用
    void dfs(int cw, int cc, int i) {                        //回溯算法
        if(i >= n){                                          //搜索到叶子结点
            if (cw < bestw) {                                //通过比较产生最优解
                bestw = cw;                                  //当前最小重量
                bestx = x;
            }
        }
        else {
            for(int j = 0; j < m; j++) {                     //试探每一个供应商
                if(used[j]) continue;                        //供应商 j 已经使用过
                if(cc + c[i][j] > cost)                      //剪支
                    continue;
                if(cw + w[i][j] > bestw)                     //剪支
                    continue;
                x[i] = j;                                    //部件 i 选择供应商 j
                used[j] = true;
                cc += c[i][j];
                cw += w[i][j];
                dfs(cw, cc, i + 1);
                cc -= c[i][j];                               //cc 回溯
                cw -= w[i][j];                               //cw 回溯
                used[j] = false;
                x[i] = -1;
            }
        }
    }
    void solve() {                                           //求解算法
        int cw = 0, cc = 0;
        x = vector < int >(n, -1);
        used = vector < bool >(m, false);
        printf("求解结果\n");
        bestw = INF;
        dfs(cw, cc, 0);
        for(int i = 0; i < n; i++)
            printf("    部件 % d 选择供应商 % d\n", i + 1, bestx[i] + 1);
        printf("   最小重量 = % d\n", bestw);
    }
```

12. 求解最大团问题。一个无向图 G 中含顶点个数最多的完全子图称为最大团。给定一个采用邻接矩阵 A(0/1 矩阵)存储的无向图,设计一个算法求其中最大团的顶点数。例如,$A = \{\{0,1,0,0,0\}, \{1,0,1,1,0\}, \{0,1,0,1,1\}, \{0,1,1,0,1\}, \{0,0,1,1,0\}\}$,其中最大团由 3 个顶点(即顶点 1、2、3 或者 2、3、4)构成,答案为 3。

解:用解向量 x 表示当前最大团,$x[i] = 1$ 表示当前团包含顶点 i,cn 表示当前团的顶点数,用 bestn 表示最大团的顶点数。从顶点 0 出发进行搜索,若当前顶点 i 与 x 中的所有顶点相连,则选择将顶点 i 加入当前团中(对应左子树);否则不选择顶点 i 进入右子树,采用的剪支方式是当前团的顶点数 cn+剩余的顶点数 $n - i + 1 \geqslant$ bestn。当到达叶子结点时通过比较求 bestn(初始值为 0)。对应的回溯算法如下:

```
    vector < vector < int >> A;                              //邻接矩阵
    int n;
    vector < int > x;                                        //解向量
```

```
int cn;                                    //当前解的顶点数
int bestn;                                 //最大团的顶点数
void dfs(int cn, int i){                   //回溯算法
    if (i >= n) {                          //到达叶子结点
        bestn = max(bestn, cn);
    }
    else {
        bool complete = true;              //检查顶点 i 与当前团的相连关系
        for (int j = 0; j < i; j++) {
            if (x[j] && A[i][j] == 0) {
                complete = false;          //顶点 i 与顶点 j 不相连
                break;
            }
        }
        if (complete) {                    //全相连,进入左子树
            x[i] = 1;                      //选中顶点 i
            dfs(cn + 1, i + 1);
            x[i] = 0;                      //回溯
        }
        if (cn + n - i + 1 >= bestn) {     //剪支(右子树)
            x[i] = 0;                      //不选中顶点 i
          dfs(cn, i + 1);
        }
    }
}
void solve(vector < vector < int >> &a){   //求最大团问题
    A = a;
    n = A.size();
    x = vector < int >(n, 0);
    cn = 0;                                //当前团中的顶点数
    dfs(cn, 0);
    printf("最大团中的顶点数 = % d\n", bestn);
}
```

第6章 分支限界法

本章主要讨论分支限界法的概念、搜索解的过程、利用限界函数提高搜索效率、队列式分支限界法和优先队列式分支限界法的框架及其经典应用示例、A*算法及其应用,其知识结构如图 6.1 所示。

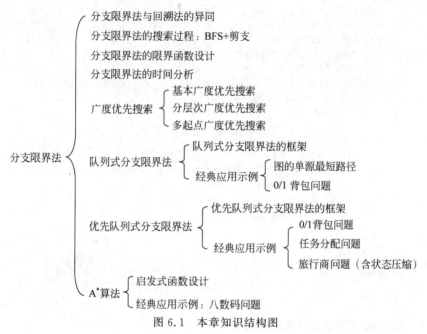

图 6.1　本章知识结构图

1. 简述什么是广搜特性,具有广搜特性的问题如何高效求解?举一个例子进行说明。

答:在广度优先搜索中扩展结点时,如果每次扩展的代价都是相同的,问题是求出顶点 s 到 t 的最小总代价,称该问题具有广搜特性。

对于具有广搜特性的问题可以采用广度优先搜索求解,从顶点 s 出发搜索,当第一次找到顶点 t 时的总代价就是问题的最优解,而不必搜索全部结点再通过比较找最小总代价。

例如二叉树的最小深度问题(LeetCode111★),给定一棵二叉树,找出其最小深度。最小深度是从根结点到最近叶子结点的最短路径上的结点数量。该问题具有广搜特性,采用分层次的广度优先搜索,用 ans 表示答案,当第一次访问到叶子结点时返回 ans,对应的算法如下:

```cpp
class Solution {
public:
    int minDepth(TreeNode* root) {
        return depth(root);
```

```
        }
    int depth(TreeNode * root) {                    //分层次的广度优先搜索
        if(root == NULL)
            return 0;
        if(root -> left == NULL && root -> right == NULL)
            return 1;
        int ans = 1;
        queue < TreeNode * > qu;
        qu.push(root);
        while(!qu.empty()) {
            ans++;
            int cnt = qu.size();
            for(int i = 0;i < cnt;i++) {
                TreeNode *  p = qu.front();qu.pop();
                if(p -> left) {
                    if(p -> left -> left == NULL && p -> left -> right == NULL)
                        return ans;
                    else
                        qu.push(p -> left);
                }
                if(p -> right) {
                    if(p -> right -> left == NULL && p -> right -> right == NULL)
                        return ans;
                    else
                        qu.push(p -> right);
                }
            }
        }
        return ans;
    }
};
```

2. 简述分支限界法和回溯法的差异。

答：两者的差异如下。

(1) 求解目标：回溯法的求解目标是找出解空间树中满足约束条件的所有解，而分支限界法的求解目标则是找出满足约束条件的一个解，或是在满足约束条件的解中找出某种意义下的最优解。

(2) 搜索方式：回溯法以深度优先的方式搜索解空间树，而分支限界法则以广度优先或以最小耗费优先的方式搜索解空间树。

3. 针对采用队列式分支限界法求解图单源最短路径的算法回答如下问题：

(1) 该算法适合含负权的图求单源最短路径吗？

(2) 该算法适合含回路(回路上边的权值和为正数)的图求单源最短路径吗？

答：(1) 该算法适合含负权的图求单源最短路径。因为出队顶点 u 后，会对所有 $<u,v>$ 边做松弛操作，每个得到更新 $dist[v]$ 的顶点 v 均进队，如果后面再次更新 $dist[u]$，又会做同样的操作，所以一定会求出单源最短路径，无论图中是否存在负权边。

(2) 只有回路上边的权值和为正数，该算法才适合含回路的图求单源最短路径，理由同(1)。如果图中存在权值和为负数的回路，由于算法中没有路径判重，而沿着该回路转一圈得到更短的路径，所以不适合这样的图求单源最短路径。

4. 给定如图 6.2 所示的带权有向图，采用队列式分支限界法求解图单源最短路径的算法求起点 0 到其他顶点的最短路径长度和最短路径。

答：首先置 dist 数组的所有元素为∞，定义一个 queue < int > 类型的队列 qu，将 $s=0$ 进队，置 dist[0]=0。步骤如下：

(1) 出队顶点 $u=0$，dist[0]=0，pre[0]=0。

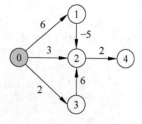

图 6.2 一个带权有向图

将相邻顶点 $v=1$ 进队，dist[1]=dist[0]+A[0][1]=6，pre[1]=0。

将相邻顶点 $v=2$ 进队，dist[2]=dist[0]+A[0][2]=3，pre[2]=0。

将相邻顶点 $v=3$ 进队，dist[3]=dist[0]+A[0][3]=2，pre[3]=0。

(2) 出队顶点 $u=1$，dist[1]=6，pre[1]=0。

将相邻顶点 $v=2$ 进队，dist[2]=dist[1]+A[1][2]=1，pre[2]=1。

(3) 出队顶点 $u=2$，dist[2]=1，pre[2]=1。

将相邻顶点 $v=4$ 进队，dist[4]=dist[2]+A[2][4]=3，pre[4]=2。

(4) 出队顶点 $u=3$，dist[3]=2，pre[3]=0。

(5) 出队顶点 $u=2$，dist[2]=1，pre[2]=1。

(6) 出队顶点 $u=4$，dist[4]=3，pre[4]=2。

求解结果如下：

源点 0 到顶点 1 的最短路径长度：6，路径：0 1

源点 0 到顶点 2 的最短路径长度：1，路径：0 1 2

源点 0 到顶点 3 的最短路径长度：2，路径：0 3

源点 0 到顶点 4 的最短路径长度：3，路径：0 1 2 4

5. 简述 A^* 算法与广度优先搜索的关系。

答：广度优先搜索可以看成 A^* 算法的一个特例。对于一个广度优先搜索算法，从当前结点扩展出来的每个子结点都要放进队列进行进一步扩展。也就是说广度优先搜索的估计函数 h 永远等于 0，没有任何启发信息，可以认为广度优先搜索是"最差的" A^* 算法。

6. 给定一个含 n 个顶点的带权连通图，顶点的编号为 $0 \sim n-1$，所有权值为正整数，采用邻接矩阵 A 存储，求顶点集 s 到顶点 t 的最短路径长度及其最短路径，顶点集 s 可能包含图中多个顶点，路径长度指路径上经过边的权之和。

(1) 采用队列式分支限界法求解。

(2) 采用优先队列式分支限界法求解。

解法 1：采用《教程》中 6.4 节的求图的单源最短路径的队列式分支限界法，仅将单源改为多源，即先将顶点集 s 中的全部顶点进队，在求出 dist 数组后返回 dist[t]，并且由 pre 数组推出一条最短路径。对应的算法如下：

```
const int INF = 0x3f3f3f3f;
int n;
vector < vector < int >> A;              //图的邻接矩阵
vector < int > dist;                     //定义 dist
vector < int > pre;                      //定义 pre
int minlen(vector < int > &s, int t) {   //队列式分支限界法算法
    dist = vector < int >(n, INF);       //dist 初始化所有元素为∞
    pre = vector < int >(n);
```

```
        queue < int > qu;                                    //定义一个队列 qu
        for(int i = 0;i < s.size();i++) {
            qu.push(s[i]);
            dist[s[i]] = 0;
            pre[s[i]] = - 1;
        }
        while(!qu.empty()) {                                 //队列不空时循环
            int u = qu.front(); qu.pop();                    //出队顶点 u
            for(int v = 0;v < n;v++) {
                if(A[u][v]!= 0 && A[u][v]!= INF) {           //相邻顶点为 v
                    if(dist[u] + A[u][v]< dist[v]) {         //边松弛
                        dist[v] = dist[u] + A[u][v];
                        pre[v] = u;
                        qu.push(v);                          //顶点 v 进队
                    }
                }
            }
        }
        return dist[t];
    }
    void solve(vector < vector < int >> &a, vector < int > &s, int t) {    //求解算法
        A = a;
        n = A.size();
        printf("从顶点集 s 到 t 的最短路径长度 = % d\n",minlen(s,t));
        if(dist[t] == INF)
            printf("没有路径\n");
        else {
            vector < int > path;
            int k = pre[t];
            while (k!= - 1) {                                //添加中间顶点
                path.push_back(k);
                k = pre[k];
            }
            reverse(path.begin(),path.end());
            printf("路径: ");
            for (int i = 0;i < path.size();i++)
                printf(" % d ->",path[i]);
            printf(" % d\n",t);
        }
    }
```

解法 2：由于所有权值为正整数，可以将队列改为优先队列，也就是按到达当前顶点的最短路径长度越短越优先出队，这样当出队顶点 t 时即可返回 dist[t]，从而提高时间性能。对应的算法如下：

```
const int INF = 0x3f3f3f3f;
int n;
vector < vector < int >> A;                                  //图的邻接矩阵
struct QNode {                                               //优先队列的结点类型
    int vno;
    int length;
    bool operator <(const QNode & node) const {
        return length > node.length;                         //length 越小越优先出队
    }
};
vector < int > dist;                                         //定义 dist
```

```
vector < int > pre;                                    //定义 pre
int minlen(vector < int > &s, int t) {                 //优先队列式分支限界法算法
    dist = vector < int >(n, INF);                     //dist 初始化所有元素为∞
    pre = vector < int >(n);
    QNode e, e1;
    priority_queue < QNode > pq;                        //定义一个优先队列 pq
    for(int i = 0; i < s.size(); i++) {
        dist[s[i]] = 0;
        pre[s[i]] = -1;
        e.vno = s[i];
        e.length = 0;
        pq.push(e);
    }
    while(!pq.empty()) {                                //队列不空时循环
        e = pq.top(); pq.pop();                         //出队顶点 u
        int u = e.vno;
        if(u == t) return dist[t];
        for(int v = 0; v < n; v++) {
            if(A[u][v]!= 0 && A[u][v]!= INF) {          //相邻顶点为 v
                if(dist[u] + A[u][v] < dist[v]) {       //边松弛
                    dist[v] = dist[u] + A[u][v];
                    pre[v] = u;
                    e1.vno = v;
                    e1.length = dist[v];
                    pq.push(e1);                         //顶点 v 进队
                }
            }
        }
    }
    return -1;
}
void solve(vector < vector < int >> &a, vector < int > &s, int t) {      //求解算法
    A = a;
    n = A.size();
    printf("从顶点集 s 到 t 的最短路径长度 = %d\n", minlen(s, t));
    if(dist[t] == INF)
        printf("没有路径\n");
    else {
        vector < int > path;
        int k = pre[t];
        while (k!= -1) {                                //添加中间顶点
            path.push_back(k);
            k = pre[k];
        }
        reverse(path.begin(), path.end());
        printf("路径: ");
        for (int i = 0; i < path.size(); i++)
            printf("%d->", path[i]);
        printf("%d\n", t);
    }
}
```

7. 给定一个带权有向图,采用邻接矩阵 A 存储,设计一个采用优先队列式分支限界法求单源最短路径长度的算法。

解:本题的原理见《教程》中的 6.4 节,在采用优先队列式分支限界法时,设计优先队列的结点类型为 QNode,除了顶点 vno 以外,还包含从源点 s 到当前顶点的最短路径长度

length,按 length 越小越优先出队。对于出队的顶点 u,仍然采用松弛操作选择路径长度最小的相邻顶点。对应的算法如下:

```
int n;                                          //图的邻接矩阵
vector < vector < int >> A;                     //dist[i]:源点到顶点 i 的最短路径长度
vector < int > dist;
struct QNode {                                  //优先队列的结点类型
    int vno;                                    //顶点的编号
    int length;                                 //路径长度
    bool operator <(const QNode & node) const {
        return length > node.length;            //length 越小越优先出队
    }
};
void bfs(int s){                                //优先队列式分支限界法算法
    dist = vector < int >(n,INF);              //dist 初始化所有元素为 INF
    QNode e,e1;
    priority_queue < QNode > pq;               //定义一个优先队列 pq
    e.vno = s;                                  //建立结点 e
    e.length = 0;
    pq.push(e);                                 //结点 e 进队
    dist[s] = 0;
    while(!pq.empty()) {                        //队列不空时循环
        e = pq.top(); pq.pop();                //出队结点 e
        int u = e.vno;
        int length = e.length;
        for(int v = 0;v < n;v++) {
            if(A[u][v]!= 0 && A[u][v]!= INF) {  //相邻顶点为 v
                if(dist[u] + A[u][v]< dist[v]) {//边松弛:u 到 v 有边且路径长度更短
                    dist[v] = dist[u] + A[u][v];
                    e1.vno = v;
                    e1.length = dist[v];
                    pq.push(e1);               //顶点 v 进队
                }
            }
        }
    }
}
void solve(vector < vector < int >> &a,int s) { //求从源点 s 出发的所有最短路径的长度
    A = a;
    n = A.size();
    bfs(s);
    printf("s = % d\n",s);
    for(int i = 0;i < n;i++) {
        if(dist[i] == INF)
            printf(" % d-> % d没有路径\n",s,i);
        else
            printf(" % d-> % d路径长度 = % d\n",s,i,dist[i]);
    }
}
```

8. 采用优先队列式分支限界法求解最优装载问题。有 n 个集装箱,重量分别为 $w_i(0\leqslant i<n)$,轮船的限重为 W,设计一个算法在不考虑体积限制的情况下将重量和尽可能大的集装箱装上轮船,并且在装载重量相同时最优装载集装箱个数最少的方案。例如,$n=5$,集装箱重量为 $w=(5,2,6,4,3)$,限重为 $W=10$,最优装载方案是选择重量分别为 6 和 4 的集装箱,集装箱个数为 2。

解：设计优先队列 pq，由于最优解是选择的集装箱的重量和尽量重且集装箱个数尽量少，为此先将 w 递减排序，队列结点类型为 (i, cw, cnt, x, rw)，分别表示结点的层次、选择的集装箱重量和个数、解向量以及剩余集装箱重量，优先队列按 cw 越大越优先出队（cw 相同时按 cnt 越小越优先出队）。第 i 层的结点 e 表示对集装箱 i 做决策，选择集装箱 i 时产生子结点 $e1$，不选择集装箱 i 时产生子结点 $e2$。左剪支是仅扩展 $e1.cw <= W$ 的结点 $e1$，右剪支是仅扩展 bestw $==0 || e2.cw + e2.rw > $ bestw 的结点 $e1$（若没有求出任何解，$e2$ 直接进队，否则若加上剩余重量都达不到 bestw 则不进队）。对应的算法如下：

```
struct QNode {                                      //优先队列的结点类型
    int i;                                          //当前结点的层次
    int cw;                                         //当前结点的总重量
    int rw;                                         //剩余重量和
    vector < int > x;                               //当前结点包含的解向量
    int cnt;                                        //最少集装箱个数
    bool operator <(const QNode& b) const {         //重载<关系函数
        if (cw == b.cw)return cnt > b.cnt;          //cw 相同时,cnt 越小越优先出队
        else return cw < b.cw;                      //按 cw 越大越优先
    }
};
const int INF = 0x3f3f3f3f;
int n;
vector < int > w;
int W;
int bestw = 0;                                      //存放最大重量
int bestcnt = INF;                                  //存放最优解的集装箱个数
vector < int > bestx;                               //存放最优解
void Enqueue(QNode&e, priority_queue < QNode > &pq) {   //进队操作
    if (e.i == n) {                                 //e 是一个叶子结点
        if ((e.cw > bestw) || (e.cw == bestw && e.cnt < bestcnt)) {
            bestw = e.cw;                           //通过比较找最优解
            bestcnt = e.cnt;
            bestx = e.x;
        }
    }
    else pq.push(e);                                //非叶子结点进队
}
void bfs() {                                        //求装载问题的最优解
    QNode e, e1, e2;
    priority_queue < QNode > pq;
    e.i = 0;                                        //根结点置初值,其层次计为0
    e.cw = 0; e.rw = 0;
    for(int j = 0; j < n; j++) e.rw += w[j];
    e.cnt = 0;
    e.x = vector < int >(n, 0);
    pq.push(e);                                     //根结点进队
    while (!pq.empty()) {                           //队不空时循环
        e = pq.top(); pq.pop();                     //出队结点 e
        e1.i = e.i + 1;                             //建立左孩子结点
        e1.cw = e.cw + w[e.i];
        e1.rw = e.rw - w[e.i];
        e1.x = e.x;
        e1.x[e.i] = 1;
        e1.cnt = e.cnt + 1;
        if(e1.cw <= W)                              //左剪支
```

```
                Enqueue(e1,pq);
            e2.i = e.i + 1;                              //建立右孩子结点
            e2.cw = e.cw;
            e2.rw = e.rw - w[e.i];
            e2.x = e.x;
            e2.x[e.i] = 0;
            e2.cnt = e.cnt;
            if(bestw == 0 || e2.cw + e2.rw > bestw)      //右剪支
                Enqueue(e2,pq);
        }
    }
    void solve(vector < int > &w1,int W1) {              //求解算法
        w = w1;
        n = w.size();
        W = W1;
        sort(w.begin(),w.end(),greater < int >());        //将 w 递减排序
        bfs();
        printf("求解结果:\n");
        for( int j = 0;j < n;j++) {                       //输出最优解
            if(bestx[j] == 1)
                printf("  选择重量为 %d 的集装箱\n",w[j]);
        }
        printf("  装入总价值为 %d\n",bestw);
    }
```

9. 在 $n \times n$ 的棋盘上有一个中国象棋中的马,马走"日"字且只能向右走,求马从棋盘的左上角 $(1,1)$ 走到右下角 (n,n) 的最少移动步数和对应的移动路径,如果无法到达则返回 -1。例如,$n=5$ 时,最少移动步数为 4,对应的移动路径为 $(1,1)\rightarrow(2,3)\rightarrow(3,1)\rightarrow(4,3)\rightarrow(5,5)$ 或者其他。

(1) 采用分层次的广度优先搜索算法求解。

(2) 采用 A^* 算法求解。

解法 1:在棋盘上马的 4 种走法参见图 5.9。采用分层次的广度优先搜索方法,用 ans 存放答案(初始为 0),先将起始点 $(1,1)$ 进队,队不空时循环,即置 ans++,求出队列中结点的个数 cnt,循环 cnt 次,出队一个结点 e,若为终点 (n,n) 则返回 ans,否则按行走方式找到相邻点,将没有访问过的相邻点进队。每次移动将对应的路径存放到 path 中,最后输出终点对应的 path。对应的算法如下:

```
int dx[4] = {1,2,2,1};
int dy[4] = { - 2, - 1,1,2};
struct QNode {                                          //队列中的结点类型
    int x,y;                                            //位置
    vector < pair < int,int >> path;
};
vector < pair < int,int >> minpath;                     //存放最短路径
int bfs(int n) {                                        //分层次的广度优先搜索
    QNode e,e1;
    vector < vector < int >> visited(n + 1,vector < int >(n + 1,0));
    visited[1][1] = 1;
    queue < QNode > qu;
    e.x = 1; e.y = 1;
    e.path.push_back(pair < int,int >(1,1));
    qu.push(e);
    int ans = 0;
```

```
    while(!qu.empty()) {
        ans++;
        int cnt = qu.size();
        for(int i = 0;i < cnt;i++) {
            e = qu.front(); qu.pop();
            for(int di = 0;di < 4;di++) {
                int nx = e.x + dx[di];
                int ny = e.y + dy[di];
                if (nx < 1 || nx > n || ny < 1 || ny > n)
                    continue;
                e1.path = e.path;
                e1.path.push_back(pair < int,int >(nx,ny));
                if(nx == n && ny == n) {              //第一次遇到终点时返回步数
                    minpath = e1.path;
                    return ans;
                }
                if(visited[nx][ny] == 0) {
                    visited[nx][ny] = 1;
                    e1.x = nx; e1.y = ny;
                    qu.push(e1);
                }
            }
        }
    }
    return - 1;
}
void solve(int n) {                                  //求解算法
    int ans = bfs(n);
    printf("最少步数 = % d\n",ans);
    if(ans == - 1)
        printf("无路径\n");
    else {
        printf("移动路径:");
        for(int i = 0;i < minpath.size() - 1;i++) {
            printf("[ % d, % d] ->",minpath[i].first,minpath[i].second);
        }
        printf("[ % d, % d]\n",minpath.back().first,minpath.back().second);
    }
}
```

当 $n = 5$ 时调用上述 solve(n) 的输出结果如下:

最少步数=4

移动路径: [1,1]->[2,3]->[3,1]->[4,3]->[5,5]

解法 2: 采用 A^* 算法。启发式函数为 $f = g + h$, 其中 h 为当前位置到终点 b 的曼哈顿距离, 相应地, 如果从结点 e 扩展出子结点 $e1$, 则 $e1.g = e.g + sqrt(2.0 + 3.0)$, 因为骑士走一步是 2×3 或者 3×2 的棋盘格子, 其曼哈顿距离为 $sqrt(2.0 + 3.0)$。但题目是求最少移动步数, 为此队列中每个结点用 steps 成员存放步数。对应的算法如下:

```
int dx[4] = {1,2,2,1};
int dy[4] = { - 2, - 1,1,2};
struct QNode {                                       //优先队列的结点类型
    int x,y;                                         //位置
    int steps;                                       //步数
    vector < pair < int, int >> path;
```

```
        double g, h, f;                                           //启发式函数
        bool operator <(const QNode &s) const{
            return f > s.f;                                       //f 越小越优先出队
        }
};
vector < pair < int, int >> minpath;
double geth(QNode&a, int n) {                                     //求曼哈顿距离
    return abs(1.0 * a.x - n) + abs(1.0 * a.y - n);
}
int Astar(int n) {                                               //A* 算法
    QNode e, e1;
    vector < vector < int >> visited(n + 1, vector < int >(n + 1, 0));
    priority_queue < QNode > pq;
    e.x = 1; e.y = 1;
    e.path.push_back(pair < int, int >(1, 1));
    e.steps = 0;
    e.g = 0;
    e.h = 0;
    e.f = e.g + e.h;
    pq.push(e);
    visited[1][1] = 1;
    while(!pq.empty()){
        e = pq.top(); pq.pop();
        if(e.x == n && e.y == n) {
            minpath = e.path;
            return e.steps;
        }
        for(int di = 0; di < 4; di++) {
            int nx = e.x + dx[di];
            int ny = e.y + dy[di];
            if(nx < 1 || nx > n || ny < 1 || ny > n)
                continue;
            if(visited[nx][ny] == 0) {
                e1.path = e.path;
                e1.path.push_back(pair < int, int >(nx, ny));
                e1.x = nx; e1.y = ny;
                e1.steps = e.steps + 1;
                e1.g = e.g + sqrt(2.0 + 3.0);
                e1.h = geth(e1, n);
                e1.f = e1.g + e1.h;
                pq.push(e1);
                visited[nx][ny] = 1;
            }
        }
    }
    return - 1;
}
void solve(int n) {                                              //求解算法
    int ans = Astar(n);
    printf("最少步数 = % d\n", ans);
    if(ans == - 1)
        printf("无路径\n");
    else {
        printf("移动路径:");
        for(int i = 0; i < minpath.size() - 1; i++) {
            printf("[ % d, % d] ->", minpath[i].first, minpath[i].second);
```

```
            }
            printf("[ % d, % d]\n",minpath.back().first,minpath.back().second);
        }
    }
```

当 $n=5$ 时调用上述 solve(n) 的输出结果如下：

最少步数 $=4$

移动路径：[1,1]->[2,3]->[3,5]->[4,3]->[5,5]

10. 题目描述见第 3 章 3.2 节的第 12 题，这里要求采用分支限界法求解。

解：本问题与旅行商问题类似，不同之处是不必回到起点。先将边数组 tuple 转换为邻接矩阵 A，为了简单，将城市编号由 $1\sim n$ 改为 $0\sim n-1$，这样起点变成了顶点 0，并且不必考虑路径中最后一个顶点到顶点 0 的道路。然后采用《教程》中 6.9 节求 TSP 问题的算法求出最短路径长度 minpathlen 并返回。对应的状态压缩的分支限界法算法如下：

```
const int INF = 0x3f3f3f3f;              //表示∞
int minpathlen = INF;                    //存放最短路径长度
struct QNode {                           //优先队列的结点类型
    int i;                               //解空间的层次
    int vno;                             //当前顶点
    int used;                            //用于路径中顶点的判重
    int length;                          //当前路径长度
    bool operator <(const QNode&b) const {
        return length > b.length;        //按 length 越小越优先出队
    }
};
bool inset(int used,int j) {             //判断顶点 j 是否在 used 中
    return (used&(1 << j))!= 0;
}
int addj(int used,int j) {              //在 used 中添加顶点 j
    return used | (1 << j);
}
void bfs(vector < vector < int >> &A,int n,int s) {   //状态压缩的分支限界法算法
    QNode e,e1;
    priority_queue < QNode > qu;
    e.i = 0;                             //根结点的层次为 0
    e.vno = s;                           //起始顶点为 s
    e.length = 0;
    e.used = 0;
    e.used = addj(0,s);                  //表示顶点 s 已经访问
    qu.push(e);
    while(!qu.empty()) {
        e = qu.top(); qu.pop();          //出队一个结点 e
        e1.i = e.i + 1;                  //扩展下一层
        for(int j = 0;j < n;j++) {       //试探 0~n-1 的顶点
            if(inset(e.used,j))          //顶点 j 在路径中出现时跳过
                continue;
            e1.vno = j;                  //e1.i 层选择顶点 j
            e1.used = addj(e.used,j);    //在路径中添加顶点 j
            e1.length = e.length + A[e.vno][e1.vno]; //累计路径长度
            if(e1.i == n-1) {            //e1 为叶子结点
                if(e1.length < minpathlen) {   //找到一个更短路径
                    minpathlen = e1.length;
                }
            }
```

```
            if(e1.i < n − 1) {                    //e1 为非叶子结点
                if(e1.length < minpathlen)        //剪支
                    qu.push(e1);                  //e1 进队
            }
        }
    }
}
int mincost(int n, vector < vector < int >> &tuple) {    //求解算法
    if(n == 1) return 0;
    vector < vector < int >> A(n, vector < int >(n, INF));//邻接矩阵 A
    for(int i = 0; i < tuple.size(); i++) {
        int a = tuple[i][0] − 1;
        int b = tuple[i][1] − 1;
        int w = tuple[i][2];
        A[a][b] = A[b][a] = w;
    }
    int s = 0;
    bfs(A, n, s);
    return minpathlen;
}
```

11. 最短路径(LintCode1364★★)。给定一个二维的表格图 mazeMap,其中每个格子上有一个数字 num。如果 num 是−2 表示这个点是起点,num 是−3 表示这个点是终点,num 是−1 表示这个点是障碍物,不能行走,num 为 0 表示这个点是道路,可以正常行走。如果 num 是正数,表示这个点是传送门,则这个点可以花费 1 的代价到达有着相同数字的传送门格子中。每次可以花费 1 的代价向上、下、左、右 4 个方向之一行走一格,传送门格子也可以往 4 个方向走求出从起点到终点的最小花费,如果不能到达返回−1。图的最大大小为 400×400,传送门的种类不会超过 50,即图中的最大正数不会超过 50。例如,mazeMap = {{1,0,−1,1},{−2,0,−1,−3},{2,2,0,0}},答案是 3,从−2 起点先向上走到 1,然后通过传送门到达最右上角的 1 位置,再往下走到达−3 终点。要求设计如下成员函数:

```
int getMinDistance(vector < vector < int >> &mazeMap) { }
```

解:采用基本广度优先搜索方法。每个出队结点 e 的扩展方式如下:

(1)上、下、左、右移动到相邻可走并且未访问过的格子,用 visited 数组标记格子是否被访问过。

(2)若对应的 num 大于 0(传送门),则可以走到相同数字的传送门格子。显然一旦某个传送门 num 被访问过,后面不再访问。用 visportal 数组标记传送门是否被访问过。

对应的程序如下:

```
struct QNode {                               //队列中的结点类型
    int x, y;                                //当前格子的位置
    int cost;                                //从 S 到当前格子的花费
};
class Solution {
    int dx[4] = {1, 0, −1, 0};               //水平方向的偏移量
    int dy[4] = {0, 1, 0, −1};               //垂直方向的偏移量
    vector < vector < int >> A;
    int m, n;
    vector < pair < int, int >> Hmap[55];
public:
    int getMinDistance(vector < vector < int >> &mazeMap) {
```

```
        m = mazeMap. size();
        n = mazeMap[0]. size();
        this -> A = mazeMap;
        QNode S, T;
        for(int i = 0; i < m; i++) {
            for(int j = 0; j < n; j++) {
                if(A[i][j] == -2) {
                    S. x = i; S. y = j;
                }
                else if(A[i][j] == -3) {
                    T. x = i; T. y = j;
                }
                else if(A[i][j] > 0) {                //将所有 k 的传送门位置存放到 Hmap[k]中
                    Hmap[A[i][j]]. push_back(pair < int, int >(i, j));
                }
            }
        }
        return bfs(S, T);
    }
    int bfs(QNode &S, QNode &T) {                     //基本广度优先搜索
        QNode e, e1;
        queue < QNode > qu;
        int visited[m][n];
        memset(visited, 0, sizeof(visited));
        int visportal[55];
        memset(visportal, 0, sizeof(visportal));
        S. cost = 0;
        qu. push(S);
        visited[S. x][S. y] = 1;
        while(!qu. empty()) {                          //队不空时循环
            e = qu. front(); qu. pop();                 //出队结点 e
            int x = e. x;
            int y = e. y;
            int cost = e. cost;
            int num = A[x][y];
            for(int di = 0; di < 4; di++){
                int nx = x + dx[di];
                int ny = y + dy[di];
                if(nx < 0 || nx >= m || ny < 0 || ny >= n)
                    continue;                          //跳过超界的位置
                if(A[nx][ny] == -1)
                    continue;
                if(visited[nx][ny] == 1)
                    continue;
                if(nx == T. x && ny == T. y)            //第一次找到 T 返回 cost + 1
                    return cost + 1;
                visited[nx][ny] = 1;
                e1. x = nx; e1. y = ny;
                e1. cost = cost + 1;
                qu. push(e1);
            }
            if(num > 0) {                              //该位置是传送门
                if(visportal[num] == 1)
                    continue;
                for(int i = 0; i < Hmap[num]. size(); i++) {
                    int nx = Hmap[num][i]. first;
                    int ny = Hmap[num][i]. second;
```

```
                if(visited[nx][ny] == 1)
                    continue;
                visited[nx][ny] = 1;
                e1.x = nx; e1.y = ny;
                e1.cost = cost + 1;
                qu.push(e1);
            }
            visportal[num] = 1;
        }
    }
    return - 1;
    }
};
```

上述程序提交后通过,执行用时为 984ms,内存消耗为 6.89MB。

12. 最少步数(LintCode1832★★)。有一个 $1 \times n (2 \leqslant n \leqslant 10^5)$ 的棋盘,格子的编号为 $0 \sim n-1$,每个格子都有一种颜色,格子 i 的颜色的编号是 $colors_i (1 \leqslant colors_i \leqslant n)$。现在在 0 号位置有一枚棋子,设计一个算法求出最少移动几步能到达最后一格。棋子有 3 种移动的方法,且棋子不能移动到棋盘外:

(1) 棋子从位置 i 移动到位置 $i+1$。

(2) 棋子从位置 i 移动到位置 $i-1$。

(3) 如果位置 i 和位置 j 的颜色相同,那么棋子可以直接从位置 i 移动到位置 j。

例如,$colors = \{1,2,3,3,2,5\}$,答案是 3,移动方式是第一步从位置 0 走到位置 1,由于位置 1 和位置 4 的颜色相同,第二步从位置 1 走到位置 4,第三步从位置 4 走到位置 5。要求设计如下成员函数:

int minimumStep(vector < int > &colors) { }

解:采用分层次的广度优先搜索方法求解。用 ans 表示答案(初始置为 -1),先将位置 0 进队,队不空时循环:执行 ans++,求出当前层次中顶点的个数 cnt(即当前队列中元素的个数),出队每个结点,若找到终点 $n-1$ 返回 ans,否则按照 3 种移动方法扩展相关位置并进队。对应的程序如下:

```
class Solution {
public:
    int minimumStep(vector < int > &colors) {
        int n = colors.size();
        vector < int > visited(n, 0);
        queue < int > qu;
        qu.push(0);
        visited[0] = 1;
        int ans = - 1;
        while (!qu.empty()) {
            ans++;
            int cnt = qu.size();
            for(int i = 0; i < cnt; i++) {
                int x = qu.front(); qu.pop();          //出队位置 x
                if(x == n - 1) return ans;             //搜索到终点时返回 ans
                int nx = x + 1;                        //处理移动方法(1)
                if(nx < n && visited[nx] == 0) {
                    qu.push(nx);
                    visited[nx] = 1;
```

```
            }
            nx = x - 1;                          //处理移动方法(2)
            if(nx > 0 && visited[nx] == 0) {
                qu.push(nx);
                visited[nx] = 1;
            }
            for(int j = 1; j < n; j++) {          //处理移动方法(3)
                if(j != x && colors[j] == colors[x] && visited[j] == 0) {
                    qu.push(j);
                    visited[j] = 1;
                }
            }
        }
    }
    return ans;
    }
};
```

上述程序提交后超时,通过了 76% 的测试用例。改进方式如下:

(1) 增加 unordered_set < int > 类型的容器 visitedcolor,用于记录被处理过的颜色,由于移动方法(3)要求相同的颜色,一旦某种颜色已经被处理,后面不再处理。

(2) 增加 vector < vector < int >> 类型的容器 colorgroup,用于记录相同颜色的位置,这样不必从 0~n 位置找与当前颜色相同的点,从而提高了时间性能。

其他与上述程序相同,对应的改进程序如下:

```
class Solution {
public:
    int minimumStep(vector < int > &colors) {
        int n = colors.size();
        vector < int > visited(n, 0);            //记录被访问过的位置
        unordered_set < int > visitedcolor;       //记录被访问过的颜色
        vector < vector < int >> colorgroup(n + 1);
        for (int i = 0; i < n; i++) {
            colorgroup[colors[i]].push_back(i);
        }
        queue < int > qu;
        qu.push(0);
        visited[0] = 1;
        int ans = - 1;
        while (!qu.empty()) {
            ans++;
            int cnt = qu.size();
            for(int i = 0; i < cnt; i++) {
                int x = qu.front(); qu.pop();      //出队位置 x
                if(x == n - 1) return ans;          //搜索到终点时返回 ans
                int c = colors[x];
                int nx = x + 1;                     //处理移动方法(1)
                if(nx < n && visited[nx] == 0) {
                    qu.push(nx);
                    visited[nx] = 1;
                }
                nx = x - 1;                         //处理移动方法(2)
                if(nx > 0 && visited[nx] == 0) {
                    qu.push(nx);
                    visited[nx] = 1;
```

```
            }
        if (visitedcolor.count(c) == 0) {     //处理移动方法(3)
            visitedcolor.insert(c);
            for (int nx:colorgroup[c]) {      //遍历相同颜色的位置
                if (nx > = 0 && nx < n && visited[nx] == 0) {
                    qu.push(nx);
                    visited[nx] = 1;
                }
            }
        }
    }
    }
    return - 1;
    }
};
```

上述程序提交后通过,执行用时为 516ms,内存消耗为 8.5MB。

13. 地图分析(LintCode1911★★)。现在有一个大小为 $n \times n (1 \leqslant n \leqslant 100)$ 的网格 grid,上面的每个单元格都用 0 和 1 标记好了,其中 0 代表海洋,1 代表陆地,设计一个算法求海洋单元格到离它最近的陆地单元格的距离的最大值,这里说的距离是曼哈顿距离,两个单元格 (x_0, y_0) 和 (x_1, y_1) 之间的曼哈顿距离定义为 $|x_0 - x_1| + |y_0 - y_1|$。如果网格上只有陆地或者海洋则返回 -1。例如,grid=$\{\{1,0,1\},\{0,0,0\},\{1,0,1\}\}$,答案是 2,其中海洋单元格(1,1)和所有陆地单元格之间的距离都达到最大,最大距离为 2。要求设计如下成员函数:

```
int maxDistance(vector < vector < int >> &grid) { }
```

解:采用多起点的广度优先搜索方法求解。定义一个队列 qu,首先将所有陆地进队,置 step= -1,然后队不空时循环,置 step++,一层一层向外搜索未访问过的海洋(跳过陆地),显然每遇到一个这样的海洋,当前 step 表示离它最近的陆地单元格的距离,由于是广搜,后面的距离值不小于前面的距离值,所以最后搜索到的陆地的 step(或者说队空,循环结束时的 step)即为答案。对应的程序如下:

```
class Solution {
    int dx[4] = {0,0,1, - 1};                    //水平方向的偏移量
    int dy[4] = {1, - 1,0,0};                    //垂直方向的偏移量
public:
    int maxDistance(vector < vector < int >> &grid) {
        queue < pair < int,int >> qu;
        int tot = 0;
        int n = grid.size();
        vector < vector < int >> visited(n,vector < int >(n,0));
        for(int i = 0;i < n;i++) {
            for(int j = 0;j < n;j++) {
                if(grid[i][j] == 1) {
                    qu.push(pair < int,int >(i,j));
                    visited[i][j] = 1;
                    tot++;                         //累计陆地数
                }
            }
        }
        if(tot == 0 || tot == n * n)               //若全是陆地或者海洋返回 - 1
            return - 1;
```

```
            int step = -1;
            while (!qu.empty()) {
                step++;
                int cnt = qu.size();
                for(int i = 0;i < cnt;i++) {
                    pair < int,int > e = qu.front();qu.pop();
                    int x = e.first;
                    int y = e.second;
                    for(int di = 0;di < 4;di++) {
                        int nx = x + dx[di];
                        int ny = y + dy[di];
                        if(nx < 0 || nx > = n || ny < 0 || ny > = n)
                            continue;
                        if(grid[nx][ny] == 1)
                            continue;
                        if(visited[nx][ny] == 1)
                            continue;
                        visited[nx][ny] = 1;
                        qu.push(pair < int,int >(nx,ny));
                    }
                }
            }
            return step;
        }
};
```

上述程序提交后通过,执行用时为 41ms,内存消耗为 5.51MB。

14. 网格中的最短路径(LintCode1723★★)。给定一个 $m \times n(1 \leqslant m,n \leqslant 40)$ 的网格 grid,其中每个单元格不是 0(空)就是 1(障碍物)。每一步都可以在空白单元格中上、下、左、右移动。如果最多可以消除 $k(1 \leqslant k \leqslant m \times n)$ 个障碍物,设计一个算法求出从左上角 $(0,0)$ 到右下角 $(m-1,n-1)$ 的最短路径,并返回通过该路径所需的步数。如果找不到这样的路径,则返回-1。例如,grid={{0,0,0},{1,1,0},{0,0,0},{0,1,1},{0,0,0}},$k=1$,答案为 6,消除位置 $(3,2)$ 处的障碍后最短路径是 6,该路径是 $(0,0)$->$(0,1)$->$(0,2)$->$(1,2)$->$(2,2)$->$(3,2)$->$(4,2)$。要求设计如下成员函数:

```
int shortestPath(vector < vector < int >> &grid, int k) {}
```

解法 1:如果网格中没有障碍物,那么可以非常容易地找到最短路径,其长度为 $m+n-2$。最坏情况下所有的方格都是障碍物(除了起始和目标位置以外),此时共 $m \times n-2$ 个障碍物,可以消除其中 $m+n-2$ 个障碍物得到一条最短路径,也就是说当 $k \geqslant m+n-2$ 时一定可以找到长度为 $m+n-2$ 的最短路径。

除了上述特殊情况以外,采用队列式分支限界法求解,每次走到一个方格,需要记录对应的位置、走过的步数和路径上已经遇到的障碍物个数,为此设计队列的结点类型如下:

```
struct QNode{               //队列的结点类型
    int x,y;                //记录(x,y)位置
    int steps;              //走过的步数
    int cnt;                //路径上遇到的障碍物个数
};
```

若出队的结点为 e,可以在四周 4 个方位试探,当 di 方位的相邻方块没有超界时建立对应的子结点 e1,采用剪支操作是终止 e1.cnt>k 的分支,仅扩展 e1.cnt≤k 的结点,如果满

足该条件,将结点 e1 进队。在进队时先检查 e1 是否为叶子结点(满足 nx＝＝m－1 &&
ny＝＝n－1),如果是则返回 e1.steps,因为该问题中每个分支扩展的代价(即路径长度)都
是 1,所以按照广度优先搜索的原理第一次找到的路径就是最短路径,如果不是叶子结点将
e1 进队。

另外一个关键的问题是如何避免路径重复,假设现在考虑结点 e1,到达(e1.x,e1.y)方
格可能有多条路径,显然不同的 e1.cnt 的路径是不同的,所以采用三维数组 visited
[MAXN][MAXM][MAXN]来标识,第 3 维表示到达该位置时路径中遇到的障碍物个数
e1.cnt,初始时将该数组的所有元素置为 0,按 visited[e1.x][e1.y][e1.cnt]的值判断当前
路径是否重复。对应的队列式分支限界法代码如下:

```
＃define MAXN 42                            //最大的 m、n
struct QNode{ … }                          //见前面的声明
class Solution {
    int dx[4] = {0,0,1,－1};                //水平方向的偏移量
    int dy[4] = {1,－1,0,0};                //垂直方向的偏移量
public:
    int shortestPath(vector < vector < int >> & grid, int k) {
        int m = grid.size();               //行数
        int n = grid[0].size();            //列数
        if (k > = m + n － 2)
            return m + n － 2;
        return bfs(grid,k);
    }
    int bfs(vector < vector < int >> & grid, int k) {   //队列式分支限界法
        int m = grid.size();               //行数
        int n = grid[0].size();
        int visited[MAXN][MAXN][MAXN];
        memset(visited,0,sizeof(visited));  //将 visited 的所有元素初始化为 0
        QNode e,e1;
        queue < QNode > qu;
        e.x = 0; e.y = 0; e.cnt = 0; e.steps = 0;
        qu.push(e);
        visited[0][0][0] = 1;
        while (!qu.empty()) {              //队不空时循环
            e = qu.front(); qu.pop();      //出队结点 e
            int x = e.x, y = e.y, cnt = e.cnt;
            for (int di = 0;di < 4;di++) {  //在四周搜索
                int nx = x + dx[di];        //di 方位的位置为(nx,ny)
                int ny = y + dy[di];
                if (nx < 0 || nx > = m || ny < 0 || ny > = n)     //超界时跳过
                    continue;
                int ncnt;
                if (grid[nx][ny] == 1)      //遇到一个障碍物
                    ncnt = cnt + 1;
                else
                    ncnt = cnt;
                if (ncnt > k)               //剪支:障碍物个数大于 k,跳过
                    continue;
                if (visited[nx][ny][ncnt] == 1)   //已走过对应的路径时跳过
                    continue;
                e1.x = nx; e1.y = ny; e1.cnt = ncnt;
                e1.steps = e.steps + 1;
                if (nx == m － 1 && ny == n － 1)   //判断子结点是否为目标位置
```

```
                    return e1.steps;                          //返回 e1.steps
                qu.push(e1);                                  //子结点 e1 进队
                visited[e1.x][e1.y][e1.cnt] = 1;
            }
        }
        return - 1;
    }
};
```

上述程序提交后通过,执行用时为 41ms,内存消耗为 5.5MB。

解法 2:采用分层次的广度优先搜索(每扩展一层对应的路径长度增 1),其他同解法 1。对应的程序如下:

```
#define MAXN 42                                              //最大的 m、n
struct QNode {                                               //队列的结点类型
    int x,y;                                                 //记录(x,y)位置
    int cnt;                                                 //路径上遇到的障碍物个数
};
class Solution {
    int dx[4] = {0,0,1, - 1};                                //水平方向的偏移量
    int dy[4] = {1, - 1,0,0};                                //垂直方向的偏移量
public:
    int shortestPath(vector < vector < int >> & grid, int k) {
        int m = grid.size();                                 //行数
        int n = grid[0].size();                              //列数
        if (k >= m + n - 2)
            return m + n - 2;
        int visited[MAXN][MAXN][MAXN];
        memset(visited,0,sizeof(visited));                   //将 visited 的所有元素初始化为 0
        QNode e,e1;
        queue < QNode > qu;
        e.x = 0; e.y = 0; e.cnt = 0;
        qu.push(e);
        visited[0][0][0] = 1;
        int ans = 0;                                         //存放答案
        while (!qu.empty()) {                                //队不空时循环
            ans++;
            int cnt = qu.size();                             //求队中元素的个数
            for (int i = 0;i < cnt;i++) {
                e = qu.front(); qu.pop();
                int x = e.x;                                 //出队结点为(x,y,cnt)
                int y = e.y;
                int cnt = e.cnt;
                if (cnt > k) continue;                       //经过的障碍物个数大于 k,跳过
                for (int di = 0;di < 4;di++) {               //在四周搜索
                    int nx = x + dx[di];                     //di 方位的位置为(nx,ny)
                    int ny = y + dy[di];
                    if (nx == m - 1 && ny == n - 1)          //子结点为目标位置
                        return ans;                          //返回 ans
                    if (nx >= 0 && nx < m && ny >= 0 && ny < n) {
                        int ncnt;
                        if (grid[nx][ny] == 1)               //遇到一个障碍物
                            ncnt = cnt + 1;
                        else
                            ncnt = cnt;
                        if (visited[nx][ny][ncnt] == 0) {    //对应的路径没有走过
```

```
                            e1. x = nx; e1. y = ny; e1. cnt = ncnt;
                            qu. push(e1);
                            visited[nx][ny][ncnt] = 1;
                        }
                    }
                }
            }
        }
        return − 1;
    }
};
```

　　上述程序提交后通过,执行用时为 40ms,内存消耗为 5.46MB。

　　解法 3:任何路径上最多经过 k 个障碍物,为此记录剩余的障碍物个数,在队列中用 cnt 成员来表示,起始位置对应的 cnt 值为 k。用二维数组 restblk 代替 visited,初始时将 restblk 数组的所有元素置为−1,restblk$[i][j]$=−1 表示(i,j)位置没有访问过,其他值表示路径从(i,j)位置出发还能再经过多少障碍物。当从 e 结点扩展出子结点 e1 时,若 e1 不是目标位置并且位置有效,将 grid$[e1. x][e1. y]$看成该位置的障碍物个数,采用剪支操作是仅扩展 e. cnt−grid$[e1. x][e1. y]$>restblk$[e1. x][e1. y]$的子结点 e1,即优先走剩余障碍物个数较多的分支(保证 e. cnt−grid$[e1. x][e1. y]$≥0,这就是将 restblk 数组的元素均初始化为−1 的原因)。对应的程序如下:

```
#define MAXN 42                                    //最大的 m、n
struct QNode {                                     //队列的结点类型
    int x,y;                                       //记录(x,y)位置
    int cnt;                                       //最多可经过多少个障碍物
};
class Solution {
    int dx[4] = {0,0,1, −1};                       //水平方向的偏移量
    int dy[4] = {1, −1,0,0};                       //垂直方向的偏移量
public:
    int shortestPath(vector < vector < int >> & grid, int k) {
        int m = grid. size();                      //行数
        int n = grid[0]. size();                   //列数
        if (k > = m + n − 2)
            return m + n − 2;
        int restblk[MAXN][MAXN];
        memset(restblk,0xff,sizeof(restblk));      //将 restblk 数组的所有元素初始化为 − 1
        QNode e,e1;
        queue < QNode > qu;
        e. x = 0; e. y = 0; e. cnt = k;
        qu. push(e);
        int ans = 0;                               //存放答案
        while (!qu. empty()) {                      //队不空时循环
            ans++;
            int cnt = qu. size();                   //求队中元素的个数
            for (int i = 0;i < cnt;i++) {
                e = qu. front(); qu. pop();
                int x = e. x;                       //出队结点为(x,y,cnt)
                int y = e. y;
                int cnt = e. cnt;
                for (int di = 0;di < 4;di++) {      //在四周搜索
                    int nx = x + dx[di];            //di 方位的位置为(nx,ny)
                    int ny = y + dy[di];
```

```
            if (nx < 0 || nx > = m || ny < 0 || ny > = n)
                continue;
            if (nx == m - 1 && ny == n - 1)                    //子结点为目标位置
                return ans;                                     //返回 ans
            if(cnt - grid[nx][ny] > restblk[nx][ny]) {//走剩余障碍物个数较多的路径
                e1.x = nx; e1.y = ny;
                e1.cnt = cnt - grid[nx][ny];
                qu.push(e1);
                restblk[nx][ny] = cnt - grid[nx][ny];
            }
        }
    }
}
        return - 1;
    }
};
```

上述程序提交后通过,执行用时为 41ms,内存消耗为 5.45MB。

15. 地图跳跃(LintCode258★★★)。给定 $n \times n (n \leqslant 100)$ 的地图 arr($0 \leqslant$ arr$[i][j] \leqslant$ 100 000),每个单元都有一个高度,每次只能够往上、下、左、右相邻的单元格移动,并且要求这两个单元格的高度差不超过 height,不能走出地图之外。设计一个算法求出满足从左上角(0,0)走到右下角$(n-1,n-1)$最小的 height。例如,arr$=\{\{1,5\},\{6,2\}\}$,从(0,0)走到(1,1)有两条路线,1-> 5-> 2 路线上 height 为 4,1-> 6-> 2 路线上 height 为 5,所以答案为 4。要求设计如下成员函数:

```
int mapJump(vector < vector < int >> &arr) { }
```

解:采用优先队列式的分支限界法求解,类似于求最短路径长度(将边权值看成一条边的两个顶点的高度差的绝对值,所有边权值为非负整数),设计二维数组 dist,dist$[i][j]$表示从左上角(0,0)走到当前位置(i,j)的路径上最大高度差的最小值。采用优先队列,最大高度差越小越优先出队,最后返回 dist$[n-1][n-1]$。对应的程序如下:

```
struct QNode {                                      //优先队列的结点类型
    int x,y;                                        //位置
    int height;                                     //最大高度差的最小值
    bool operator <(const QNode &s) const {         //重载<关系函数
        return height > s.height;                   //height 越小越优先出队
    }
};
class Solution {
    const int INF = 0x3f3f3f3f;
    int dx[4] = {0,0,1, - 1};                        //水平方向的偏移量
    int dy[4] = {1, - 1,0,0};                        //垂直方向的偏移量
    int ans = INF;
public:
    int mapJump(vector < vector < int >> &arr) {
        int n = arr.size();
        vector < vector < int >> dist(n,vector < int >(n,INF));
        priority_queue < QNode > pq;                //定义一个优先队列(小根堆)
        QNode e,e1;
        e.x = 0; e.y = 0;
        e.height = 0;
        pq.push(e);
        dist[0][0] = 0;
```

```
    while(!pq.empty()) {
        e = pq.top(); pq.pop();
        int x = e.x, y = e.y, height = e.height;
        for(int di = 0;di < 4;di++) {
            int nx = x + dx[di];
            int ny = y + dy[di];
            if(nx < 0 || nx > = n || ny < 0 || ny > = n)
                continue;
            int nh = max(height, abs(arr[nx][ny] - arr[x][y]));
            if(nh > = dist[nx][ny])                    //边松弛
                continue;
            e1.x = nx; e1.y = ny;e1.height = nh;
            pq.push(e1);
            dist[nx][ny] = nh;
        }
    }
    return dist[n - 1][n - 1];
    }
};
```

上述程序提交后通过，执行用时为 141ms，内存消耗为 5.47MB。实际上由于图中的边权值为非负整数，所以第一次找到 $(n-1,n-1)$ 时对应结点的 height 就是答案。对应的程序如下：

```
struct QNode {                                      //优先队列的结点类型
    int x,y;                                         //位置
    int height;                                      //最大高度差的最小值
    bool operator <(const QNode &s) const {          //重载<关系函数
        return height > s.height;                    //height 越小越优先出队
    }
};
class Solution {
    const int INF = 0x3f3f3f3f;
    int dx[4] = {0,0,1, - 1};                         //水平方向的偏移量
    int dy[4] = {1, - 1,0,0};                         //垂直方向的偏移量
public:
    int mapJump(vector < vector < int >> &arr) {
        int n = arr.size();
        vector < vector < int >> dist(n,vector < int >(n, INF));
        priority_queue < QNode > pq;                 //定义一个优先队列(小根堆)
        QNode e, e1;
        e.x = 0; e.y = 0;
        e.height = 0;
        pq.push(e);
        dist[0][0] = 0;
        while(!pq.empty()) {
            e = pq.top(); pq.pop();
            int x = e.x, y = e.y, height = e.height;
            if(x == n - 1 && y == n - 1)             //第一次找到(n - 1,n - 1)时返回
                return height;
            for(int di = 0;di < 4;di++) {
                int nx = x + dx[di];
                int ny = y + dy[di];
                if(nx < 0 || nx > = n || ny < 0 || ny > = n)
                    continue;
                int nh = max(height, abs(arr[nx][ny] - arr[x][y]));
```

```
            if(nh > = dist[nx][ny])                    //边松弛
                continue;
            e1. x = nx; e1. y = ny; e1. height = nh;
            pq. push(e1);
            dist[nx][ny] = nh;
        }
    }
    return - 1;
    }
};
```

上述程序提交后通过,执行用时为 101ms,内存消耗为 5.51MB。

16. 迷宫中离入口最近的出口(LeetCode1926★★)。给定一个 $m \times n\, (1 \leqslant m, n \leqslant 100)$ 的迷宫矩阵 maze(下标从 0 开始),矩阵中有空格子(用'.'表示)和墙(用'+'表示),同时给定迷宫的入口 entrance,用 entrance $=$ [entrancerow, entrancecol] 表示开始所在格子的行和列。注意,可以上、下、左或者右移动一个格子,但不能进入墙所在的格子,也不能离开迷宫。设计一个算法找到离 entrance 最近的出口,出口的含义是 maze 边界上的空格子,entrance 格子不算出口,返回从 entrance 到最近出口的最短路径的步数,如果不存在这样的路径,则返回 -1。要求设计如下成员函数:

```
int nearestExit(vector < vector < char >> & maze, vector < int > & entrance) { }
```

解:采用分层次的广度优先搜索方法,用 ans 表示搜索的层次数(初始为 0),用 maze 作为访问标记数组,为'.'的位置表示可走,为'+'的位置表示不可以走。一旦找到为'.'的任意出口则返回 ans。对应的程序如下:

```
class Solution {
    int dx[4] = {0,0,1, - 1};                    //水平方向的偏移量
    int dy[4] = {1, - 1,0,0};                    //垂直方向的偏移量
public:
    int nearestExit(vector < vector < char >> & maze, vector < int > & entrance) {
        queue < pair < int, int >> qu;
        int m = maze. size();
        int n = maze[0]. size();
        pair < int, int > e, e1;
        e = pair < int, int >(entrance[0], entrance[1]);
        qu. push(e);
        maze[entrance[0]][entrance[1]] = ' + ';
        int ans = 0;
        while (!qu. empty()) {
            ans++;
            int cnt = qu. size();
            for (int i = 0; i < cnt; i++) {
                e = qu. front(); qu. pop();          //出队结点 e
                int x = e. first;
                int y = e. second;
                for (int di = 0; di < 4; di++) {       //搜索四周
                    int nx = x + dx[di];
                    int ny = y + dy[di];
                    if(nx < 0 || nx > = m || ny < 0 || ny > = n)
                        continue;                    //跳过超界的位置
                    if(maze[nx][ny] == ' + ')
                        continue;                    //跳过墙或者已访问的位置
                    if (nx == 0 || nx == m - 1 || ny == 0 || ny == n - 1) {
```

```
                    return ans;                //第一次找到出口返回 ans
                }
                else {                         //其他情况
                    maze[nx][ny] = '+';
                    e1 = pair < int, int >(nx, ny);
                    qu.push(e1);
                }
            }
        }
    }
    return - 1;
    }
};
```

上述程序提交后通过,执行用时为 $104ms$,内存消耗为 $29MB$。

17. 骑士移动(POJ2243,时间限制为 $1000ms$,空间限制为 $65\,536KB$)。骑士问题是骑士在 8×8 棋盘上的某个位置只能向 8 个方向走"日"字,而且不能重复。现在给定两个位置 a 和 b,求 a 到 b 的最少移动步数。

输入格式:输入包含一个或多个测试用例。每个测试用例由一行组成,其中包含两个由一个空格分隔的字符串,每个字符串由一个表示棋盘列的字母($a \sim h$)和一个表示棋盘行的数字($1 \sim 8$)组成。

输出格式:对于每个测试用例,输出一行"To get from xx to yy takes n knight moves."。

输入样例:

```
e2 e4
a1 b2
b2 c3
a1 h8
a1 h7
h8 a1
b1 c3
f6 f6
```

输出样例:

```
To get from e2 to e4 takes 2 knight moves.
To get from a1 to b2 takes 4 knight moves.
To get from b2 to c3 takes 2 knight moves.
To get from a1 to h8 takes 6 knight moves.
To get from a1 to h7 takes 5 knight moves.
To get from h8 to a1 takes 6 knight moves.
To get from b1 to c3 takes 1 knight moves.
To get from f6 to f6 takes 0 knight moves.
```

解法 1:采用基本广度优先搜索方法,起始点为 a,终止点为 b,队列中的结点类型为 QNode,steps 保存从 a 到当前方格 (x, y) 的最少步数。当出队结点为 b 时返回其 steps。对应的程序如下:

```
# include < iostream >
# include < queue >
# include < cstring >
using namespace std;
const int MAXN = 10;
```

```
int dx[] = {1, 1, -1, -1, 2, 2, -2, -2};
int dy[] = {2, -2, 2, -2, 1, -1, 1, -1};
struct QNode {                                    //队列中的结点类型
    int x, y;                                     //位置
    int steps;                                    //步数
};
int bfs(QNode a, QNode b) {                        //基本广度优先搜索
    QNode e, e1;
    int visited[MAXN][MAXN];
    memset(visited, 0, sizeof(visited));
    visited[a.x][a.y] = 1;
    queue < QNode > qu;
    visited[a.x][a.y] = 1;
    a.steps = 0;
    qu.push(a);
    while(!qu.empty()) {
        e = qu.front(); qu.pop();
        if(e.x == b.x && e.y == b.y) {            //第一次遇到终点时返回步数
            return e.steps;
        }
        for(int di = 0; di < 8; di++) {
            int nx = e.x + dx[di];
            int ny = e.y + dy[di];
            if (nx < 1 || nx > 8 || ny < 1 || ny > 8)
                continue;
            if(visited[nx][ny] == 0) {
                visited[nx][ny] = 1;
                e1.x = nx; e1.y = ny;
                e1.steps = e.steps + 1;
                qu.push(e1);
            }
        }
    }
}
int main(){
    char s[3], t[3];
    while(scanf("% s % s", &s, &t) != EOF) {
        QNode a, b;
        a.x = int(s[0] - 'a' + 1);                 //字母'a'对应第一行
        a.y = int(s[1] - '0');
        b.x = int(t[0] - 'a' + 1);
        b.y = int(t[1] - '0');
        printf("To get from % s to % s takes % d knight moves. \n", s, t, bfs(a, b));
    }
    return 0;
}
```

上述程序提交后通过,执行用时为 391ms,内存消耗为 108KB。

解法 2:采用分层次的广度优先搜索方法,用 ans 存放答案(初始为 -1),先将起始点 a 进队,队不空时循环,即置 ans＋＋,求出队列中元素的个数 cnt,循环 cnt 次,出队一个元素 e,若为终点 b,返回 ans,否则按骑士的行走方式找到相邻点,将没有访问过的相邻点进队。对应的程序如下:

```
# include < iostream >
# include < queue >
```

```
#include<cstring>
using namespace std;
const int MAXN = 10;
int dx[] = {1,1,-1,-1,2,2,-2,-2};
int dy[] = {2,-2,2,-2,1,-1,1,-1};
struct QNode {                              //队列中的结点类型
    int x,y;                                //位置
};
int bfs(QNode a,QNode b) {                  //分层次的广度优先搜索
    QNode e,e1;
    int visited[MAXN][MAXN];
    memset(visited,0,sizeof(visited));
    visited[a.x][a.y] = 1;
    queue<QNode> qu;
    qu.push(a);
    int ans = -1;
    while(!qu.empty()) {
        ans++;
        int cnt = qu.size();
        for(int i = 0;i<cnt;i++) {
            e = qu.front(); qu.pop();
            if(e.x == b.x && e.y == b.y) {   //第一次遇到终点时返回步数
                return ans;
            }
            for(int di = 0;di<8;di++) {
                int nx = e.x + dx[di];
                int ny = e.y + dy[di];
                if (nx<1 || nx>8 || ny<1 || ny>8)
                    continue;
                if(visited[nx][ny] == 0) {
                    visited[nx][ny] = 1;
                    e1.x = nx; e1.y = ny;
                    qu.push(e1);
                }
            }
        }
    }
}
int main() {
    char s[3],t[3];
    while(scanf("%s%s",&s,&t)!= EOF) {
        QNode a,b;
        a.x = int(s[0] - 'a' + 1);           //字母'a'对应第一行
        a.y = int(s[1] - '0');
        b.x = int(t[0] - 'a' + 1);
        b.y = int(t[1] - '0');
        printf("To get from %s to %s takes %d knight moves.\n",s,t,bfs(a,b));
    }
    return 0;
}
```

上述程序提交后通过，执行用时为 391ms，内存消耗为 104KB。

解法 3：采用 A^* 算法。启发式函数为 $f = g + h$，其中 h 为当前位置到终点 b 的曼哈顿距离，相应地，如果从结点 e 扩展出子结点 $e1$，则 $e1.g = e.g + \mathrm{sqrt}(2.0 + 3.0)$，因为骑士走一步是 2×3 或者 3×2 的棋盘格子，其曼哈顿距离为 $\mathrm{sqrt}(2.0 + 3.0)$。但题目是求最少移

动步数,为此队列中每个结点用 steps 成员存放步数。对应的程序如下:

```cpp
#include <iostream>
#include <cstring>
#include <cmath>
#include <queue>
using namespace std;
const int MAXN = 10;
struct QNode {                                 //优先队列的结点类型
    int x, y;                                  //位置
    int steps;                                 //步数
    double g, h, f;                            //启发式函数
    bool operator <(const QNode &s) const{
        return f > s.f;                        //f 越小越优先出队
    }
};
int dx[] = {1, 1, -1, -1, 2, 2, -2, -2};
int dy[] = {2, -2, 2, -2, 1, -1, 1, -1};
double geth(QNode a, QNode b){                 //求曼哈顿距离
    return abs(a.x - b.x) + abs(a.y - b.y);
}
int Astar(QNode a, QNode b) {                   //A* 算法
    QNode e, e1;
    priority_queue <QNode> pq;
    int visited[MAXN][MAXN];
    memset(visited, 0, sizeof(visited));
    visited[a.x][a.y] = 1;
    a.steps = 0;
    a.g = 0;
    a.h = geth(a, b);                          //或者 a.h = 0
    a.f = a.g + a.h;
    pq.push(a);
    while(!pq.empty()){
        e = pq.top(); pq.pop();
        if(e.x == b.x && e.y == b.y){
            return e.steps;
        }
        for(int di = 0; di < 8; di++) {
            int nx = e.x + dx[di];
            int ny = e.y + dy[di];
            if(nx < 1 || nx > 8 || ny < 1 || ny > 8)
                continue;
            if(visited[nx][ny] == 0) {
                visited[nx][ny] = 1;
                e1.x = nx; e1.y = ny;
                e1.steps = e.steps + 1;
                e1.g = e.g + sqrt(2.0 + 3.0);
                e1.h = geth(e1, b);
                e1.f = e1.g + e1.h;
                pq.push(e1);
            }
        }
    }
}
int main(){
    char s[3], t[3];
    while(scanf("%s%s", &s, &t) != EOF) {
```

```
        QNode a,b;
        a.x = int(s[0] - 'a' + 1);
        a.y = int(s[1] - '0');
        b.x = int(t[0] - 'a' + 1);
        b.y = int(t[1] - '0');
        printf("To get from %s to %s takes %d knight moves.\n",s,t,Astar(a,b));
    }
    return 0;
}
```

上述程序提交后通过，执行用时为 110ms，内存消耗为 128KB。

思考题：在上述 Astar() 算法中如果用 $e.g$ 代替 $e.steps$，能够得到正确的答案吗？

6.3　补充练习题及其参考答案

扫一扫

在线资源

6.3.1　单项选择题及其参考答案

1．分支限界法在问题的解空间树中按_____策略从根结点出发搜索解空间树。

　　A．广度优先　　　　B．活结点优先　　　C．扩展结点优先　　D．深度优先

2．FIFO（先进先出）是_____的一种搜索方式。

　　A．分支限界法　　　B．穷举法　　　　　C．分治法　　　　　D．回溯法

3．将问题分为子问题，采用广度优先产生状态空间树的结点，并使用剪支函数对这些子问题限界而求解问题的方法称为_____。

　　A．分治法　　　　　B．回溯法　　　　　C．递归法　　　　　D．分支限界法

4．常见的两种分支限界法是_____。

　　A．广度优先分支限界法与深度优先分支限界法

　　B．队列式分支限界法与栈式分支限界法

　　C．排列树法与子集树法

　　D．队列式分支限界法与优先队列式分支限界法

5．分支限界法与回溯法都是在问题的解空间树上搜索问题的解，两者的_____。

　　A．求解目标不同，搜索方式相同　　　　B．求解目标不同，搜索方式也不同

　　C．求解目标相同，搜索方式不同　　　　D．求解目标相同，搜索方式也相同

6．关于回溯法和分支限界法，以下_____是不正确的描述。

　　A．在回溯法中，每个活结点只有一次机会成为扩展结点

　　B．在分支限界法中，活结点一旦成为扩展结点，将一次性产生其所有孩子结点，其中导致不可行解或导致非最优解的孩子结点被舍弃，其余孩子结点加入活结点表中

　　C．回溯法采用深度优先的结点生成策略

　　D．分支限界法采用广度优先或最小耗费优先（最大效益优先）的结点生成策略

7．在对问题的解空间树进行搜索的方法中，一个活结点最多只有一次机会成为活结点的是_____。

A. 回溯法   B. 分支限界法

C. 回溯法和分支限界法   D. 穷举法

8. 优先队列式分支限界法将活结点表组织成一个优先队列,并按优先队列中规定的结点优先级选择优先级最高的下一个结点成为当前扩展结点。优先队列中规定的结点优先级常用一个与该结点相关的数值 p 来表示。结点优先级的高低与 p 值的大小相关,根据问题的不同情况,采用_____来描述优先队列。

   A. 先进先出队列   B. 后进先出的栈   C. 大根堆或小根堆   D. 随机序列

9. 分支限界法的搜索策略是在扩展结点处先生成其_____孩子结点(分支),然后从当前的活结点表中选择下一个扩展结点。为了有效地选择下一个扩展结点,以加速搜索的进程,在每个活结点处计算一个函数值(限界),并根据这些已计算出的函数值从当前活结点表中选择一个最有利的结点作为扩展结点,使搜索朝着解空间树上有最优解的分支推进,以便尽快地找出一个最优解。

   A. 一个   B. 两个   C. 任意多个   D. 所有的

10. 在分支限界法中根据从活结点表中选择下一个扩展结点的方式不同可有几种常用分类,以下_____描述最为准确。

   A. 采用 FIFO 队列的队列式分支限界法

   B. 采用最小值堆的优先队列式分支限界法

   C. 采用最大值堆的优先队列式分支限界法

   D. 以上都常用,针对具体问题可以选择其中某种更为合适的方式

11. 从活结点表中选择下一个扩展结点的方式不同将导致不同的分支限界法,最常见的方式中不包含_____。

   A. 队列式分支限界法   B. 优先队列式分支限界法

   C. 栈式分支限界法   D. FIFO 式分支限界法

12. 在采用优先队列式分支限界法求解 0/1 背包问题时,活结点表的组织形式是_____。

   A. 小根堆   B. 大根堆   C. 栈   D. 数组

13. 在采用优先队列式分支限界法求解旅行商问题时,活结点表的组织形式是_____。

   A. 大根堆   B. 小根堆   C. 栈   D. 队列

14. 在 A^* 算法中 $h(n)$ 是_____。

   A. 结点 n 到目标 goal 的实际代价   B. 起点 s 到结点 n 的实际代价

   C. 结点 n 到目标 goal 的代价的估计   D. 起点 s 到结点 n 的代价的估计

15. 在 A^* 算法中启发式函数 $h(n)$ 必须满足_____才能找到最优解。

   A. 可接纳性   B. 一致性

   C. 可接纳性和一致性   D. 可接纳性或者一致性

16. 在 A^* 算法中 $h(n)$ 是启发式函数,$c(n_i, n_j)$ 是结点 n_i 到 n_j 的代价,若满足_____,则称 $h(n)$ 是一致的(或单调的)。

   A. $h(n_i) \leqslant c(n_i, n_j) + h(n_j)$ B. $h(n_i) > c(n_i, n_j) + h(n_j)$

   C. $h(n_i) \leqslant c(n_i, n_j) - h(n_j)$ D. $h(n_i) > c(n_i, n_j) - h(n_j)$

6.3.2 问答题及其参考答案

1. 广度优先遍历和广度优先搜索有什么关系？

2. 除了常见的队列式分支限界法和优先队列式分支限界法以外,还有一种不常见的栈式分支限界法,即用栈存放活结点,将每个扩展的子结点放在活结点表的最前面,这样从活结点表中选择的下一个扩展结点总是最后进入的子结点。请问这种栈式分支限界法和回溯法是不是完全相同？

3. 简述队列式分支限界法与回溯法在时间性能上的差异,举一个例子进行说明。

4. 简述优先队列式分支限界法的搜索策略。

5. 为什么说优先队列式分支限界法通常好于队列式分支限界法？

6. 对于 0/1 背包问题,假如 $n=4, W=6, w=\{3,4,2,5\}, v=\{6,4,4,8\}$,采用队列式分支限界法求装入背包的最大价值及其一个装入方案。

7. 对于 0/1 背包问题,假如 $n=4, W=6, w=\{3,4,2,5\}, v=\{6,4,4,8\}$,采用优先队列式分支限界法求装入背包的最大价值及其一个装入方案。

8. 为什么在 A^* 算法中设计的启发式函数 $h(n)$ 要尽可能满足一致性(或单调性)？

6.3.3 算法设计题及其参考答案

1. 给定一个含 n 个顶点的连通图,顶点的编号为 $0 \sim n-1$,采用邻接矩阵 A 存储,设计一个算法求顶点集 s 到顶点 t 的最短路径长度,顶点集 s 可能包含图中多个顶点,路径长度指路径上经过的边数。

解:由于路径长度指路径上经过的边数,该问题具有广搜特性,采用多起点分层次的广度优先搜索算法求解。

```
int minlen(vector < vector < int >> &A, vector < int > &s, int t) {
    int n = A.size();
    vector < int > visited(n, 0);
    queue < int > qu;
    for(int i = 0; i < s.size(); i++) {
        qu.push(s[i]);
        visited[s[i]] = 1;
    }
    int ans = 0;
    while (!qu.empty()) {
        ans++;
        int cnt = qu.size();
        for(int i = 0; i < cnt; i++) {
            int u = qu.front(); qu.pop();
            for(int v = 0; v < n; v++) {
                if(A[u][v] == 0 || visited[v] == 1)
                    continue;
                if(v == t)
                    return ans;
                qu.push(v);
                visited[v] = 1;
            }
        }
    }
}
```

```
            return ans;
    }
```

2.目的地的最短路径(LintCode1563★★)。给定表示地图上坐标的 2D 数组 targetMap,地图上只有值 0、1 和 2,其中 0 表示可以通过,1 表示不可以通过,2 表示目标位置。从坐标(0,0)开始,只能上、下、左、右移动,设计一个算法找到可以到达目的地的最短路径,并返回路径的长度,保证 targetMap[0][0]=0。例如,targetMap={{0,0,0},{0,0,1},{0,0,2}},答案为 4,对应的一条最短路径是(0,0)->(1,0)->(2,0)->(2,1)->(2,2)。

解:题目给定一个地图,在其中移动时每移动一步计为 1,最终求的结果是从(0,0)到达某个目标位置的最小路径长度,即最少步数,该问题具有广搜特性。采用分层次的广度优先搜索方法对应的程序如下:

```cpp
class Solution {
    int dx[4] = {0,0,1, - 1};                          //水平方向的偏移量
    int dy[4] = {1, - 1,0,0};                          //垂直方向的偏移量
public:
    int shortestPath(vector < vector < int >> &targetMap) {
        return bfs(targetMap);
    }
    int bfs(vector < vector < int >> &targetMap) {      //分层次的广度优先搜索
        int m = targetMap.size();
        int n = targetMap[0].size();
        vector < vector < int >> visited(m,vector < int >(n,0));
        queue < pair < int,int >> qu;
        qu.push(pair < int,int >(0,0));
        visited[0][0] = 1;
        int ans = 0;
        while(!qu.empty()) {
            ans++;
            int cnt = qu.size();
            for(int i = 0;i < cnt;i++) {
                int x = qu.front().first;
                int y = qu.front().second;
                qu.pop();
                for(int di = 0;di < 4;di++) {
                    int nx = x + dx[di];
                    int ny = y + dy[di];
                    if (nx < 0 || nx > = m || ny < 0 || ny > = n)
                        continue;
                    if(visited[nx][ny] == 1)
                        continue;
                    if(targetMap[nx][ny] == 1)
                        continue;
                    if(targetMap[nx][ny] == 2)
                        return ans;
                    qu.push(pair < int,int >(nx,ny));
                        visited[nx][ny] = 1;
                }
            }
        }
        return - 1;
    }
};
```

3. 巴士路线(LintCode1002★★)。给定一个巴士路线列表 routes,其中 routes[i]是第 i 辆巴士的循环路线。例如,如果 routes[0]={1,5,7},那么第一辆巴士按照 1->5->7->1->5->7…的车站路径不停歇地行进。给定车站 s 和 t,设计一个算法求在仅乘巴士的情况下从车站 s 到车站 t 最少乘多少辆不同的巴士,如果无法到达则返回-1。例如,routes={{1,2,7},{3,6,7}},$s=1,t=6$,答案为 2,乘车方式是坐第一辆车到 7,然后坐第二辆车到 6。

解:首先由 routes 数组建立车站线路图,用 unordered_map<int,vector<int>>类型的哈希映射 hmap 表示,其中 hmap[k]表示在车站 k 可以乘上的所有公交线路。然后采用分层次的广度优先搜索方法从起始车站 s 出发进行搜索,用 ans 表示扩展的层次,当找到终点车站 t 时返回 ans 即可。对应的程序如下:

```
class Solution {
    unordered_map<int,vector<int>> hmap;          //表示车站—线路图
public:
    int numBusesToDestination(vector<vector<int>> &routes,int s,int t) {
        if (s == t) return 0;
        for (int i = 0;i<routes.size();i++) {     //由 routes 创建 hmap
            for (int j = 0;j<routes[i].size();j++) {
                hmap[routes[i][j]].push_back(i);
            }
        }
        return bfs(routes,s,t);
    }
    int bfs(vector<vector<int>> &routes,int s,int t) {    //分层次的广度优先搜索算法
        int ans = 0;
        queue<int> qu;                            //定义一个队列
        qu.push(s);
        vector<int> visited(routes.size(),0);     //表示一条公交线路是否乘过
        while(!qu.empty()) {
            int cnt = qu.size();
            while (cnt -- > 0) {
                int now = qu.front(); qu.pop();
                if (now == t) return ans;
                vector<int> all = hmap[now];      //取出 now 车站可以乘的所有公交线路
                for (int bus:all) {               //扩展每一条公交线路
                    if(visited[bus] == 0) {       //仅扩展尚未乘过的公交线路
                    visited[bus] = 1;
                    for (int i = 0;i<routes[bus].size();i++)
                        qu.push(routes[bus][i]);
                    }
                }
            }
            ans++;
        }
        return -1;
    }
};
```

4. 最短的桥(LintCode1708★★)。在给定的二维二进制数组 a 中存在两座岛,岛是由四面相连的 1 形成的一个最大组。现在可以将 0 变为 1,以使两座岛连接起来,变成一座岛,设计一个算法求必须翻转的 0 的最小数目。例如,a={{0,1,0},{0,0,0},{0,0,1}},答案为 2,翻转(0,2)和(1,2)位置的 0 即可。

解:题目是求按上、下、左、右移动时两个岛之间的最小距离。整个求解过程分为 3 步:

（1）在二维二进制数组 a 中找到任意一个陆地 (i,j)，即 $a[i][j]==1$。

（2）采用 DFS 或者 BFS 从 (i,j) 出发访问对应岛中所有的陆地 (x,y)，置 visited$[x][y]=1$，并且将 (x,y) 进队 qu。

（3）对 qu 采用多起点分层次的广度优先搜索方法一层一层地向外找，直到找到一个陆地为止，所经过的步数 ans 即为所求。

对应的算法如下：

```cpp
class Solution {
    int dx[4] = {0,0,1,-1};                    //水平方向的偏移量
    int dy[4] = {1,-1,0,0};                    //垂直方向的偏移量
    queue<pair<int,int>> qu;
    vector<vector<int>> visited;
public:
    int shortestBridge(vector<vector<int>> &a) {        //求解算法
        int m = a.size();
        int n = a[0].size();
        visited = vector<vector<int>>(m, vector<int>(n,0));
        bool flag = false;
        for(int i = 0; i < m; i++) {
            for(int j = 0; j < n; j++) {
                if(a[i][j] == 1) {
                    dfs(a,m,n,i,j);                //从找到的1位置调用dfs()一次
                    flag = true;
                    break;
                }
            }
            if(flag) break;
        }
        return bfs(a,m,n);
    }
    void dfs(vector<vector<int>> &a, int m, int n, int x, int y) {
        qu.push(pair<int,int>(x,y));
        a[x][y] = 0;
        visited[x][y] = 1;
        for(int di = 0; di < 4; di++) {
            int nx = x + dx[di];
            int ny = y + dy[di];
            if(nx < 0 || nx >= m || ny < 0 || ny >= n)
                continue;
            if(a[nx][ny] == 0)
                continue;
            dfs(a,m,n,nx,ny);
        }
    }
    int bfs(vector<vector<int>> &a, int m, int n) {        //BFS算法
        int ans = 0;
        while (!qu.empty()) {
            int cnt = qu.size();                //求队列中元素的个数cnt
            for (int i = 0; i < cnt; i++) {        //处理一层的元素
                int x = qu.front().first;
                int y = qu.front().second;
                qu.pop();
                for (int di = 0; di < 4; di++) {
                    int nx = x + dx[di];
```

```
                int ny = y + dy[di];
                if (nx < 0 || nx >= m || ny < 0 || ny >= n)
                    continue;
                if(visited[nx][ny] == 1)
                    continue;
                if (a[nx][ny] == 1)
                    return ans;
                qu.push(pair < int,int >(nx,ny)); //(nx,ny)进队
                visited[nx][ny] = 1;
            }
        }
        ans++;
    }
    return ans;
    }
};
```

5. 最小路径和 II（LintCode1582★★）。给定一个 $m×n$ 的矩阵 matrix，每个点有一个权值（所有权值为正整数），从矩阵左下角走到右上角（可以走 4 个方向），设计一个算法找到一条路径使得该路径所经过的权值和最小，返回最小权值和。例如，matrix＝{{2,3},{3,2}}，答案为 8，其中最小权值和的路径是 (1,0)->(1,1)->(0,1)，最小权值和是 8。

解法 1：采用《教程》中 6.4 节的求图的单源最短路径的原理，仅将图的顶点改为 (x,y) 位置，用 pair 类型表示，题目就是求从 $(m-1,0)$ 到 $(0,n-1)$ 位置的最短路径长度。设计二维数组 dist，其中 $dist[x][y]$ 表示从源点 $(m-1,0)$ 到 (x,y) 的最短路径长度。对应的队列式分支限界法算法如下：

```
class Solution {
    const int INF = 0x3f3f3f3f;
    int dx[4] = {0,0,1, - 1};                    //水平方向的偏移量
    int dy[4] = {1, - 1,0,0};                    //垂直方向的偏移量
public:
    int minPathSumII(vector < vector < int >> &matrix) {     //求解算法
        int m = matrix.size();
        int n = matrix[0].size();
        vector < vector < int >> dist(m,vector < int >(n,INF));
        queue < pair < int,int >> qu;
        qu.push(pair < int,int >(m - 1,0));
        dist[m - 1][0] = matrix[m - 1][0];
        while (!qu.empty()) {
            int x = qu.front().first;
            int y = qu.front().second;
            qu.pop();
            for (int di = 0;di < 4;di++) {
                int nx = x + dx[di];
                int ny = y + dy[di];
                if (nx < 0 || nx >= m || ny < 0 || ny >= n)
                    continue;
                if(dist[x][y] + matrix[nx][ny]< dist[nx][ny]) {  //边松弛
                    dist[nx][ny] = dist[x][y] + matrix[nx][ny];
                    qu.push(pair < int,int >(nx,ny));            //(nx,ny)进队
                }
```

```
            }
        }
        return dist[0][n-1];
    }
};
```

解法 2：由于所有权值均为正整数，可以将队列改为优先队列，增加表示从源点$(m-1,0)$到达当前位置(x,y)的最大路径长度 length，按 length 越小越优先出队，这样第一次出队的结点 e 的位置为终点$(0,n-1)$时 e. length 就是答案。对应的算法如下：

```
struct QNode {                              //优先队列的结点类型
    int x,y;
    int length;
    bool operator <(const QNode & node) const {
        return length > node.length;        //length 越小越优先出队
    }
};
class Solution {
    int dx[4] = {0,0,1,-1};                 //水平方向的偏移量
    int dy[4] = {1,-1,0,0};                 //垂直方向的偏移量
public:
    int minPathSumII(vector < vector < int >> &matrix) {    //求解算法
        int m = matrix.size();
        int n = matrix[0].size();
        vector < vector < int >> visited(m,vector < int >(n,0));
        priority_queue < QNode > pq;
        QNode e,e1;
        e.x = m-1; e.y = 0;
        e.length = matrix[m-1][0];
        pq.push(e);
        visited[m-1][0] = 1;
        while (!pq.empty()) {
            e = pq.top(); pq.pop();
            if(e.x == 0 && e.y == n-1) {    //第一次出队的结点 e 的位置为终点
                return e.length;            //返回 e.length
            }
            for (int di = 0;di < 4;di++) {
                int nx = e.x + dx[di];
                int ny = e.y + dy[di];
                if (nx < 0 || nx >= m || ny < 0 || ny >= n)
                    continue;
                if(visited[nx][ny] == 1)
                    continue;
                e1.x = nx; e1.y = ny;
                e1.length = e.length + matrix[nx][ny];
                pq.push(e1);
                visited[nx][ny] = 1;
            }
        }
        return -1;
    }
};
```

6. 对于《教程》中例 3.8 的订单分配(LintCode1909★★)问题，设计优先队列式分支限界法算法求解。

解：该问题的优先队列式分支限界法求解原理参见《教程》中的 6.8 节，仅将求最小成本改为求最大得分。对应的算法如下：

```
struct QNode {                                    //优先队列的结点类型
    int i;                                        //司机的编号(解空间中结点的层次)
    vector < int > x;                             //当前解向量
    vector < int > used;                          //used[i] = true 表示订单 i 已经分配
    int cost;                                     //已经分配订单所得的分值
    int ub;                                       //上界
    bool operator <(const QNode& b) const {       //重载<关系函数
        return ub < b.ub;                         //ub 越大越优先出队
    }
};
class Solution {
    int n;
    vector < vector < int >> c;
    vector < int > bestx;                         //解向量
    int bestc;                                    //最大得分
    int sum = 0;
public:
    vector < int > orderAllocation(vector < vector < int >> &score) {
        c = score;
        n = c.size();
        bestc = 0;
        bfs();
        return bestx;
    }
    void bound(QNode& e) {                        //求结点 e 的上界值
        int maxsum = 0;
        for (int i1 = e.i; i1 < n; i1++) {        //求 c[e.i..n-1]行中的最大元素和
            int maxc = 0;
            for (int j1 = 0; j1 < n; j1++) {
                if (e.used[j1] == false && c[i1][j1] > maxc)
                    maxc = c[i1][j1];
            }
            maxsum += maxc;
        }
        e.ub = e.cost + maxsum;
    }
    void EnQueue(QNode&e, priority_queue < QNode > &pq) {   //结点 e 进队
        if (e.i == n){                            //到达叶子结点
            if (e.cost > bestc) {                 //通过比较更新最优解
                bestc = e.cost;
                bestx = e.x;
            }
        }
        else pq.push(e);                          //非叶子结点进队
    }
    void bfs() {                                  //求解订单分配
        QNode e, e1;
        priority_queue < QNode > pq;
        e.i = 0;                                  //根结点,指定司机为 0
        e.cost = 0;
        e.x.resize(n);
        e.used.resize(n);
        bound(e);                                 //求根结点的 lb
```

```
        pq.push(e);                              //根结点进队
        while (!pq.empty()) {
            e = pq.top(); pq.pop();              //出队结点 e,考虑为司机 e.i 分配订单
            for (int j = 0;j < n;j++) {          //共 n 个订单
                if (e.used[j]) continue;         //订单 j 已分配时跳过
                e1.i = e.i + 1;                  //子结点 e1 的层次加 1
                e1.x = e.x;
                e1.x[e.i] = j;                   //为司机 e.i 分配订单 j
                e1.used = e.used;
                e1.used[j] = true;               //标识订单 j 已经分配
                e1.cost = e.cost + c[e.i][j];
                bound(e1);                       //求 e1 的 lb
                if (e1.ub > bestc) {             //剪支
                    EnQueue(e1,pq);
                }
            }
        }
    }
};
```

7. 解救 Amaze。原始森林中有一些动物,第一种是金刚,金刚是一种危险的动物,如果人类遇到金刚,会死的;第二种是野狗,它不像金刚那么危险,但会咬人。Amaze 不幸迷失于原始森林中,Magicpig 非常担心她,他要到原始森林里找她。Magicpig 知道如果遇到金刚他会死的,野狗也会咬他,而且咬了两次(含一只野狗咬两次或者两只野狗各咬一次)之后他也会死的。

输入格式:输入的第一行是单个整数 $t(0 \leqslant t \leqslant 20)$,表示测试用例的数目。

输出格式:每个测试用例的第一行为整数 $n(0 < n \leqslant 30)$,接下来是一个表示原始森林的 $n \times n$ 字符矩阵,其中'p'表示 Magicpig,'a'表示 Amaze,'r'表示道路,'k'表示金刚,'d'表示野狗。注意,Magicpig 只能在上、下、左、右 4 个方向移动。

对于每个测试用例,如果 Magicpig 能够找到 Amaze,则在一行中输出"Yes",否则在一行中输出"No"。

输入样例:

```
4
3
pkk   rrd   rda
3
prr   kkk   rra
4
prrr   rrrr   rrrr   arrr
5
prrrr   ddddd   ddddd   rrrrr   rrrra
```

输出样例:

```
Yes
No
Yes
No
```

解:在表示原始森林的字符矩阵 b 中找到 Amaze 的位置 (ax,ay)、Magicpig 的位置 (px,py)。采用广度优先从 (px,py) 位置出发搜索 (ax,ay) 位置。在队列中除了保存当前位

置(x,y)以外,还保存到当前位置被野狗咬的次数(该次数不能超过一次)。为了保证路径不重复,设置访问标志数组 visited[MAXN][MAXN][2],第三维是被野狗咬的次数,只能是 0 或者 1,因为同一个位置被野狗咬的次数不同将对应不同的路径。对应的程序如下:

```cpp
# include < iostream >
# include < cstring >
# include < cmath >
# include < queue >
using namespace std;
# define MAXN 35
int n;
char b[MAXN][MAXN];
int visited[MAXN][MAXN][2];
int px, py, ax, ay;                              //Magicpig 和 Amaze 的位置
int dx[4] = {0, 0, 1, -1};                       //水平方向的偏移量
int dy[4] = {1, -1, 0, 0};                       //垂直方向的偏移量
struct QNode {                                   //队列的结点类型
    int x, y;                                    //当前位置
    int bite;                                    //被野狗咬的次数
};
bool bfs() {                                      //求解解救 Amaze 问题
    queue < QNode > qu;
    QNode e, e1;
    e.x = px; e.y = py;
    e.bite = 0;
    qu.push(e);
    visited[px][py][0] = 1;
    while (!qu.empty()){                          //队列不空时循环
        e = qu.front(); qu.pop();
        if (e.x == ax && e.y == ay)              //找到 Amaze
            return true;
        for (int di = 0; di < 4; di++) {
            e1.x = e.x + dx[di];
            e1.y = e.y + dy[di];
            e1.bite = e.bite;
            if (e1.x < 0 || e1.x >= n || e1.y < 0 || e1.y >= n)
                continue;
            if (b[e1.x][e1.y] == 'k')             //为金刚,跳出
                continue;
            if (b[e1.x][e1.y] == 'd'){            //遇到野狗
                e1.bite++;
                if(e1.bite > 1)
                    continue;
            }
            if (visited[e1.x][e1.y][e1.bite] == 1)    //已经走过,跳出
                continue;
            qu.push(e1);
            visited[e1.x][e1.y][e1.bite] = 1;
        }
    }
    return false;
}
int main() {
    int t;
    scanf(" % d", &t);                            //输入 t
    while (t-- ) {
```

```
        memset(visited, 0, sizeof(visited));
        scanf(" % d", &n);                          //输入 n
        for(int i = 0; i < n; i++)                   //输入原始森林
            scanf(" % s", b[i]);
        for (int i = 0; i < n; i++) {
            for (int j = 0; j < n; j++) {
                if(b[i][j] == 'p') {                //Magicpig 的位置(px, py)
                    px = i;
                    py = j;
                }
                if (b[i][j] == 'a') {               //Amaze 的位置(ax, ay)
                    ax = i;
                    ay = j;
                }
            }
        }
        if(bfs())
            printf("Yes\n");
        else
            printf("No\n");
    }
    return 0;
}
```

8. 给定一个含 n 个正整数的数组 a,设计一个分支限界法算法判断其中是否存在若干整数的和(含只有一个整数的情况)为 t。

解:采用队列式分支限界法求解,队列中的结点类型为(i, sum),分别表示结点的层次和当前选择的元素和。第 i 层结点的左、右两个子结点分别对应选择整数 $a[i]$ 和不选择整数 $a[i]$ 两种情况,由于 a 中的元素均为正整数,采用的左剪支操作是仅扩展选择整数 $a[i]$ 时不超过 t 的结点。对应的算法如下:

```
struct QNode {                                  //队列中的结点类型
    int i;                                       //当前结点的层次
    int sum;                                     //当前和
};
bool bfs(vector < int > &a, int t) {            //求解算法
    int n = a.size();
    QNode e, e1, e2;
    queue < QNode > qu;                          //定义一个队列 qu
    e.i = 0;                                     //根结点置初值,其层次计为 0
    e.sum = 0;
    qu.push(e);                                  //根结点进队
    while (!qu.empty()) {                        //队不空时循环
        e = qu.front(); qu.pop();                //出队结点 e
        if(e.i >= n) continue;
        if (e.sum + a[e.i] <= t) {               //左剪支
            e1.i = e.i + 1;                      //建立左孩子结点
            e1.sum = e.sum + a[e.i];
            if(e1.sum == t) return true;
            else qu.push(e1);
        }
        e2.i = e.i + 1;                          //建立右孩子结点
        e2.sum = e.sum;
        if(e2.sum == t) return true;
        else qu.push(e2);
```

```
    }
    return false;
}
```

9. 最小重量机器设计问题 I。设某一机器由 n 个部件组成,部件的编号为 $0 \sim n-1$,每一种部件都可以从 m 个供应商处购得,供应商的编号为 $0 \sim m-1$。设 w_{ij} 是从供应商 j 处购得的部件 i 的重量,c_{ij} 是相应的价格。对于给定的机器部件重量和机器部件价格,设计一个算法求总价格不超过 cost 的最小重量机器设计,可以在同一个供应商处购得多个部件。例如,$n=3,m=3,\text{cost}=7,w=\{\{1,2,3\},\{3,2,1\},\{2,3,2\}\},c=\{\{1,2,3\},\{5,4,2\},\{2,1,2\}\}$,求解结果是部件 0 选择供应商 0,部件 1 选择供应商 2,部件 2 选择供应商 0,总重量为 4,总价格为 5。

解:采用优先队列式分支限界法求解最小重量机器设计问题,优先队列按当前总重量越小越优先出队,总重量相同时按当前总价格越小越优先出队。用 bestw 存放满足条件的最小重量(初始值为∞),用 bestc 存放满足条件的最小价格(初始值为∞)。从部件 0 开始搜索,当到达一个叶子结点时通过比较求最优解。对应的算法如下:

```
struct QNode {                                    //优先队列中的结点类型
    int i;                                        //当前结点的层次
    int cw;                                       //当前结点的总重量
    int cc;                                       //当前结点的总价格
    vector < int > x;                             //当前解向量
    bool operator <(const QNode& b) const {       //重载<关系函数
        if (cw == b. cw) return cc > b. cc;       //cw 相同时按 cc 越小越优先出队
        else return cw > b. cw;                   //按 cw 越小越优先出队
    }
};
const int INF = 0x3f3f3f3f;
int n;                                            //部件数
int m;                                            //供应商数
int cost;                                         //限定价格
vector < vector < int >> w;                       //w[i][j]为部件 i 从供应商 j 处购得的重量
vector < vector < int >> c;                       //c[i][j]为部件 i 从供应商 j 处购得的价格
int bestw = INF;                                  //最优方案的总重量
int bestc = INF;                                  //最优方案的总价格
vector < int > bestx;                             //最优方案:bestx[i]为部件 i 分配的供应商
void Enqueue(QNode&e, priority_queue < QNode > &pq) {      //进队操作
    if (e. i == n) {                              //e 是一个叶子结点
        if (e. cc < bestc && e. cw < bestw){      //通过比较找最优解
            bestw = e. cw;
            bestc = e. cc;
            bestx = e. x;
        }
    }
    else pq.push(e);                              //非叶子结点进队
}
void bfs() {                                      //分支限界法算法
    QNode e, e1;
    priority_queue < QNode > pq;
    e. i = 0;                                     //根结点的层次为 0,叶子结点的层次为 n
    e. cw = 0;
    e. cc = 0;
    e. x = vector < int >(n, - 1);                //将 x 的初始值均设置为 - 1
    pq. push(e);                                  //根结点进队
```

```
    while (!pq.empty()) {                              //队不空时循环
        e = pq.top(); pq.pop();                        //出队结点 e
        for (int j = 0;j < m;j++) {                    //试探所有供应商 j
            e1.i = e.i + 1;                            //建立孩子结点 e1
            e1.cw = e.cw + w[e.i][j];
            e1.cc = e.cc + c[e.i][j];
            e1.x = e.x; e1.x[e.i] = j;                 //表示部件 e.i 选择供应商 j
            if (e1.cc <= cost) {                       //需要满足约束条件
                if(e1.cc < bestc && e1.cw <= bestw)    //剪支
                    Enqueue(e1,pq);
            }
        }
    }
}
void solve(int n1,int m1,int cost1,vector < vector < int >> &w1,vector < vector < int >> &c1) {
//求解算法
    n = n1;
    m = m1;
    cost = cost1;
    w = w1;
    c = c1;
    bfs();
    printf("求解结果:\n");
    for(int i = 0;i < n;i++)
        printf("   部件 % d 选择供应商 % d\n",i,bestx[i]);
    printf("   最小重量 = % d 最优价格 = % d\n",bestw,bestc);
}
```

10. 最小重量机器设计问题 Ⅱ 。问题描述与最小重量机器设计问题 Ⅰ 类似,仅改为从同一个供应商处最多只能购得一个部件。例如,$n = 3,m = 3,\text{cost} = 7,w = \{\{1,2,3\},\{3,2,1\},\{2,3,2\}\},c = \{\{1,2,3\},\{5,4,2\},\{2,1,2\}\}$,求解结果是部件 0 选择供应商 0,部件 1 选择供应商 2,部件 2 选择供应商 1,总重量为 5,总价格为 4。

解:解题思路与求解最小重量机器设计问题 Ⅰ 类似,只是要求所有部件在不同供应商处购买,为此在 QNode 结点类型中增加一个判重的成员,这里采用《教程》6.9 节中的 used 变量实现。对应的算法如下:

```
struct QNode {                                    //优先队列中的结点类型
    int i;                                        //当前结点的层次
    int cw;                                       //当前结点的总重量
    int cc;                                       //当前结点的总价格
    vector < int > x;                             //当前解向量
    int used;                                     //路径的判重
    bool operator <(const QNode& b) const {       //重载<关系函数
        if (cw == b.cw)return cc > b.cc;          //cw 相同时按 cc 越小越优先出队
        else return cw > b.cw;                     //按 cw 越小越优先出队
    }
};
const int INF = 0x3f3f3f3f;
int n;                                            //部件数
int m;                                            //供应商数
int cost;                                         //限定价格
vector < vector < int >> w;                       //w[i][j]为部件 i 从供应商 j 处购得的重量
vector < vector < int >> c;                       //c[i][j]为部件 i 从供应商 j 处购得的价格
int bestw = INF;                                  //最优方案的总重量
```

```
    int bestc = INF;                                          //最优方案的总价格
    vector < int > bestx;                                     //最优方案:bestx[i]为部件 i 分配的供应商
    bool inset(int used, int j) {                             //判断顶点 j 是否在 used 中
        return (used&(1 << j))!= 0;
    }

    int addj(int used, int j) {                               //在 used 中添加顶点 j
        return used | (1 << j);
    }

    void Enqueue(QNode&e, priority_queue < QNode > &pq) {    //进队操作
        if (e. i == n) {                                      //e 是一个叶子结点
            if (e. cc < bestc && e. cw < bestw){              //通过比较找最优解
                bestw = e. cw;
                bestc = e. cc;
                bestx = e. x;
            }
        }
        else pq. push(e);                                     //非叶子结点进队
    }

    void bfs() {                                              //分支限界法算法
        QNode e, e1;
        priority_queue < QNode > pq;
        e. i = 0;                                             //根结点的层次为 0,叶子结点的层次为 n
        e. cw = 0;
        e. cc = 0;
        e. x = vector < int >(n, - 1);                        //将 x 的初始值均设置为 - 1
        pq. push(e);                                          //根结点进队
        while (!pq. empty()) {                                //队不空时循环
            e = pq. top(); pq. pop();                         //出队结点 e
            for (int j = 0; j < m; j++) {                     //试探所有供应商 j
                if(inset(e. used, j))                         //j 出现在路径中跳过
                    continue;
                e1. i = e. i + 1;                             //建立孩子结点 e1
                e1. cw = e. cw + w[e. i][j];
                e1. cc = e. cc + c[e. i][j];
                e1. x = e. x; e1. x[e. i] = j;                //表示部件 e. i 选择供应商 j
                e1. used = addj(e. used, j);
                if (e1. cc <= cost) {                         //需要满足约束条件
                    if(e1. cc < bestc && e1. cw <= bestw)     //剪支
                        Enqueue(e1, pq);
                }
            }
        }
    }

    void solve(int n1, int m1, int cost1, vector < vector < int >> &w1, vector < vector < int >> &c1) {
                                                              //求解算法
        n = n1;
        m = m1;
        cost = cost1;
        w = w1;
        c = c1;
        bfs();
        printf("求解结果:\n");
        for( int i = 0; i < n; i++)
            printf("   部件 % d 选择供应商 % d\n", i, bestx[i]);
        printf("   最小重量 = % d 最优价格 = % d\n", bestw, bestc);
    }
```

11. 求解最大团问题。给定不带权连通图,图中任意一个完全子图(该子图中的任意两个顶点均是相连的)称为一个团,设计一个算法求其中的最大团(最大团是指图中所含顶点数最多的团)。

解:采用优先队列式分支限界法,用 bestcnt 和 bestx 分别表示最大团中的顶点数和最大团。设计优先队列中的结点类型,包含顶点编号 i、该顶点所在团的顶点数 cnt 和团中顶点 x。在解空间中根结点对应顶点 0,对于第 i 层的结点 e,扩展操作如下:

(1) 若将剩余的顶点($n-e.i-1$ 个)全部添加到当前团中可能构成最大团,则不选择将 $e.i$ 顶点添加到当前团中(剪支)。

(2) 若顶点 $e.i$ 与当前团中的所有顶点相连,则选择将 $e.i$ 顶点添加到当前团中。

当到达一个叶子结点(满足 $e.i \geqslant n$ 时),若 $e.\text{cnt} > \text{bestcnt}$,说明得到一个更优解,分别用 bestcnt 和 bestx 保存 $e.\text{cnt}$ 和 $e.x$。对应的算法如下:

```
struct QNode {                              //优先队列中的结点类型
    int i;
    int cnt;                                //该顶点所在团的顶点数
    vector < int > x;                       //该顶点所在团的顶点
    bool operator <(const QNode& b) const { //重载<关系函数
        return cnt < b.cnt;                 //cnt 越大越优先出队
    }
};
int n;                                      //顶点的个数
vector < vector < int >> A;                 //邻接矩阵
int bestcnt = 0;
vector < int > bestx;
bool judge(vector < int > &x, int i) {      //检查顶点 i 与当前团的相连关系
    for(int j = 0;j < i;j++) {
        if(x[j] == 1 && A[i][j] == 0)
            return false;
    }
    return true;
}
void Enqueue(QNode&e, priority_queue < QNode > &pq) { //进队操作
    if (e.i > = n) {                        //e 是一个叶子结点
        if (e.cnt > bestcnt){               //通过比较找最优解
            bestcnt = e.cnt;
            bestx = e.x;
        }
    }
    else pq.push(e);                        //非叶子结点进队
}
void bfs() {                                //分支限界法算法
    QNode e,e1,e2;
    priority_queue < QNode > pq;
    e.i = 0;
    e.cnt = 0;
    e.x = vector < int >(n,0);
    pq.push(e);
    while(!pq.empty()) {
        e = pq.top(); pq.pop();             //出队结点 e
        e1.i = e.i + 1;                     //e1:当前团不选择顶点 e.i
        e1.cnt = e.cnt;
        e1.x = e.x;
```

```
        if(e.cnt + n - e.i > = bestcnt)              //剪支
            Enqueue(e1,pq);
        if(judge(e.x,e.i)){                          //e2:全相连,当前团选择顶点e.i
            e2.i = e.i + 1;
            e2.cnt = e.cnt + 1;
            e2.x = e.x; e2.x[e.i] = 1;
            Enqueue(e2,pq);
        }
    }
}
void solve(vector < vector < int >> &a) {             //求解算法
    A = a;
    n = A.size();
    bfs();
    printf("求解结果:\n");
    printf("  最大团的顶点数:%d\n",bestcnt);
    printf("  最大团的顶点:");
    for(int i = 0;i < n;i++) {
        if(bestx[i] == 1)
            printf(" %d",i);
    }
    printf("\n");
}
```

第 7 章 动态规划

7.1 本章知识结构 ✳

本章主要讨论动态规划的原理、动态规划求解问题需要具有的性质及其经典应用示例，其知识结构如图7.1所示。

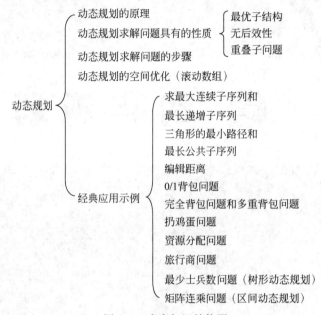

图 7.1 本章知识结构图

7.2 《教程》中的练习题及其参考答案 ✳

1. 简述动态规划法的应用场景。

答：在许多情况下求解一个问题时需要分解为若干子问题，再合并子问题的解得到原问题的解。如果其中许多子问题非常相似，可以采用动态规划法试图仅解决每个子问题一次，从而减少计算量；一旦某个给定子问题的解已经求出，则将其记忆化存储，以便下次需要同一个子问题的解时直接查表。这种做法在重复的子问题的数目较多甚至与问题规模 n 呈指数增长时特别有用。

2. 什么是最优性原理？举一个最优性原理成立的例子和一个最优性原理不成立的例子。

答：最优性原理是指多阶段决策过程的最优决策序列不论初始状态和初始决策如何，对于前面决策中的某一状态而言，其后各阶段的决策序列必须构成最优策略。

最优性原理成立的例子：对于源点和汇点唯一并且权值可能为负数的多段图，目标是求源点到汇点的最大路径和。

最优性原理不成立的例子：对于源点和汇点唯一并且权值可能为负数的多段图，目标是求源点到汇点的最大路径积(路径上所有边的乘积)。例如在如图 7.2 所示的多段图中,源点到汇点的最大路径积的路径是 0→1→3→5→7,其最大路径积为 $(-5)\times(-5)\times(-5)\times(-5)=625$,但其中子问题 0 到 5 的最大路径积为 $1\times1\times1=1$,而不是 0→1→3→5 的路径积为 $(-5)\times(-5)\times(-5)=-125$。

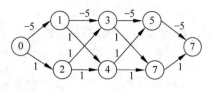

图 7.2　一个多段图

3. 说明动态规划求解的问题必须具有最优子结构性质。

答:最优子结构性质是指大问题的最优解包含子问题的最优解。动态规划法是自底向上计算各个子问题的最优解,即先计算子问题的最优解,然后利用子问题的最优解构造大问题的最优解,如果子问题的解不是最优的,则构造出的大问题的解一定不是最优解,因此必须具有最优子结构性质。

4. 什么是无后效性?举一个无后效性成立的例子和一个无后效性不成立的例子。

答:无后效性指的是未来与过去无关,当前的状态是此前历史的一个完整总结,此前的历史只能通过当前的状态去影响未来的演变。

无后效性成立的例子:一个 $m\times n$ 的整数矩阵,从左上角走到右下角,每一步只能向右或者向下移动到相邻位置,目标是求最小路径和。

	0	1	2	3
0	1	1	1	9
1	9	9	1	9
2	9	1	1	9
3	9	1	9	9
4	9	1	1	1

图 7.3　一个 5×4 的矩阵

无后效性不成立的例子:一个 $m\times n$ 的整数矩阵,从左上角走到右下角,每一步可以移动到上、下、左、右相邻位置,目标是求最小路径和。在该问题中包含回退,所以不具有无后效性(或者有后效性),也就是某个状态之后要做的决策会受之前状态及决策的影响),只能采用搜索方式求解。例如,一个如图 7.3 所示的 5×4 的矩阵,如果每一步可以移动到上、下、左、右相邻位置,对应的最小路径和的路径如图中阴影所示,由于其中存在路径回退,所以无后效性不成立。

5. 简述动态规划法和分治法的异同。

答:两者的共同点是将待求解的问题分解成若干子问题,先求解子问题,然后从这些子问题的解得到原问题的解。

两者的不同点是适合用动态规划法求解的问题,分解得到的各子问题往往不是相互独立的(重叠子问题性质),而分治法中子问题相互独立;动态规划法用表保存已求解过的子问题的解,再次碰到同样的子问题时不必重新求解,只需要查询答案,故可获得多项式级的时间复杂度,效率较高,而分治法中对于每次出现的子问题均求解,导致同样的子问题被反复求解,故产生以指数增长的时间复杂度,效率较低。

6. 简述动态规划法和备忘录方法的不同。

答:备忘录方法采用递归实现,求解过程是自顶向下的,而动态规划法采用迭代实现,求解过程是自底向上的。一般地,同一个问题采用动态规划法和备忘录方法时前者的效率较高。

7. 证明 0/1 背包问题具有最优子结构性质。

证明:假设 n 个物品的编号为 $1\sim n$,0/1 背包问题表示为 $\mathrm{knap}(1,n,r)$,设 0/1 序列 $x=\{x_1,x_2,\cdots,x_n\}$ 为其最优解。

(1) 若 $x_1=0$,则 $\{x_2,\cdots,x_n\}$ 必须是 knap(2,n,W)的最优解,否则 $\{x_1,x_2,\cdots,x_n\}$ 一定不是 knap(1,n,r)的最优解。

(2) 若 $x_1=1$,则 $\{x_2,\cdots,x_n\}$ 必须是 knap(2,n,W-w_1)的最优解,否则必有另外一个 0/1 序列 $y'=\{y_2,\cdots,y_n\}$ 为其最优解,使得 $\sum_{i=2}^{n} y_i w_i \leqslant W-w_1$ 并且 $\sum_{i=2}^{n} y_i v_i > \sum_{i=2}^{n} x_i v_i$,即 $\{x_1,y_2,\cdots,y_n\}$ 是 knap(1,n,r)的一个更优解,与假设矛盾,问题即证。

8. 给定一个整数序列 $a=\{2,-5,6,-3,5,6,-2\}$,求最大连续子序列和及其一个最大连续子序列。

答:求解过程如下。

(1) dp[0]=a[0]=2

(2) dp[1]=max{dp[0]+a[1],a[1]}=max{2-5,-5}=-3

(3) dp[2]=max{dp[1]+a[2],a[2]}=max{-3+6,6}=6

(4) dp[3]=max{dp[2]+a[3],a[3]}=max{6-3,-3}=3

(5) dp[4]=max{dp[3]+a[4],a[4]}=max{3+5,5}=8

(6) dp[5]=max{dp[4]+a[5],a[5]}=max{8+6,6}=14

(7) dp[6]=max{dp[5]+a[6],a[6]}=max{14-2,-2}=12

其中最大值 dp[5]=14,所以最大连续子序列和为 14。设一个最大连续子序列 $x=\{\}$:

(1) 将 a[5]添加到 x 中,$x=\{6\}$,rsum=14-6=8。

(2) 将 a[4]添加到 x 中,$x=\{6,5\}$,rsum=8-5=3。

(3) 将 a[3]添加到 x 中,$x=\{6,5,-3\}$,rsum=3-(-3)=6。

(4) 将 a[2]添加到 x 中,$x=\{6,5,-3,6\}$,rsum=6-6=0。

将 x 逆置,得到一个最大连续子序列为 $\{6,-3,5,6\}$。

9. 简要说明矩阵连乘问题具有最优子结构性质。

答:设求 $A[i..j]$ 的计算次序是在矩阵 A_k 和 A_{k+1} 之间将矩阵链断开($i \leqslant k < j$),其相应的完全加括号方式为 $(A_i A_{i+1} \cdots A_j) \times (A_{k+1} A_{k+2} \cdots A_j)$,则 $A[1..n]$ 的数乘次数 $m[1][n]$ 即计算量,等于 $A[i..k]$ 的计算量加上 $A[k+1..j]$ 的计算量,再加上 $A[i..k]$ 和 $A[k+1..j]$ 相乘的计算量($p_{i-1} \times p_k \times p_j$),即

$$m[i][j]=0 \qquad\qquad\qquad 当 i=j 时$$
$$m[i][j]=m[i][k]+m[k+1][j]+p_{i-1} \times p_k \times p_j \qquad 当 i<j 时$$

从中看出计算大问题 $A[i..j]$ 的最优次序所包含的计算矩阵子链 $A[i..k]$ 和 $A[k+1..j]$ 的次序(两个子问题)也是最优的,所以该问题具有最优子结构性质。

10. 一只袋鼠要从河这边跳到河对岸,河很宽,但是河中间打了很多桩子,每隔一米就有一个,每个桩子上都有一个弹簧,袋鼠跳到弹簧上就可以跳得更远,每个弹簧的力量不同,用一个数字代表它的力量,如果弹簧的力量为 5,就代表袋鼠下一跳最多能够跳 5 米,如果为 0,袋鼠就会陷进去无法继续跳跃。河流一共 n 米宽,袋鼠的初始位置就在第一个弹簧的上面,要跳到最后一个弹簧之后才算过河,给定每个弹簧的力量,用数组 a 表示,求袋鼠最少需要多少跳才能够到达对岸。如果无法到达,输出 -1。例如,$n=5,a=\{2,0,1,1,1\}$,答案为 4。

解:设置一维动态规划数组 dp,其中 dp[i]表示袋鼠跳到第 i 个桩子时的最少跳数。

先置 dp 的所有元素为∞,置 dp[0]=0。若从前面第 j 个桩子跳一次到达第 i 个弹簧,则 dp[i]=dp[j]+1。对应的状态转移方程如下:

$$dp[i]=\min(dp[i],dp[j]+1) \qquad\qquad\qquad 若 a[j]+j>=i$$

最后 dp[n]就是袋鼠过河需要的最少跳数,若 dp[n] 为∞,表示无法到达第 n 个桩子, 输出−1。对应的动态规划算法如下:

```
const int INF = 0x3f3f3f3f;
int solve(vector < int > &a) {
    int n = a.size();
    vector < int > dp(n + 1, INF);
    dp[0] = 0;
    for (int i = 1; i < = n; i++) {
        for (int j = 0; j < i; j++) {
            if (a[j] + j > = i) {
                dp[i] = min(dp[i], dp[j] + 1);
            }
        }
    }
    if(dp[n] == INF) return − 1;
    else return dp[n];
}
```

11. 有一个小球掉落在一串连续的弹簧板上,小球落到某一个弹簧板上后会被弹到某 一个地点,直到小球被弹到弹簧板以外的地方。假设有 n 个连续的弹簧板,每个弹簧板占 一个单位的距离,$a[i]$代表第 i 个弹簧板会把小球向前弹$a[i]$个距离,比如位置1的弹簧能 让小球前进两个距离到达位置3。如果小球落到某个弹簧板上后,经过一系列弹跳会被弹 出弹簧板,那么小球就能从这个弹簧板弹出来。设计一个算法求小球从任意一个弹簧板落 下,最多被弹多少次才会被弹出弹簧板。例如,$n=5$,$a=\{2,2,3,1,2\}$,答案为3。

解:设计一维动态规划数组 dp,其中 dp[i]表示从位置i(第 i 个弹簧板)跳出所需要的 次数。初始化 dp 的所有元素为0。从位置i跳一次可以到达位置$i+a[i]$,即 dp[$i+a[i]$]= dp[i]+1。在求出 dp 数组后,其中的最大元素即为答案。对应的算法如下:

```
int solve(vector < int > &a) {
    int n = a.size();
    int ans = − 1;
    vector < int > dp(10 * n, 0);
    for(int i = 0; i < n; i++){
        dp[i + a[i]] = dp[i] + 1;
        ans = max(dp[i + a[i]], ans);
    }
    return ans;
}
```

另外也可以采用反向遍历,位置i可能是从上一个位置到达的,那么位置i的步数则为 上一个位置的次数加1。对应的算法如下:

```
int solve(vector < int > &a) {
    int n = a.size();
    int ans = − 1;
    vector < int > dp(10 * n, 0);
    for(int i = n − 1; i > = 1; i − − ) {
        dp[i] = dp[i + a[i]] + 1;
```

```
        ans = max(dp[i],ans);
    }
    return ans;
}
```

12. 涂色问题。A 觉得白色的墙面单调,决定给房间的墙面涂上颜色。A 买了 3 种颜料,分别是红、黄、蓝,然后把房间的墙壁竖直地划分成 n 个部分,A 希望每个相邻的部分颜色不同,给定整数 n,设计一个算法求一共有多少种给房间上色的方案。例如,n=5,则"蓝红黄红黄"就是一种合适的方案,由于墙壁是一个环形,所以"蓝红黄红蓝"是不合适的。

解：设计一维动态规划数组 dp,其中 dp[i] 表示 i 个部分的最大上色方案数目。dp[1]=0,dp[2]=6(从 3 种颜料中任意取两种的组合数为 6)。考虑当前位置 i(i>2),因为相邻部分不可以同色,一共有两种可能。

(1) 当位置 i−1 和位置 1 同色时,位置 i 有两种其中颜色的选择,此时方案数目为 2dp[i−2]。

(2) 当位置 i−1 和位置 1 不同色时,位置 i 只有一种选择,此时方案数目为 dp[i−1]。

合并起来有 dp[i]=dp[i−1]+dp[i−2]*2。在求出 dp 数组后,dp[n] 就是答案,返回该元素即可。对应的动态规划算法如下：

```
int solve(int n) {
    vector < int > dp(n + 1,0);
    dp[1] = 0; dp[2] = 6;
    for (int i = 3; i < = n; i++)
        dp[i] = dp[i - 1] + dp[i - 2] * 2;
    return dp[n];
}
```

13. 拦截导弹问题。某国为了防御敌国的导弹袭击,开发出一种导弹拦截系统。这种导弹拦截系统有一个缺陷：虽然它的第一发炮弹能够到达任意高度,但是以后每一发炮弹都不能高于前一发的高度。某一天,雷达捕捉到有敌国的导弹来袭。由于该系统还在试用阶段,只有一套系统,因此不可能拦截所有的导弹。给定 n 和导弹依次飞来的高度数组 a,设计一个算法求这套系统最多能拦截的导弹数和拦截所有导弹所需套数最少的拦截系统。例如,n=8,a={389,207,155,300,299,170,158,65},答案为 6 和 2,第一次最多能拦截的导弹是{389,300,299,170,158,65},第二次拦截的导弹是{207,155}。

解：求出最长递减(严格)子序列的长度数组 down 和最长递增(非严格)子序列的长度数组 up,则 down 中的最大值就是这套系统最多能拦截的导弹数,up 中的最大值就是拦截所有导弹所需套数最少的拦截系统。对应的动态规划算法如下：

```
vector < int > solve(vector < int > &a) {
    int n = a.size();
    vector < int > down(n,0);
    vector < int > up(n,0);
    for(int i = 0; i < n; i++)
        down[i] = up[i] = 1;
    for(int i = 0; i < n; i++) {
        for(int j = 0; j < i; j++) {
            if(a[i] < a[j]) down[i] = max(down[i],down[j] + 1);
            else up[i] = max(up[i],up[j] + 1);
        }
    }
```

```
    int maxd = 0, maxu = 0;
    for(int i = 0; i < n; i++) {
        maxd = max(maxd, down[i]);
        maxu = max(maxu, up[i]);
    }
    return {maxd, maxu};
}
```

14. 给定两个字符串 a 和 b，设计一个算法求它们的最长公共子串的长度。例如，$a=$ "ababc"，$b=$ "cbaab"，答案为 2。

解：采用《教程》第 7 章中 7.5 节的求最长公共子序列的思路，设计二维动态规划数组 dp，其中 $dp[i][j]$ 表示以 $a[i-1]$ 或者 $b[j-1]$ 结尾的最长公共子串的长度，先初始化 dp 的所有元素为 0。在求 $dp[i][j]$ 时分为以下两种情况：

（1）$a[i-1]=b[j-1]$，则 $dp[i][j]=dp[i-1][j-1]+1$。

（2）否则 $dp[i][j]=0$。

在求出 dp 数组后，其中最大值即为所求。对应的动态规划算法如下：

```
int solve(string&a, string&b) {
    int m = a.size();
    int n = b.size();
    vector < vector < int >> dp(m + 1, vector < int >(n + 1, 0));
    int ans = 0;
    for(int i = 1; i < = m; i++) {
        for(int j = 1; j < = n; j++) {
            if(a[i - 1] != b[j - 1]) dp[i][j] = 0;
            else dp[i][j] = dp[i - 1][j - 1] + 1;
            ans = max(ans, dp[i][j]);
        }
    }
    return ans;
}
```

15. 结合《教程》中 7.6 节的编辑距离问题，对于给定的两个字符串 a 和 b，设计一个算法求将 a 编辑为 b 的编辑步骤。例如，$a=$ "aabbcccd"，$b=$ "abcd"，求解结果如下：

```
最少的字符操作次数: 4
操作步骤
    (1):删除 a[0](a)
    (2):删除 a[2](b)
    (3):删除 a[4](c)
    (4):删除 a[5](c)
```

解：求 a 和 b 的编辑距离的原理见《教程》中的 7.6 节。另外设计一个二维数组 op，其中 $op[i][j]$ 的含义如下：

（1）若 $a[i-1]==b[j-1]$，$op[i][j]=0$。

（2）在进行替换操作时 $op[i][j]=1$。

（3）在进行插入操作时 $op[i][j]=2$。

（4）在进行删除操作时 $op[i][j]=3$。

在求 dp 的同时求出 op，根据 op 构造一个由 a 编辑为 b 的操作步骤 x，最后输出 x。对应的算法如下：

```
const int INF = 0x3f3f3f3f;
```

```
vector < vector < int >> dp;                                      //二维动态规划数组
vector < vector < int >> op;                                      //存放编辑方式
int m,n;
int editdist(string&a,string&b) {                                 //求 a 到 b 的编辑距离
    dp = vector < vector < int >>(m + 1,vector < int >(n + 1,0));
    op = vector < vector < int >>(m + 1,vector < int >(n + 1,INF));
    for (int i = 1;i < = m;i++)
        dp[i][0] = i;                                             //把 a 的 i 个字符全部删除转换为 b
    for (int j = 1; j < = n;j++)
        dp[0][j] = j;                                             //在 a 中插入 b 的全部字符转换为 b
    for(int i = 1;i < = m;i++) {
        for(int j = 1;j < = n;j++) {
            if (a[i - 1] == b[j - 1]) {
                dp[i][j] = dp[i - 1][j - 1];
                op[i][j] = 0;
            }
            else {
                int d1 = dp[i - 1][j - 1];
                int d2 = dp[i][j - 1];
                int d3 = dp[i - 1][j];
                int no = 1,mind = d1;
                if(d2 < mind) {
                    mind = d2;
                    no = 2;
                }
                if(d3 < mind) {
                    mind = d3;
                    no = 3;
                }
                dp[i][j] = mind + 1;
                op[i][j] = no;
            }
        }
    }
    return dp[m][n];
}
vector < string > getx(string&a,string&b) {                      //求操作步骤
    vector < string > x;
    int rnum = dp[m][n];
    int i = m,j = n;
    while(rnum > 0) {
        string str;
        if (op[i][j] == 0) {                                      //a[i - 1] = b[j - 1]的情况
            i -- ;j -- ;
        }
        else {                                                    //a[i - 1]!= b[j - 1]的情况
            if(op[i][j] == 1) {
                str = "将 a[" + to_string(i - 1) + "](" + a[i - 1] + ")替换为 b[" + to_string(j
 - 1) + "](" + b[j - 1] + ")";
                i -- ; j -- ;
            }
            else if(op[i][j] == 2) {
                str = "在 a[" + to_string(i - 1) + "](" + a[i - 1] + ")后面插入 b[" + to_string
(j - 1) + "](" + b[j - 1] + ")";
                j -- ;
            }
            else {
```

```
                str = "删除 a[" + to_string(i-1) + "](" + a[i-1] + ")";
                i--;
            }
            x.push_back(str);
            rnum--;
        }
    }
    reverse(x.begin(),x.end());
    return x;
}
void solve(string&a, string&b) {              //求解算法
    m = a.size();
    n = b.size();
    int ans = editdist(a,b);
    vector < string > x = getx(a,b);
    printf("最少的字符操作次数: % d\n",ans);
    printf("操作步骤\n");
    for(int i = 0;i < ans;i++) {
        cout << " ("<< i + 1 << "):";
        cout << x[i] << endl;
    }
}
```

16. 给出 n 个任务的数据量 a,一种双核 CPU 的两个核能够同时处理任务,假设 CPU 的每个核一秒可以处理 1KB 数据,每个核同时只能处理一项任务,设计一个算法求让双核 CPU 处理完这批任务所需的最少时间。例如,$n=5$,$a=\{3,3,7,3,1\}$,答案为 9。

解:完成所有 n 个任务需要 sum 时间,放入两个核的 CPU 中执行,假设第一个核的处理时间为 n_1,第二个核的处理时间为 $\text{sum}-n_1$,并假设 $n_1 \leqslant \text{sum}/2$,$\text{sum}-n_1 \geqslant \text{sum}/2$,要使处理时间最小,则 n_1 越来越靠近 $\text{sum}/2$,最终目标是求 $\max(n_1, \text{sum}-n_1)$ 的最大值。

这样转换为 0/1 背包问题:已知最大容量 W 为 $\text{sum}/2$,有 n 个任务,每个任务有其完成时间,求最大完成时间。采用动态规划法求解,设置二维动态规划数组 dp,其中 $\text{dp}[i][r]$ 表示第一个核在容量为 r 的情况下完成前 i 个任务中的部分任务的最大时间。初始时置 dp 的全部元素为 0,r 的取值为 $1 \sim W$,考虑任务 $a[i-1]$:

(1) 如果 $a[i-1] > r$,说明超过容量,第一个核不能执行该任务,则有 $\text{dp}[i][r] = \text{dp}[i-1][r]$。

(2) 否则说明没有超过容量,第一个核选择不执行该任务,则对应的完成时间为 $\text{dp}[i-1][r]$,第一个核选择执行该任务,则对应的完成时间为 $\text{dp}[i-1][r-a[i-1]] + a[i-1]$。合并起来 $\text{dp}[i][r] = \max(\text{dp}[i-1][r], \text{dp}[i-1][r-a[i-1]] + a[i-1])$。

在求出 dp 数组后,$\text{dp}[n][W]$ 表示第一个核选择 n 个任务中的部分任务的总时间不超过 W 的最大完成时间,则 $\text{sum}-\text{dp}[n][W]$ 表示第二个核选择 n 个任务中的其他任务的最大完成时间,求出 $\text{ans}=\max(\text{dp}[n][W], \text{sum}-\text{dp}[n][W])$,返回 ans 即可。对应的动态规划算法如下:

```
int solve(vector < int > &a) {
    int n = a.size();
    int sum = 0;
    for(int i = 0;i < n;i++)
        sum += a[i];
    int W = sum/2;
```

```
vector < vector < int >> dp(n + 1, vector < int >(W + 1, 0));   //二维动态规划数组
for (int i = 1; i <= n; i++) {
    for (int r = 1; r <= W; r++) {
        if (a[i - 1] > r) dp[i][r] = dp[i - 1][r];
        else dp[i][r] = max(dp[i - 1][r], dp[i - 1][r - a[i - 1]] + a[i - 1]);
    }
}
int ans = max(dp[n][W], sum - dp[n][W]);
return ans;
}
```

由于 $dp[i][j]$ 仅与 $dp[i-1][*]$ 相关,可以采用类似 0/1 背包问题的滚动数组,即将 dp 改为一维数组,$dp[r]$ 表示第一个核的容量为 r 的最大完成时间。对应的状态转移方程如下:

$$dp[0] = 1$$
$$dp[r] = \max(dp[r], dp[r - a[i-1]] + a[i-1]) \qquad 当 r \geqslant a[i-1] 时$$

对应的动态规划算法如下:

```
int solve1(vector < int > &a) {
    int n = a.size();
    int sum = 0;
    for(int i = 0; i < n; i++)
        sum += a[i];
    int W = sum/2;
    vector < int > dp(W + 1, 0);
    for(int i = 1; i <= n; i++) {
        for(int r = W; r >= a[i - 1]; r-- )
            dp[r] = max(dp[r], dp[r - a[i - 1]] + a[i - 1]);
    }
    int ans = max(dp[W], sum - dp[W]);
    return ans;
}
```

17. 题目描述见《教程》第 3 章中 3.11 节的第 12 题,这里要求采用动态规划法求解。

解: 本问题与旅行商问题类似,不同之处是不必回到起点。先将边数组 tuple 转换为邻接矩阵 A,为了简单,将城市编号由 $1 \sim n$ 改为 $0 \sim n-1$,这样起点变成了顶点 0。然后采用《教程》第 7 章中 7.11 节求 TSP 问题的动态规划算法求出最短路径长度并返回。对应的动态规划算法如下:

```
const int INF = 0x3f3f3f3f;                              //表示∞
bool inset(int V, int j) {                               //判断顶点 j 是否在 V 中
    return (V & (1 <<(j - 1)))!= 0;
}
int delj(int V, int j) {                                 //返回从 V 中删除顶点 j 的集合
    return V^(1 <<(j - 1));
}
int mincost1(vector < vector < int >> &A) {              //求 TSP 问题(起始点为 0)
    int n = A.size();
    vector < vector < int >> dp;                         //二维动态规划数组
    dp = vector < vector < int >>(1 << n, vector < int >(n, INF)); //元素均设置为∞
    dp[0][0] = 0;
    for(int V = 0; V <(1 <<(n - 1)); V++) {
        for(int i = 1; i < n; i++) {                     //顶点 i 从 1 到 n-1 循环
            if(inset(V, i)) {                            //顶点 i 在 S 中
```

```
            if(V == (1 <<(i - 1))) {                    //S 中只有一个顶点 i
                dp[V][i] = min(dp[V][i],A[0][i]);
            }
            else {                                        //V 中有多个顶点
                int V1 = delj(V, i);                      //从 V 中删除顶点 i 得到 V1
                for(int j = 1;j < n;j++) {
                    if(inset(V1,j)) {                     //顶点 j 在 V1 中
                        dp[V][i] = min(dp[V][i],dp[V1][j] + A[j][i]);
                    }
                }
            }
        }
    }
    int ans = INF;
    for(int i = 1;i < n;i++)                              //求答案
        ans = min(ans,dp[(1 <<(n - 1)) - 1][i]);
    return ans;
}
int mincost(int n,vector < vector < int >> &tuple) {     //求解算法
    if(n == 1) return 0;
    vector < vector < int >> A(n,vector < int >(n,INF));  //邻接矩阵
    for(int i = 0;i < tuple.size();i++) {
        int a = tuple[i][0] - 1;
        int b = tuple[i][1] - 1;
        int w = tuple[i][2];
        A[a][b] = A[b][a] = w;
    }
    return mincost1(A);
}
```

18. 周年庆祝会问题。某大学举行一个庆祝会,该大学的员工呈现一个层次结构,这意味着构成一棵从校长 A 开始的主管关系树。为了让聚会的每个人都快乐,校长不希望员工及其直属主管同时出席,人事办公室给每个员工评估出一个快乐指数。给定人数为 n(人的编号为 $1\sim n$),快乐指数用数组 a 表示,人员关系用数组 leader $= \{\{a,b\}\}$ 表示,其中 b 是 a 的直接主管,设计一个算法求出参加庆祝会的最大快乐指数和。例如,$n = 7$,$a = \{0,1,1,1,1,1,1,1\}$,leader $= \{\{1,3\},\{2,3\},\{6,4\},\{7,4\},\{4,5\},\{3,5\}\}$,答案为 5。

解:对于编号为 $1\sim n$ 的员工,用 father$[i]$ 表示员工 i 的直接主管,在这种用双亲指针 father 表示的树中,员工 i 的子树包含他的所有下属员工,其中 root 指向根结点。

采用树形动态规划求解,设置二维动态规划数组 dp,dp$[i][0]$ 表示考虑员工 i 时该员工不参加庆祝会的最大快乐指数和,dp$[i][1]$ 表示考虑员工 i 时该员工参加庆祝会的最大快乐指数和。首先初始化 dp 的所有元素为 0。对应的状态转移方程如下(j 表示员工 i 的某个直接下属员工,即有 father$[j] = i$):

dp$[i][1]$ += dp$[j][0]$ //员工 i 参加,下属 j 不参加

dp$[i][0]$ += max(dp$[j][1]$,dp$[j][0]$)   //员工 i 不参加,下属 j 参加或者不参加

在树中采用后根遍历方式求解(先求出员工 i 的所有孩子的 dp$[j][*]$,再求出 dp$[i][*]$)。这种基于树结果的动态规划称为树形动态规划,最终 max(dp$[$root$][0]$,dp$[$root$][1]$)即为所求。对应的动态规划算法如下:

```
vector < vector < int >> dp;            //dp[i][0] = 0 表示不参加,dp[i][1] = 1 表示参加
```

```
vector < int > father;                          //i的直接主管为father[i]
void dfs(int i, int n) {                         //用深度优先搜索求 dp
    for(int j = 1; j <= n; j++) {
        if(father[j] == i) {                    //员工 j 是员工 i 的下属,并且没有考虑过
            dfs(j, n);                          //递归调用子结点,从叶子结点开始 dp
            dp[i][1] += dp[j][0];               //主管 i 参加,下属 j 不参加
            dp[i][0] += max(dp[j][1], dp[j][0]);    //主管 i 不参加,下属 j 参加或者不参加
        }
    }
}
int solve(int n, vector < int > &a, vector < vector < int >> &leader) {
    father = vector < int >(n + 1, - 1);
    for(int i = 0; i < n - 1; i++)
        father[leader[i][0]] = leader[i][1];
    int root = 1;
    while(father[root]!= - 1)                   //查找到根结点
        root = father[root];
    dp = vector < vector < int >>(n + 1, vector < int >(2, 0));
    for(int i = 1; i <= n; i++)                 //获取员工 i 的快乐指数
        dp[i][1] = a[i];
    dfs(root, n);
    int ans = max(dp[root][0], dp[root][1]);
    return ans;
}
```

19. 石子合并问题。有 n 堆石子排成一排,每堆石子有一定的数量,用数组 a 表示。现在要将 n 堆石子合并成为一堆,在合并的过程中只能每次将相邻的两堆石子堆成一堆,每次合并花费的代价为这两堆石子的和,经过 $n-1$ 次合并后石子成为一堆。设计一个算法求总代价的最小值。例如,$n=5, a=\{7, 6, 5, 7, 100\}$,答案是 175。

解:采用区间动态规划,样例的求解过程如下。

第 1 次合并:得到 $\{13, 5, 7, 100\}$,代价$=13$。

第 2 次合并:得到 $\{13, 12, 100\}$,代价$=12$。

第 3 次合并:得到 $\{25, 100\}$,代价$=25$。

第 4 次合并:得到 $\{125\}$,代价$=125$。

总代价为 $13+12+25+125=175$。

采用区间动态规划方法,设置二维动态规划数组 dp,$dp[i][j]$ 表示第 i 堆到第 j 堆石子合并的最优值。以 m 为分隔点,如图 7.4 所示,对应的状态转移方程如下:

$$dp[i][i]=0$$
$$dp[i][j]=\min(dp[i][j], dp[i][m]+dp[m+1][j]+a[i..j]元素和) \quad i \leqslant m \leqslant j-1$$

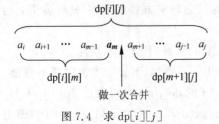

图 7.4 求 $dp[i][j]$

采用前缀和数组 psum 求 $a[i..j]$ 元素和,设:

$$psum[1]=a[0]$$
$$psum[i]=psum[i-1]+a[i-1] \quad i > 1$$

即 $psum[i]=a[0]+a[1]+\cdots+a[i-1]$ 为 $a[0..i-1]$ 中的所有元素和。当 $j \geqslant i$ 时有 $psum[j+1]-psum[i]=a[i]+\cdots+a[j]$。也就是说,$a[i..j]$ 石子的总数量为 $psum[j+1]-psum[i]$。在求出 dp 数组后,$dp[0][n-1]$ 就是答案,返回该元素即可。对应的动态规划算法如下:

```
int solve(vector < int > &a) {
    int n = a.size();
    vector < int > psum(n, 0);
    vector < vector < int >> dp(n, vector < int >(n, 0));
    for (int i = 0; i < n; i++)
        psum[i + 1] = psum[i] + a[i];
    for (int len = 2; len <= n; len++) {        //用 len 枚举区间的长度
        for (int i = 0; i + len - 1 < n; i++) {  //用 i 枚举区间的左端点
            int j = i + len - 1;                //j 为区间的右端点
            dp[i][j] = INF;
            for (int m = i; m < j; m++) {       //用 m 枚举分隔点
                dp[i][j] = min(dp[i][j], dp[i][m] + dp[m + 1][j] + psum[j + 1] - psum[i]);
            }
        }
    }
    return dp[0][n - 1];
}
```

20. 有效括号字符串(LeetCode678★★)。给定一个只包含 3 种字符(即'('、')'和' * ')的字符串 s(s 的长度在[1,100]范围内),检验这个字符串是否为有效字符串。有效字符串具有如下规则:任何左括号必须有相应的右括号,任何右括号必须有相应的左括号,左括号必须在对应的右括号之前,' * '可以被视为单个右括号或单个左括号或一个空字符串。一个空字符串也被视为有效字符串。例如,s 输入"(*))",答案为 true。要求设计如下成员函数:

```
bool checkValidString(string s) { }
```

解法 1:设计二维动态规划数组 dp,其中 dp[i][j]表示 s 的前 i 个字符能否与 j 个右括号形成合法的括号序列。起始时 dp[0][0]为 true,求 dp[i][j]分为如下几种情况。

(1) 当前字符 $s[i-1]$='(':如果 dp[i][j]为 true,必然有 dp[$i-1$][$j-1$]为 true,反之亦然,即有 dp[i][j]=dp[$i-1$][$j-1$]。

(2) 当前字符 $s[i-1]$=')':如果 dp[i][j]为 true,必然有 dp[$i-1$][$j+1$]为 true,反之亦然,即有 dp[i][j]=dp[$i-1$][$j+1$]。

(3) 当前字符 $s[i-1]$=' * ':根据' * '可以被视为单个左括号、单个右括号或一个空字符串,分为 3 种子情况,只要其中一种情况为 true 即可,即有 dp[i][j]=dp[$i-1$][$j-1$] | dp[$i-1$][$j+1$] | dp[$i-1$][j]。

按照上述过程求出 dp 数组后,dp[n][0]就是答案,返回该元素即可。对应的动态规划算法如下:

```
class Solution {
public:
    bool checkValidString(string s) {
        int n = s.size();
        bool dp[n + 1][n + 1];
        memset(dp, false, sizeof(dp));
        dp[0][0] = true;
        for (int i = 1; i <= n; i++) {
            for (int j = 0; j <= i; j++) {
                if (s[i - 1] == '(') {
                    if (j - 1 >= 0) dp[i][j] = dp[i - 1][j - 1];
                }
```

```
            else if (s[i - 1] == ')') {
                if (j + 1 <= i) dp[i][j] = dp[i - 1][j + 1];
            }
            else {
                dp[i][j] = dp[i - 1][j];
                if (j - 1 >= 0) dp[i][j] |= dp[i - 1][j - 1];
                if (j + 1 <= i) dp[i][j] |= dp[i - 1][j + 1];
            }
        }
    }
    return dp[n][0];
    }
};
```

上述程序提交后通过,执行用时为 0ms,内存消耗为 5.8MB。

解法 2:采用区间动态规划,设计二维动态规划数组 dp,其中 $dp[i][j]$ 表示 $s[i..j]$ 区间的子串是否为有效的括号字符串。求 $dp[i][j]$ 的过程如下:

(1) 当 $s[i..j]$ 的长度为 1 时,只有当该字符是 '*' 时才是有效的括号字符串,此时子串可以看成空字符串。

(2) 当 $s[i..j]$ 的长度为 2 时,只有当两个字符是 "()"、"(* "、" *)"、" ** "中的一种情况时才是有效的括号字符串,此时子串可以看成 "()"。

(3) 当 $s[i..j]$ 的长度大于 2($j - i \geqslant 2$)时,需要根据子串的首尾字符以及中间的字符判断子串是否为有效的括号字符串。此时 $dp[i][j]$ 的计算如下,只要满足以下一个条件就有 $dp[i][j]$ = true:

① 如果 $s[i]$ 和 $s[j]$ 分别为左、右括号,或者为 '*',则当 $dp[i+1][j-1]$ = true 时 $dp[i][j]$ = true,即 $dp[i][j]$ = $dp[i+1][j-1]$,此时 $s[i]$ 和 $s[j]$ 可以分别看成左括号和右括号。

② 用 m 枚举 $[i,j]$ 中的分隔点($i \leqslant m < j$),如果存在 $dp[i][m]$ 和 $dp[m+1][j]$ 都为 true,则 $dp[i][j]$ = true,即 $dp[i][j] = dp[i][m]$ && $dp[m+1][j]$。因为将两个有效的子串拼接之后的子串也是有效的括号字符串。

在按照上述过程求出 dp 数组后,$dp[0][n-1]$ 就是答案,返回该元素即可。对应的动态规划算法如下:

```
class Solution {
public:
    bool checkValidString(string s) {
        int n = s.size();
        bool dp[n][n];
        memset(dp, false, sizeof(dp));
        for (int i = 0; i < n; i++) {
            if (s[i] == ' * ') {
                dp[i][i] = true;
            }
        }
        for (int i = 1; i < n; i++) {
            char c1 = s[i - 1];
            char c2 = s[i];
            dp[i - 1][i] = (c1 == '(' || c1 == ' * ') && (c2 == ')' || c2 == ' * ');
        }
```

```
        for (int i = n - 3;i >= 0;i-- ) {        //自底向上,每行从左向右枚举[i,j]区间
            char c1 = s[i];
            for (int j = i + 2;j < n;j++) {
                char c2 = s[j];
                if ((c1 == '(' || c1 == ' * ') && (c2 == ')' || c2 == ' * ')) {
                    dp[i][j] = dp[i + 1][j - 1];
                }
                for (int m = i; m < j && !dp[i][j];m++) {
                    dp[i][j] = dp[i][m] && dp[m + 1][j];
                }
            }
        }
        return dp[0][n - 1];
    }
};
```

上述程序提交后通过,执行用时为 12ms,内存消耗为 5.9MB。

7.3 补充练习题及其参考答案 ✳

7.3.1 单项选择题及其参考答案

1. 适用动态规划的问题必须满足_____。

   A. 最优化原理   B. 无前效性

   C. 最优化原理和后效性   D. 最优化原理和无后效性

2. 动态规划算法一般具有_____。

   A. 最优子结构性质与贪心选择性质

   B. 重叠子问题性质与贪心选择性质

   C. 最优子结构性质与重叠子问题性质

   D. 预排序与递归调用

3. 下列不是动态规划算法的基本步骤的是_____。

   A. 找出最优解的性质   B. 构造最优解

   C. 算出最优解   D. 定义最优解

4. 与分治法不同的是,适合用动态规划求解的问题_____。

   A. 经分解得到的子问题往往不是互相独立的

   B. 经分解得到的子问题往往是互相独立的

   C. 经分解得到的子问题往往是互相交叉的

   D. 经分解得到的子问题往往是任意的

5. 如果一个问题既可以采用动态规划求解,也可以采用分治法求解,若_____则应该选择动态规划算法求解。

   A. 不存在重叠子问题   B. 所有子问题是独立的

   C. 存在大量重叠子问题   D. 以上都不对

6. 备忘录方法是_____的变形。

    A. 分治法   B. 动态规划   C. 贪心法   D. 回溯法

7. 采用动态规划策略求解问题的显著特征是满足最优子结构性质,其含义是_____。

    A. 当前所做出的决策不会影响后面的决策

    B. 原问题的最优解包含其子问题的最优解

    C. 问题可以找到最优解,但利用贪心法不能找到最优解

    D. 每次决策必须是在当前看来最优的决策才可以找到最优解

8. 下列算法中通常以自底向上的方式求解最优解的是_____。

    A. 备忘录   B. 动态规划   C. 贪心法   D. 回溯法

9. 矩阵 A_1、A_2、A_3、A_4 连乘,对应的维度序列是 $p=\{2,6,3,10,3\}$,采用动态规划方法求解,则最少数乘次数是_____。

    A. 156   B. 144   C. 180   D. 360

10. 以下有关动态规划的叙述中正确的是_____。

    A. 满足最优子结构性质的问题只能用动态规划求解

    B. 采用动态规划求解 0/1 背包问题的算法的时间复杂度为多项式级的

    C. 在任何情况下动态规划算法比等效的回溯法的性能要好得多

    D. 以上都不对

11. 以下有关动态规划的叙述中不正确的是_____。

    A. 动态规划是解决多阶段决策过程中最优化解的一种常用的算法思想

    B. 动态规划的实质是分治思想和解决冗余,与分治法和回溯法类似

    C. 一个标准的动态规划算法包括划分阶段和选择状态两个步骤

    D. 动态规划采用自底向上的方式求解

12. 以下不适合采用动态规划求解的问题是_____。

    A. 求一个序列的最长递减子序列   B. n 皇后的全部解

    C. TSP   D. 两个序列的最长公共子序列

13. 以下适合采用动态规划求解的问题是_____。

    A. 迷宫问题   B. 求一元二次方程的根

    C. 编辑距离问题   D. 以上都不适合

14. 求解两个长度为 n 的序列 x 和 y 的一个最长公共子序列(例如序列"ABCBDAB"和"BDCABA"的一个最长公共子序列为"BCBA"),可以采用多种计算方法。例如可以采用穷举法,对 x 的每一个子序列,判断其是否也是 y 的子序列,最后求出最长的即可,该方法的时间复杂度为 __(1)__ 。经分析发现该问题具有最优子结构性质,可以定义序列长度分别为 i 和 j 的两个序列 x 和 y 的最长公共子序列的长度为 $c[i][j]$,如下式所示。采用自底向上的方法实现该算法,则时间复杂度为 __(2)__ 。

    $c[i][j]=0$ 当 $i=0$ 或 $j=0$ 时

    $c[i][j]=c[i-1][j-1]+1$ 当 $i,j>0$ 且 $x_i=y_j$ 时

    $c[i][j]=\max\{c[i-1][j],c[i][j-1]\}$ 其他

    (1) A. $O(n^2)$ B. $O(n^2\log_2 n)$ C. $O(n^3)$ D. $O(n\times 2^n)$

    (2) A. $O(n^2)$ B. $O(n^2\log_2 n)$ C. $O(n^3)$ D. $O(n\times 2^n)$

15. 已知矩阵 $A_{m\times n}$ 和 $B_{n\times p}$ 相乘的时间复杂度为 $O(mnp)$。矩阵相乘满足结合律,例如 3 个矩阵 A、B、C 相乘的顺序可以是 $(A\times B)\times C$ 也可以是 $A\times(B\times C)$。不同的相乘顺序所需进行的乘法次数可能相差很大,因此确定 n 个矩阵相乘的最优计算顺序是一个非常重要的问题。已知确定 n 个矩阵 A_1、A_2、……、A_n 相乘的计算顺序具有最优子结构,即 $A_1A_2\cdots A_n$ 的最优计算顺序包含其子问题 $A_1A_2\cdots A_k$ 和 $A_{k+1}A_{k+2}\cdots A_n(1\leqslant k<n)$ 的最优计算顺序,可以列出其递归式为:

$m[i][j]=0$ 当 $i=j$ 时

$m[i][j]=\min_{i\leqslant k<j}\{m[i][k]+m[k+1]+p_{i-1}\times p_k\times p_j\}$ 其他

其中,A_i 的维度为 $p_{i-1}\times p_i$,$m[i][j]$ 表示 $A_iA_{i+1}\cdots A_j$ 的最优计算顺序的相乘次数。先采用自底向上的方法求 n 个矩阵相乘的最优计算顺序,则求解该问题的算法设计策略为 ___(1)___ ,算法的时间复杂度为 ___(2)___ ,空间复杂度为 ___(3)___ 。给定一个实例,$(p_0,p_1,\cdots,p_5)=(20,15,4,10,20,25)$,最优计算顺序为 ___(4)___ 。

(1) A. 分治法   B. 动态规划法   C. 贪心法   D. 回溯法

(2) A. $O(n^2)$ B. $O(n^2\log_2 n)$ C. $O(n^3)$ D. $O(2^n)$

(3) A. $O(n^2)$ B. $O(n^2\log_2 n)$ C. $O(n^3)$ D. $O(2^n)$

(4) A. $(((A_1\times A_2)\times A_3)\times A_4)\times A_5$ B. $A_1\times(A_2\times(A_3\times(A_4\times A_5)))$

    C. $((A_1\times A_2)\times A_3)\times(A_4\times A_5)$ D. $(A_1\times A_2)\times((A_3\times A_4)\times A_5)$

7.3.2　问答题及其参考答案

1. 简述动态规划的思路。

2. 什么是动态规划中的状态转移方程。

3. 简述动态规划中处理重叠子问题的方式。

4. 举一个例子说明动态规划比穷举法更高效。

5. 有人说如果求解一个问题有回溯法和动态规划算法,则动态规划算法的时间性能总是好于回溯算法。这种说法正确吗?请说明理由。

6. 给定两个序列 $x=\{x_0,x_1,\cdots,x_{m-1}\}$,$y=\{y_0,y_1,\cdots,y_{n-1}\}$,说明 x 和 y 的最长公共子序列问题具有最优子结构性质。

7. 给定一个整数三角形 $a=\{\{9\},\{12,15\},\{10,6,8\},\{2,18,9,5\},\{19,7,10,4,16\}\}$,采用动态规划求从顶部到底部的最大路径和,注意从每个整数出发只能向下移动到相邻的整数。

8. 给定两个字符串 $a=$"ababcd",$b=$"abcde",采用动态规划求 a 和 b 的最长公共子序列的长度并给出过程。

9. 对于 0/1 背包问题,假如 $n=4$,$W=6$,$w=\{3,4,2,5\}$,$v=\{6,4,4,8\}$,采用动态规划求装入背包的最大价值,并给出一个装入方案的过程。

10. 某公司有 3 个商店,商店的编号为 0~2,拟招聘 5 名员工,将全部新员工分配到这 3 个商店工作,各商店分配若干新员工后对应一个增收情况表,如表 7.1 所示。采用动态规划求分配给各商店各多少新员工才能使公司的增收最大,给出求解过程。

表 7.1　分配员工数和增收情况　　　　　　　　（单位：万元）

员工数		0人	1人	2人	3人	4人	5人
商店	A	0	3	7	9	12	13
	B	0	5	10	11	11	11
	C	0	4	6	11	12	12

11. 简述树形动态规划的特点。

12. 简述区间动态规划的特点。

13. 设有 3 个矩阵 A_1、A_2 和 A_3，大小分别为 10×20、20×15 和 15×5，采用区间动态规划求连乘中的最少数乘次数，并给出其求解过程。

7.3.3　算法设计题及其参考答案

1. 给定一个 m 行 n 列的矩阵，从左上角开始每次只能向右或者向下移动，最后到达右下角的位置，路径上的所有数字累加起来作为这条路径的路径和。设计一个算法求所有路径和中的最小路径和。例如，以下矩阵中的路径 $1\Rightarrow3\Rightarrow1\Rightarrow0\Rightarrow6\Rightarrow1\Rightarrow0$ 是所有路径中路径和最小的，返回结果是 12。

```
1  3  5  9
8  1  3  4
5  0  6  1
8  8  4  0
```

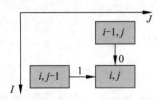

图 7.5　相邻结点到达 (i,j)

解：将矩阵采用二维数组 a 存放，查找从左上角到右下角的路径，每次只能向右或者向下移动，所以位置 (i,j) 的前驱位置只有 $(i,j-1)$ 和 $(i-1,j)$ 两个，前者是水平走向（用 1 表示），后者是垂直走向（用 0 表示），如图 7.5 所示。

用二维数组 dp 作为动态规划数组，$\mathrm{dp}[i][j]$ 表示从顶部 $a[0][0]$ 查找到 (i,j) 位置时的最小路径和。显然这里有两个边界，即第 0 列和第 0 行，到达它们中位置的路径只有一条而不是常规的两条。对应的状态转移方程如下：

$\mathrm{dp}[0][0]=a[0][0]$

$\mathrm{dp}[i][0]=\mathrm{dp}[i-1][0]+a[i][0]$　　　　　　第 0 列的边界，$1\leqslant i\leqslant m-1$

$\mathrm{dp}[0][j]=\mathrm{dp}[0][j-1]+a[0][j]$　　　　　　第 0 行的边界，$1\leqslant j\leqslant n-1$

$\mathrm{dp}[i][j]=\min(\mathrm{dp}[i][j-1],\mathrm{dp}[i-1][j])+a[i][j]$ 其他有两条到达的路径

求出的 $\mathrm{dp}[m-1][n-1]$ 就是最终结果 ans。对应的算法如下：

```cpp
int solve(vector < vector < int >> &a) {
    int m = a.size();
    int n = a[0].size();
    vector < vector < int >> dp = vector < vector < int >>(m, vector < int >(n,0));;
    dp[0][0] = a[0][0];
    for(int i = 1; i < m; i++)                //计算第 0 列的值
        dp[i][0] = dp[i-1][0] + a[i][0];
    for(int j = 1; j < n; j++)                //计算第 0 行的值
        dp[0][j] = dp[0][j-1] + a[0][j];
```

```
for(int i = 1;i < m;i++) {                      //计算其他 dp 值
    for(int j = 1;j < n;j++)
        dp[i][j] = min(dp[i][j - 1],dp[i - 1][j]) + a[i][j];
}
return dp[m - 1][n - 1];
}
```

2. 三角形的最大路径和问题。给定高度为 n 的一个整数三角形 a,从每个整数出发只能向下移动到相邻的整数,设计一个算法求从顶部到底部的最大路径和以及一条最大和路径。例如,$a = \{\{9\},\{12,15\},\{10,6,8\},\{2,18,9,5\},\{19,7,10,4,16\}\}$,最大路径和为 59,一条最大和路径是 9→12→10→18→10。

解:设计原理与《教程》中 7.4 节求三角形的最小路径和问题类似。采用自顶向下求最大路径和的算法如下:

```
void maxpathsum(vector < vector < int >> &a) {      //求最大路径和以及一条最大和路径
    int n = a.size();
    int dp[n][n];                                   //二维动态规划数组
    int pre[n][n];                                  //二维路径数组
    dp[0][0] = a[0][0];
    for(int i = 1;i < n;i++) {                       //考虑第 0 列的边界
        dp[i][0] = dp[i - 1][0] + a[i][0];
        pre[i][0] = 0;
    }
    for (int i = 1;i < n;i++){                       //考虑对角线的边界
        dp[i][i] = a[i][i] + dp[i - 1][i - 1];
        pre[i][i] = i - 1;
    }
    for(int i = 2;i < n;i++) {                       //考虑其他有两条到达的路径
        for(int j = 1;j < i;j++) {
            if(dp[i - 1][j - 1] > dp[i - 1][j]) {
                pre[i][j] = j - 1;
                dp[i][j] = a[i][j] + dp[i - 1][j - 1];
            }
            else {
                pre[i][j] = j;
                dp[i][j] = a[i][j] + dp[i - 1][j];
            }
        }
    }
    int ans = dp[n - 1][0];
    int maxj = 0;
    for (int j = 1;j < n;j++) {                      //求出最大 ans 和对应的列号 maxj
        if (ans < dp[n - 1][j]) {
            ans = dp[n - 1][j];
            maxj = j;
        }
    }
    printf("求解结果\n");
    printf(" 最大路径和 = % d\n",ans);
    int i = n - 1;
    vector < int > path;                             //存放一条路径
    while (i >= 0) {                                 //从(n - 1,maxj)位置反推求出反向路径
        path.push_back(a[i][maxj]);
        maxj = pre[i][maxj];                         //最大和路径在前一行中的列号
        i -- ;                                       //在前一行查找
```

```
    }
    reverse(path.begin(),path.end());            //逆置 path
    printf("  一条最大和路径: ");
    for(int i = 0;i < path.size();i++)
        printf(" %d",path[i]);
    printf("\n");
}
```

3. 一个机器人只能向下和向右移动,每次只能移动一步,设计一个算法求它从$(0,0)$移动到(m,n)有多少条路径。例如,$m=2,n=6$,答案为28。

解：设从$(0,0)$移动到(i,j)的路径条数为$dp[i][j]$,由于机器人只能向下和向右移动,不同于迷宫问题(迷宫问题由于存在后退,不满足无后效性,不适合用动态规划法求解)。对应的状态转移方程如下：

$dp[0][j]=1$

$dp[i][0]=1$

$dp[i][j]=dp[i][j-1]+dp[i-1][j]$　　当 i、$j>0$ 时

在求出 dp 数组后,$dp[m][n]$就是答案。对应的程序如下：

```
int solve(int m, int n) {
    vector < vector < int >> dp(m + 1, vector < int >(n + 1,0));
    for (int i = 1;i <= m;i++)
        dp[i][0] = 1;
    for (int j = 1;j <= n;j++)
        dp[0][j] = 1;
    for (int i = 1;i <= m;i++) {
        for (int j = 1;j <= n;j++)
            dp[i][j] = dp[i][j - 1] + dp[i - 1][j];
    }
    return dp[m][n];
}
```

4. "逢低吸纳,越低越买"是炒股的一条成功秘诀。如果想成为一个成功的投资者,就要遵守这条秘诀,这句话的意思是每次购买股票时的股价一定要比上次购买时的股价低。按照这个规则购买股票的次数越多越好,看最多能按这个规则购买几次。给定 n 天的股票的股价 a,设计一个算法求能够买进股票的最多天数。例如,$n=12,a=\{68,69,54,64,68,64,70,67,78,62,98,87\}$,答案为4。

解：本题实际上是求 a 的最长递减子序列的长度,与《教程》第 7 章中 7.3 节求最长递增子序列的问题类似,仅改为求最长递减子序列的长度。对应的算法如下：

```
int solve(vector < int > &a) {
    int n = a.size();
    vector < int > dp = vector < int >(n,0);
    for(int i = 0;i < n;i++) {
        dp[i] = 1;
        for(int j = 0;j < i;j++) {
            if (a[i]< a[j]) dp[i] = max(dp[i],dp[j] + 1);
        }
    }
    int ans = dp[0];
    for(int i = 1;i < n;i++)
        ans = max(ans,dp[i]);
```

```
        return ans;
    }
```

5. 贝茜每天进行 n 分钟的晨跑,在每分钟的开始,贝茜会选择下一分钟是用来跑步还是用来休息。贝茜的体力限制了她跑步的距离。更具体地讲,如果贝茜选择在第 i 分钟内跑步,她可以在这一分钟内跑 $a[i]$ 米,并且她的疲劳度会增加 1。不过,无论何时贝茜的疲劳度都不能超过 m。如果贝茜选择休息,那么她的疲劳度就会每分钟减少 1,但她必须休息到疲劳度恢复到 0 为止。当晨跑开始时,贝茜的疲劳度为 0。在 n 分钟的锻炼结束时,贝茜的疲劳度也必须恢复到 0,否则她将没有足够的精力来应对这一整天中剩下的事情。设计一个算法求贝茜最多能跑多少米。例如,$a=\{5,3,4,2,10\}$,$m=2$,答案为 9。

解:样例的求解结果是贝茜在第 1 分钟内选择跑步(跑了 5 米),在第 2 分钟内休息,在第 3 分钟内跑步(跑了 4 米),剩余的时间都用来休息,因为在晨跑结束时贝茜的疲劳度必须为 0,所以她不能在第 5 分钟内选择跑步,总共跑了 5+4=9 米。

设计二维动态规划数组 dp,其中 dp[i][j] 表示第 i 分钟疲劳值为 j 时跑的最大距离。初始化所有元素为 0,第 i 分钟时,先置 dp[i][0] 为 dp[i-1][0],j 从 1 到 m 循环(因为贝茜的疲劳度都不能超过 m):

(1) 若 $i \geqslant j$,贝茜可以选择休息 j 分钟使疲劳度恢复为 0,则有 dp[i][0]=max(dp[i][0],dp[i-j][j])。

(2) 此时贝茜可以选择跑,距离增加 $a[i-1]$,但疲劳度就会减少 1,则有 dp[i][j]=max(dp[i][j],dp[i-1][j-1]+a[i-1])。

在求出 dp 数组后,dp[n][0] 即为所求,返回该值即可。对应的动态规划算法如下:

```
int solve(vector < int > &a, int m) {
    int n = a.size();
    vector < vector < int >> dp(n + 1, vector < int >(m + 1, 0));
    for(int i = 1; i <= n; i++) {
        dp[i][0] = dp[i - 1][0];
        for(int j = 1; j <= m; j++) {
            if(i >= j) {
                dp[i][0] = max(dp[i][0], dp[i - j][j]);       //前 j 分钟都用来休息的情况
            }
            dp[i][j] = max(dp[i][j], dp[i - 1][j - 1] + a[i - 1]); //疲劳值为 j 时选择跑的情况
        }
    }
    return dp[n][0];
}
```

6. 最大连续子序列乘积。给定一个含 n 个整数的数组 a,其元素值可正、可负、可零,求其中的最大连续子序列乘积。例如,$a=\{2,3,-1,0,-5,3,-5\}$,结果 ans=75。

解:用 ans 存放最大连续子序列乘积的值。考虑存在负数的情况,由于两个负数相乘的结果为正数,所以设置两个动态规划数组 maxdp 和 mindp,maxdp[i] 和 mindp[i] 表示分别以 $a[i]$ 结尾的最大连续子序列乘积和最小连续子序列乘积。求 maxdp 的状态转移方程如下:

maxdp[0]=$a[0]$

maxdp[i]=max3($a[i]$,maxdp[i-1]*$a[i]$,mindp[i-1]*$a[i]$)

上面第二个式子的含义是:$a[i]$ 表示选择 $a[i]$ 为最大乘积连续子序列的第一个元素,

$maxdp[i-1]*a[i]$表示选择前面的最大乘积连续子序列加上$a[i]$作为当前最大乘积连续子序列,$mindp[i-1]*a[i]$表示选择前面的最小乘积连续子序列加上$a[i]$作为当前最大乘积连续子序列(一般是$mindp[i-1]$和$a[i]$均为负数的情况)。同样求$mindp$的状态转移方程如下:

$mindp[0]=a[0]$

$mindp[i]=min3(a[i],maxdp[i-1]*a[i],mindp[i-1]*a[i])$

第二个式子的含义是:$a[i]$表示选择$a[i]$为最小乘积连续子序列的第一个元素,$maxdp[i-1]*a[i]$表示选择前面的最大乘积连续子序列加上$a[i]$作为当前最小乘积连续子序列(一般是$maxdp[i-1]$为负数而$a[i]$为正/负数的情况),$mindp[i-1]*a[i]$表示选择前面的最小乘积连续子序列加上$a[i]$作为当前最小乘积连续子序列。

在求出$maxdp$后,通过$maxdp[i]$($0{\leqslant}i{<}n$)比较求出的最大值就是最终结果。对应的动态规划算法如下:

```cpp
int solve(vector < int > &a) {
    int n = a.size();
    vector < int > maxdp(n, 0);
    vector < int > mindp(n, 0);
    int ans;
    ans = maxdp[0] = mindp[0] = a[0];
    for (int i = 1; i < n; i++) {
        maxdp[i] = max(a[i], max(maxdp[i - 1] * a[i], mindp[i - 1] * a[i]));
        mindp[i] = min(a[i], min(maxdp[i - 1] * a[i], mindp[i - 1] * a[i]));
        ans = max(maxdp[i], ans);
    }
    return ans;
}
```

由于$maxdp[i]$仅与$maxdp[i-1]$相关,$mindp[i]$也是如此,采用滚动数组方式,将$maxdp$和$mindp$数组改为单个变量,对应的空间优化算法如下:

```cpp
int solve1(vector < int > &a) {
    int n = a.size();
    int maxdp, mindp;
    int ans;
    ans = maxdp = mindp = a[0];
    for (int i = 1; i < n; i++) {
        maxdp = max(a[i], max(maxdp * a[i], mindp * a[i]));
        mindp = min(a[i], min(maxdp * a[i], mindp * a[i]));
        ans = max(maxdp, ans);
    }
    return ans;
}
```

7. 给定一个有n个正整数的数组a和一个整数sum,求选择数组a中的部分数字和为sum的不同方案数。当两种选取方案有一个数字的下标不一样就认为是不同的组成方案。例如,$n=5$,$sum=15$,$a=\{5,5,10,2,3\}$,答案为4。

解:本题属于0/1背包问题的变形,将sum看成背包容量,将求最大价值改为求方案数。设置二维动态规划数组dp,其中$dp[i][j]$表示在a的前i个元素中选择和为j的方案数。考虑元素$a[i-1]$,推导出状态转移方程如下:

$dp[i][0]=1$

$$dp[0][j] = 0$$
$$dp[i][j] = dp[i-1][j] \qquad \text{不选取 } a[i]$$
$$dp[i][j] = dp[i][j] + dp[i-1][j-a[i-1]] \quad a[i-1] \leqslant j \text{ 时,选取/不选取 } a[i-1]$$
$$\text{中取最大值}$$

最终 $dp[n][sum]$ 即为所求。对应的动态规划算法如下:

```cpp
int solve(vector < int > &a, int sum) {
    int n = a.size();
    vector < vector < int >> dp(n + 1, vector < int >(sum + 1, 0));
    for (int i = 0; i <= n; i++)
        dp[i][0] = 1;
    for (int j = 1; j <= sum; j++)
        dp[0][j] = 0;
    for(int i = 1; i <= n; i++) {
        for(int j = 0; j <= sum; j++) {
            dp[i][j] = dp[i-1][j];          //不放物品 i-1
            if(j >= a[i-1])                  //放入物品 i-1
                dp[i][j] += dp[i-1][j-a[i-1]];
        }
    }
    return dp[n][sum];
}
```

8. 将 1 到 n 的连续整数组成的集合划分为两个子集合,且保证每个集合的元素和相等。例如,对于 $n=4$,对应的集合 $\{1,2,3,4\}$ 能被划分为 $\{1,4\}$、$\{2,3\}$ 两个集合,使得 $1+4=2+3$,且划分方案只有这一种。给定任一正整数 $n(1 \leqslant n \leqslant 39)$,设计一个算法求其符合题意的划分方案数。例如,$n=7$,划分方案为 $\{\{1,6,7\},\{2,3,4,5\}\}$、$\{\{1,2,4,7\},\{3,5,6\}\}$、$\{\{1,3,4,6\},\{2,5,7\}\}$、$\{\{1,2,5,6\},\{3,4,7\}\}$,答案为 4。

解: 观察子集合的和,对于任一正整数 n,集合 $\{1,2,3,\cdots,n\}$ 的元素和为 $\text{sum} = n(n+1)/2$。若 sum 不是 2 的倍数,则不能划分为两个元素和相等的子集合。

若 sum 是 2 的倍数,置 $W = \text{sum}/2$,假设划分为子集合 A 和 B,每个子集合的元素和为 W。设置二维动态规划数组 dp,其中 $dp[i][r]$ 表示从 $\{1,2,\cdots,i\}$ 中选择若干元素到子集合 A 并且其元素和为 r 的划分方案数,首先将 dp 的所有元素置为 0,对应的状态转移方程如下:

$$dp[i][0] = 1 \qquad\qquad i > 0,\text{子集合 A 为空的情况}$$
$$dp[i][r] = dp[i-1][r] \qquad\qquad i > r \text{ 时,不能将整数 } i \text{ 添加到子集合 A 中}$$
$$dp[i][r] = dp[i-1][r] + dp[i-1][r-i] \quad i \leqslant r \text{ 时,分为将整数 } i \text{ 添加到 A 中和不添}$$
$$\text{加到 A 中}$$

最终结果为 $dp[n][sum]$,考虑子集合 A 和 B 的对称性,正确的划分方案数为 $dp[n][sum]/2$。对应的动态规划算法如下:

```cpp
int solve(int n) {
    int sum = n * (n + 1)/2;
    if (sum % 2 != 0) return 0;
    int W = sum/2;
    vector < vector < int >> dp(n + 1, vector < int >(W + 1, 0));
    for (int i = 0; i <= n; i++)
        dp[i][0] = 1;
```

```
for (int i = 1;i < = n;i++) {
    for (int r = 1;r < = W;r++) {
        if (i > r) dp[i][r] = dp[i - 1][r];
        else dp[i][r] = dp[i - 1][r] + dp[i - 1][r - i];
    }
}
return dp[n][W]/2;
}
```

由于 dp[i][j]仅与 dp[$i-1$][*]相关,可以采用类似 0/1 背包问题的滚动数组,即将 dp 改为一维数组,dp[r]表示子集合 A 的一个数字和为 r 的划分方案数。对应的状态转移方程如下:

dp[0]=1

dp[r]=dp[r]+dp[$r-i$]　　　　　　　　当 $r \geqslant i$ 时

对应的动态规划算法如下:

```
int solve1(int n) {
    int sum = n * (n + 1)/2;
    if (sum % 2!= 0) return 0;
    int W = sum/2;
    vector < int > dp(W + 1,0);
    dp[0] = 1;
    for (int i = 1;i < = n;i++) {
        for (int r = W;r > = i;r-- )          //r 从 W 到 i 循环
            dp[r] += dp[r - i];
    }
    return dp[W]/2;
}
```

9. 程序设计对抗赛。设有 $n(0 < n \leqslant 50)$个价值互不相同的奖品,每个奖品的价值为 $v = \{v_0, v_1, \cdots, v_{n-1}\}$(均为不超过 100 的正整数)。现将全部奖品分给甲、乙两队,为了使甲、乙两队得到相同价值的奖品,必须将这 n 个奖品分成价值相同的两组。设计一个算法求出将这 n 个奖品分成价值相同的两组共有多少种分法。例如 $n = 5, v = \{1,3,5,8,9\}$,则可分为$\{1,3,9\}$和$\{5,8\}$,仅有一种分法。

解:本题与上一题类似,仅将上题中 n 个整数(即 1~n)改为 v 中的 n 个整数。采用二维动态规划数组对应的算法如下:

```
int solve(vector < int > &v) {
    int n = v.size();
    int sum = 0;
    for(int i = 0;i < n;i++) sum += v[i];
    if (sum % 2!= 0) return 0;
    int W = sum/2;
    vector < vector < int >> dp(n + 1,vector < int >(W + 1,0));
    for (int i = 0;i < = n;i++)
        dp[i][0] = 1;
    for (int i = 1;i < = n;i++) {
        for (int r = 1;r < = W;r++) {
            if (v[i - 1]> r) dp[i][r] = dp[i - 1][r];
            else dp[i][r] = dp[i - 1][r] + dp[i - 1][r - v[i - 1]];
        }
    }
```

```
    return dp[n][W]/2;
}
```

采用滚动数组,即将 dp 改为一维数组,dp[r]表示甲队奖品总价值为 r 的分配方案数。对应的动态规划算法如下:

```
int solve1(vector < int > &v) {
    int n = v.size();
    int sum = 0;
    for(int i = 0;i < n;i++) sum += v[i];
    if (sum % 2!= 0) return 0;
    int W = sum/2;
    vector < int > dp(W + 1,0);
    dp[0] = 1;
    for (int i = 1;i <= n;i++) {
        for (int r = W;r >= v[i - 1];r -- )         //r 从 W 到 v[i - 1]循环
            dp[r] += dp[r - v[i - 1]];
    }
    return dp[W]/2;
}
```

10. 堆砖块问题。小易有 n 块砖块,每一块砖块有一个高度,用 a 数组表示。小易希望利用这些砖块堆砌两座相同高度的塔。为了让问题简单,砖块堆砌就是简单的高度相加,某一块砖只能在一座塔中使用一次,也可以不用。如果要让堆砌出来的两座塔的高度尽量高,小易能否完成呢? 设计一个算法求两座塔的最大高度。例如,$n = 3$,$a = \{1,2,3,5\}$,答案为 5,两座塔的高度均为 5,其中高度为 1 的砖块没有使用。

解:设置二维动态规划数组 dp,用两座塔的高度差表示当前状态(唯一),即 dp[i][h] 表示考虑前 i 块砖时高度差为 h 对应矮塔的高度。先求出所有砖块的高度和 sum,对于第 $i-1$ 块砖,枚举高度差 $h(0 \leqslant h \leqslant sum)$ 的各种情况,可能的操作如下:

(1) 第 $i-1$ 块砖不放到任何塔上,高度差不变,矮塔的高度没有增加,则 dp[i][h]= dp[$i-1$][h]。

(2) 将第 $i-1$ 块砖放到矮塔上,并且放上去后矮塔的高度仍然比原来的高塔要矮 ($h + a[i-1] <= sum$ && dp[$i-1$][$h+a[i-1]$] >= 0),这时候矮塔的高度增加 $a[i-1]$,其高度改变为 dp[$i-1$][$h+a[i-1]$]+$a[i-1]$,注意此时的状态 dp[i][h]对应的前一个状态为 dp[$i-1$][$h+a[i-1]$],如图 7.6(a)所示,则 dp[i][h]=max(dp[i][h],dp[$i-1$][$h+a[i-1]$]+$a[i-1]$)。

(3) 将第 $i-1$ 块砖放在矮塔上,并且放上去后矮塔的新高度比原来的高塔要高($a[i-1]-h >= 0$ && dp[$i-1$][$a[i-1]-h$] >= 0),这时候矮塔的高度增加 $a[i-1]$,其高度改变为 dp[$i-1$][$a[i-1]-h$]+$a[i-1]-h$,注意此时的状态 dp[i][h]对应的前一个状态为 dp[$i-1$][$a[i-1]-h$],如图 7.6(b)所示,则 dp[i][h]=max(dp[i][h],dp[$i-1$][$a[i-1]-h$]+$a[i-1]-h$)。

(4) 将第 $i-1$ 块砖放在高塔上,矮塔的高度不变,如图 7.6(c)所示,则 dp[i][h]= max(dp[i][h],dp[$i-1$][$h-a[i-1]$])。

初始化 dp 的所有元素为 -1,设置 dp[0][0]=0,求出 dp,最后的 dp[n][0]就是两座高度相同的塔的最大高度。对应的动态规划算法如下:

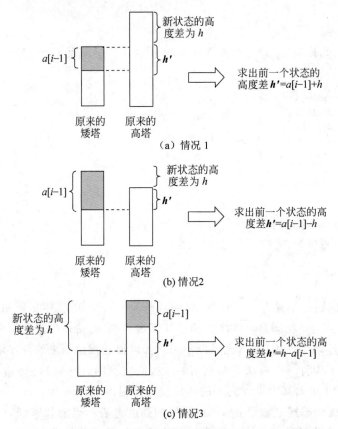

图 7.6 第 $i-1$ 块砖放在塔上的 3 种情况

```
int solve(vector < int > &a) {
    int n = a.size();
    int sum = 0;
    for(int i = 0; i < n; i++)
        sum += a[i];
    vector < vector < int >> dp(n + 1, vector < int >(sum + 1, - 1));
    dp[0][0] = 0;
    for(int i = 1; i <= n; i++) {                    //遍历所有砖块
        for(int h = 0; h <= sum; h++) {              //枚举高度差
            dp[i][h] = dp[i-1][h];                   //不放砖块 i-1
        if(h + a[i-1] <= sum && dp[i-1][h+a[i-1]] >= 0)   //放在矮塔上,放上去后高度比
                                                          //原来高的矮
            dp[i][h] = max(dp[i][h], dp[i-1][h+a[i-1]] + a[i-1]);
        if(a[i-1] - h >= 0 && dp[i-1][a[i-1] - h] >= 0)   //放在矮塔上,放上去后高度比
                                                          //原来高的高
            dp[i][h] = max(dp[i][h], dp[i-1][a[i-1] - h] + a[i-1] - h);
        if(h - a[i-1] >= 0 && dp[i-1][h-a[i-1]] >= 0)  //放在高塔上
            dp[i][h] = max(dp[i][h], dp[i-1][h-a[i-1]]);
        }
    }
    return dp[n][0];
}
```

11. 有一个含 n 个正整数的序列 a,现在要找出其中两个不相交的子集 A 和 B,A 和 B 不必覆盖 a 中的全部元素,使 A 中元素的和 SUM(A) 与 B 中元素的和 SUM(B) 相等,且

SUM(A)和 SUM(B)尽可能大。设计一个算法求 SUM(A)或者 SUM(B)。例如,a={1,2,3,4,5},划分结果是 A={2,5},B={3,4},答案是 SUM(A)=SUM(B)=7。

解：本题与上一题类似。设置二维动态规划数组 dp,其中 dp[i][j]表示由前 i 个整数构成的差的绝对值为 j 的两个子集中较小子集的最大元素和。

不妨假设 SUM(A)比较小。首先求出 a 中所有元素和 sum,将 dp 的所有元素设置为 -1。当考虑 $a[i-1]$元素时有 4 种情况：

(1) 跳过 $a[i-1]$(即 $a[i-1]$既不添加到 A 中也不添加到 B 中),对应有 dp[i][j]=dp[$i-1$][j]。

(2) 将 $a[i-1]$添加到 A 中并且添加后 SUM(A)<SUM(B),对应有 dp[i][j]=max(dp[i][j],dp[$i-1$][$j+a[i-1]$]+$a[i-1]$)。

(3) 将 $a[i-1]$添加到 A 中,添加后 SUM(A)>SUM(B),对应有 dp[i][j]=max(dp[i][j],dp[$i-1$][$a[i-1]-j$]+$a[i-1]-j$)。

(4) 将 $a[i-1]$添加到 B 中,对应有 dp[i][j]=max(dp[i][j],dp[$i-1$][$j-a[i-1]$])。

在求出 dp 数组后,dp[n][0]就是 SUM(A)=SUM(B)时 SUM(A)的值,返回该值即可。对应的动态规划算法如下：

```
int solve(vector < int > &a) {
    int n = a. size();
    int sum = 0;
    for (int i = 0; i < n; i++) sum += a[i];
    vector < vector < int >> dp(n + 1, vector < int >(sum + 1, - 1));
    dp[0][0] = 0;
    for(int i = 1; i < = n; i++) {                //遍历所有元素
        for(int j = 0; j < = sum; j++) {          //枚举差的绝对值
            dp[i][j] = dp[i - 1][j];              //不添加 a[i]
            if(j + a[i - 1] < = sum && dp[i - 1][j + a[i - 1]] > = 0)   //添加到 A 中,添加后
                                                                      //SUM(A) < SUM(B)
                dp[i][j] = max(dp[i][j], dp[i - 1][j + a[i - 1]] + a[i - 1]);
            if(a[i - 1] - j > = 0 && dp[i - 1][a[i - 1] - j] > = 0)    //添加到 A 中,添加后
                                                                      //SUM(A) > SUM(B)
                dp[i][j] = max(dp[i][j], dp[i - 1][a[i - 1] - j] + a[i - 1] - j);
            if(j - a[i - 1] > = 0 && dp[i - 1][j - a[i - 1]] > = 0)    //添加到 B 中
                dp[i][j] = max(dp[i][j], dp[i - 1][j - a[i - 1]]);
        }
    }
    return dp[n][0];
}
```

12. 砝码称重。现有 1g、2g、3g、5g、10g、20g 的砝码各若干枚,枚数用数组 a 表示,假设砝码的总重量不超过 1000g,且砝码只能放在天平的一端。设计一个算法求这些砝码可以称出多少种不同的重量。例如,a={1,1,0,0,0,0},答案为 3,表示可以称出 1g、2g 和 3g 共 3 种不同的重量。

解：本题为多重背包问题,其原理参见《教程》中的 7.8.2 节。定义数组 w={1,2,3,5,10,20},设计一维动态规划数组 dp,其中 dp[r]表示总重量 r 能否用现有的砝码称重。初始化 dp 的元素为 0,置 dp[0]=1。考虑使用 k 枚(1≤k≤$a[i-1]$)砝码 $i-1$,r 从 MAXW 到 $a[i-1]$循环(类似完全背包问题的改进算法),若 dp[$r-k*a[i-1]$]为 1,则置 dp[r]为 1(若总重量为 $r-k*a[i-1]$可以称重,加上 k 枚砝码 $i-1$ 的重量一定可以称重)。在求出

dp 数组后，累计所有为 1 的元素的个数 ans，返回 ans 即可。对应的动态规划算法如下：

```
const int MAXW = 1000;                        //总重量
int w[ ] = {1,2,3,5,10,20};
int solve(vector < int > &a) {
    vector < bool > dp(MAXW + 1,false);
    dp[0] = true;
    for(int i = 1;i < = 6;i++) {               //枚举 6 种砝码
        for(int k = 1;k < = a[i - 1];k++) {    //枚举每种砝码的数量
            for(int r = MAXW;r > = w[i - 1];r -- ) {   //枚举重量
                if(dp[r - w[i - 1]]) dp[r] = true;
            }
        }
    }
    int ans = 0;
    for(int i = 1;i < = MAXW;i++)
        if(dp[i]) ans++;
    return ans;
}
```

另外，也可以在除重后直接累计 dp[r] 为 true 的元素的个数，最后返回 ans。对应的动态规划算法如下：

```
int solve1(vector < int > &a) {
    int ans = 0;
    vector < bool > dp(MAXW + 1,false);
    dp[0] = true;
    for(int i = 1;i < = 6;i++) {               //枚举 6 种砝码
        for(int k = 1;k < = a[i - 1];k++) {    //枚举每种砝码的数量
            for(int r = MAXW;r > = w[i - 1];r -- ) {   //枚举重量
                if(dp[r]) continue;           //除重:若 dp[r]已经求出为真则跳过
                if(dp[r - w[i - 1]]) {
                    dp[r] = 1;
                    ans++;                    //累加
                }
            }
        }
    }
    return ans;
}
```

除此之外，还可以先用 r 枚举所有可能的砝码总重量，后用 k 枚举每种砝码的数量。对应的动态规划算法如下：

```
int solve2(vector < int > &a) {
    int ans = 0;
    vector < bool > dp(MAXW + 1,false);
    dp[0] = true;
    for(int i = 1;i < = 6;i++) {               //枚举 6 种砝码
        for(int r = MAXW;r > = w[i - 1];r -- ) {   //枚举重量
            for(int k = 1;k < = a[i - 1];k++) {    //枚举每种砝码的数量
                if(dp[r]) continue;           //除重:若 dp[r]已经求出为真则跳过
                if(dp[r - w[i - 1]]) {
                    dp[r] = 1;
                    ans++;                    //累加
                }
            }
        }
    }
}
```

```
        }
    }
    return ans;
}
```

13. 设有面值为 1 元、3 元和 5 元的硬币许多枚,设计一个算法求兑换 n 元钱的最少硬币个数。

解:设置一维动态规划数组 dp,dp$[x]$ 表示兑换 x 元的最少硬币个数,初始时置 dp 的所有元素为 ∞。对应的状态转移方程如下:

dp$[0]=0$

dp$[i]=\min($dp$[i-1]+1,$dp$[i-3]+1,$dp$[i-5]+1)$ 当 $i\geqslant1$、$i\geqslant3$ 和 $i\geqslant5$ 时的选择

其中,dp$[i-1]+1$ 表示凑上一个 1 元的硬币,dp$[i-3]+1$ 表示凑上一个 3 元的硬币,dp$[i-5]+1$ 表示凑上一个 5 元的硬币。最后 dp$[n]$ 就是问题的解。对应的算法如下:

```
int solve(int n) {
    vector < int > dp(n + 1, INF);
    dp[0] = 0;
    for (int i = 1; i < = n; i++) {
        if (i > = 1) dp[i] = min(dp[i], dp[i - 1] + 1);
        if (i > = 3) dp[i] = min(dp[i], dp[i - 3] + 1);
        if (i > = 5) dp[i] = min(dp[i], dp[i - 5] + 1);
    }
    return dp[n];
}
```

14. 两种水果杂交出一种新水果,现在给新水果取名,要求这个名字中包含了以前两种水果名字的字母,并且这个名字要尽量短。也就是说以前的一种水果名字 a 是新水果名字 c 的子序列,另一种水果名字 b 也是新水果名字 c 的子序列。设计一个算法求 c。例如,a=″apple″,b=″peach″,则 c=″appleach″;a=″ananas″,b=″banana″,则 c=″bananas″;a=″pear″,b=″peach″,则 c=″pearch″。

解:本题的思路是先求字符串 a 和 b 的最长公共子序列,基本过程参见《教程》第 7 章中的 7.5 节,再利用递归输出新水果的取名,该取名为 a 和 b 的合并且最长公共子序列中字母仅出现一次。

在算法中设置二维动态规划数组 dp,其中 dp$[i][j]$ 表示 $a[0..i-1]$(i 个字母)和 $b[0..j-1]$(j 个字母)中最长公共子序列的长度。另外设置二维数组 flag,flag$[i][j]$ 表示 a 和 b 比较的 3 种情况:flag$[i][j]=0$ 表示 $a[i-1]=b[j-1]$,flag$[i][j]=1$ 表示 $a[i-1]\neq b[j-1]$ 并且 dp$[i-1][j]>$dp$[i][j-1]$,flag$[i][j]=2$ 表示 $a[i-1]\neq b[j-1]$ 并且 dp$[i-1][j]\leqslant$dp$[i][j-1]$。对应的求解算法如下:

```
vector < vector < int >> dp;                          //动态规划数组
vector < vector < int >> flag;                        //存放 a 与 b 字符串比较的 3 种情况
string ans;
void getans(string&a,string&b,int i,int j) {          //利用递归输出新水果的取名
    if (i == 0 && j == 0)                             //递归出口
        return;
    if(i == 0) {                                      //a 完毕,输出 b 的剩余部分
        getans(a,b,i,j-1);
        ans.push_back(b[j-1]);
    }
```

```
        else if(j == 0) {                              //b 完毕,输出 a 的剩余部分
            getans(a,b,i - 1,j);
            ans.push_back(a[i - 1]);
        }
        else if(flag[i][j] == 0){                      //a[i - 1] = b[j - 1]的情况
            getans(a,b,i - 1,j - 1);
            ans.push_back(a[i - 1]);
        }
        else if(flag[i][j] == 1){
            getans(a,b,i - 1,j);
            ans.push_back(a[i - 1]);
        }
        else {
            getans(a,b,i,j - 1);
            ans.push_back(b[j - 1]);
        }
    }
    void LCSlength(string&a,string&b) {                //求 dp
        int m = a.size();
        int n = b.size();
        dp = vector < vector < int >>(m + 1,vector < int >(n + 1));
        flag = vector < vector < int >>(m + 1,vector < int >(n + 1));
        for (int i = 0;i <= m;i++)                     //将 dp[i][0]置为 0,边界条件
            dp[i][0] = 0;
        for (int j = 0;j <= n;j++)                     //将 dp[0][j]置为 0,边界条件
            dp[0][j] = 0;
        for (int i = 1;i <= m;i++) {
            for (int j = 1;j <= n;j++) {               //用两重 for 循环处理 arr1、arr2 的所有字符
                if (a[i - 1] == b[j - 1]) {            //比较的字符相同: 情况 0
                    dp[i][j] = dp[i - 1][j - 1] + 1;
                    flag[i][j] = 0;
                }
                else if (dp[i - 1][j]> dp[i][j - 1]) { //情况 1
                    dp[i][j] = dp[i - 1][j];
                    flag[i][j] = 1;
                }
                else {                                 //dp[i - 1][j]< = dp[i][j - 1]: 情况 2
                    dp[i][j] = dp[i][j - 1];
                    flag[i][j] = 2;
                }
            }
        }
    }
    string solve(string&a,string&b) {                  //求解算法
        int m = a.size();
        int n = b.size();
        LCSlength(a,b);
        ans = "";
        getans(a,b,m,n);
        return ans;
    }
```

15. 括号序列由()、{}、[]组成,例如"(([{}]))()"是合法的,而"(}{)""()()"和"({)}"都是不合法的。如果一个序列不合法,编写一个程序求使这个序列合法添加的最少括号数。例如,"()()"最少需要添加 4 个括号变成合法的,即变为"()()()()"。

解: 可以采用以下规则定义一个合法的括号序列。

（1）空序列是合法的。

（2）假如 S 是一个合法的序列，则 (S)、$[S]$ 和 $\{S\}$ 都是合法的。

（3）假如 A 和 B 都是合法的，那么 AB 和 BA 也是合法的。

采用区间动态规划求解，设计二维动态规划数组 dp，用 $dp[i][j]$ 表示为区间 $[i,j]$ 匹配括号所需的最少括号数，即设某段序列为 S，它对应的区间为 $[i,j]$，需要添加的最小括号数为 $dp[i][j]$：

（1）若 S 形如 $(S1)$、$[S1]$ 或者 $\{S1\}$，即令 $S1$ 合法后（所需的最小括号数为 $dp[i+1][j-1]$），S 可合法，也就是 $dp[i][j]=\min\{dp[i][j],dp[i+1][j-1]\}$。

（2）若 S 形如 $(S1$、$[S1$ 或者 $\{S1$，即令 $S1$ 合法后（所需的最小括号数为 $dp[i+1][j]$），S 可在最后添加一个括号后合法，也就是 $dp[i][j]=\min\{dp[i][j],dp[i+1][j]+1\}$。

（3）同理，若 S 形如 $S1)$、$S1]$ 或者 $S1\}$，有 $dp[i][j]=\min\{dp[i][j],dp[i][j-1]+1\}$。

把长度大于 1 的序列 $S_iS_{i+1}\cdots S_{j-1}S_j$ 分隔为两部分，即 $S_i\cdots S_k$（所需的最小括号数为 $dp[i][k]$）和 $S_{k+1}\cdots S_j$（所需的最小括号数为 $dp[k+1][j]$），分别转化为规则序列，则有 $dp[i][j]=\min\{dp[i][j],dp[i][k]+dp[k+1][j]\}(i\leqslant k<j)$。

用 str 存储字符串，str 的下标 i、j、k 等都采用物理序号，即从 0 开始，所以对于字符串 $str[0..n-1]$，所需的最小括号数为 $dp[0][n-1]$（若 str 的所有括号是匹配的，返回结果为 0）。对应的区间动态规划算法如下：

```cpp
const int INF = 0x3f3f3f3f;                    //表示∞
int solve(string str) {                         //求使 str 匹配所需添加的最小括号数
    int n = str.size();
    vector < vector < int >> dp(n + 1, vector < int >(n + 1, 0));
    for(int i = 0; i < n; i++)                  //一个括号需要添加一个匹配的括号
        dp[i][i] = 1;
    for(int len = 1; len < n; len++) {          //考虑长度为 len 的子序列
        for(int i = 0; i <= n - len; i++) {     //处理[i..j]的子序列
            int j = len + i;
            dp[i][j] = INF;                     //首先设置为∞
            if ((str[i] == '(' && str[j] == ')') || (str[i] == '[' && str[j] == ']')
                    || (str[i] == '{' && str[j] == '}') )        //考虑情况(1)
                dp[i][j] = min(dp[i][j], dp[i + 1][j - 1]);
            else if (str[i] == '(' || str[i] == '[' || str[i] == '{')   //考虑情况(2)
                dp[i][j] = min(dp[i][j], dp[i + 1][j] + 1);
            else if (str[j] == ')' || str[j] == ']' || str[j] == '}')   //考虑情况(3)
                dp[i][j] = min(dp[i][j], dp[i][j - 1] + 1);
            for (int m = i; m < j; m++)         //枚举分隔点 m
                dp[i][j] = min(dp[i][j], dp[i][m] + dp[m + 1][j]);
        }
    }
    return dp[0][n - 1];
}
```

16. 奶牛渡河。A 以及他的 n 头奶牛（编号为 $1\sim n$）打算过一条河，但所有的渡河工具仅是一个木筏。由于奶牛不会划船，在整个渡河的过程中，A 必须始终在木筏上。在这个基础上，木筏上的奶牛数目每增加 1，A 把木筏划到对岸就得花更多的时间。当 A 一个人坐在木筏上，他把木筏划到对岸需要 k 分钟，当木筏搭载的奶牛数目从 $i-1$ 增加到 i 时，A 得多花 $a[i]$ 分钟才能把木筏划过河（也就是说，船上有一头奶牛时，A 得花 $k+a[1]$ 分钟渡河；船上有两头奶牛时，时间就变成 $k+a[1]+a[2]$ 分钟，后面以此类推）。设计一个算法，求 A 最少要花多少时间才能把所有奶牛带到对岸,当然这个时间要包括 A 一个人把木筏从对岸划回来接下一批奶牛的时间。例如,$n=5,k=10,a=\{0,3,4,6,100,1\}$,答案为 50,一种渡河过程是 A 带上 3 头奶牛过河,花费 $k+a[1]+a[2]+a[3]=23$ 分钟,然后一个人划回来,花费 10 分钟,最后带剩下的两头奶牛一起过河,花费 $k+a[1]+a[2]=17$ 分钟,总共花费的时间是 $23+10+17=50$ 分钟。

解:为了简便,数组 a 的下标从 1 开始,设计前缀和数组 psum,置 $psum[0]=k$,$psum[i]=psum[i-1]+a[i]$,这样 $psum[i]$($i>0$)表示 A 带上 i 头奶牛过河到对岸花费的时间。设置一维动态规划数组 dp,其中 $dp[i]$ 表示 A 把 i 头奶牛带到对岸花费的最少时间,初始化 $dp[i]=psum[i]$。采用区间动态规划,用 m 枚举 $[1..i]$ 区间,即 A 先将奶牛 $1\sim m$ 带到对岸,花费的时间为 $dp[m]$,然后一个人划回来,花费 k 分钟,最后带剩下的 $i-m$ 头奶牛一起过河,花费 $dp[i-m]$ 分钟,总共花费的时间是 $dp[m]+dp[i-m]+k$,然后在所有情况中取最小值。在求出 dp 数组后,最后返回 $dp[n]$ 即可。对应的区间动态规划算法如下:

```cpp
int solve(int n, int k, vector < int > &a) {
    vector < int > dp(n + 1, 0);
    vector < int > psum(n + 1, 0);
    psum[0] = k;
    for(int i = 1; i <= n; i++) {
        psum[i] = psum[i - 1] + a[i];
        dp[i] = psum[i];
    }
    for(int i = 1; i <= n; i++) {
        for(int m = 1; m <= i; m++)
            dp[i] = min(dp[i], dp[m] + dp[i - m] + k);
    }
    return dp[n];
}
```

17. 最大的算式。给出 N 个数字,用数组 a 表示,不改变它们的相对位置,在中间加入 K 个乘号和 $N-K-1$ 个加号(括号随便加),使最终结果尽量大。因为乘号和加号一共是 $N-1$ 个,所以恰好每两个相邻数字之间有一个符号,设计一个算法求算式最大的结果。例如,$N=5,K=2,a=\{1,2,3,4,5\}$,可以写成:

$1*2*(3+4+5)=24$

$1*(2+3)*(4+5)=45$

$(1*2+3)*(4+5)=45$

$\cdots$

$(1+2+3)*4*5=120$

所以答案为 120。

解:为了简便,假设 $a=\{a_1,a_2,\cdots,a_N\}$,即不用下标 0。先设计前缀和数组 psum,其中 $psum[i]=a_1+a_2+\cdots+a_{m-1}+a_m+\cdots+a_i$($m<i$),而 $psum[m-1]=a_1+a_2+\cdots+a_{m-1}$,因此有 $psum[i]-psum[m-1]=a_m+a_{m+1}+\cdots+a_i$。

设计二维动态规划数组 dp,其中 $dp[i][j]$ 表示 a 的前 i 个数有 j 个乘号的最大结果。$dp[i][0]$ 表示 a 的前 i 个数中没有乘号,只有加号,即 $dp[i][0]=a_1+a_2+\cdots+a_i=psum[i]$。采用区间动态规划的思路求其他 $dp[i][j]$,用 m 枚举 $2\sim i$ 的位置,在 a_m 之前插入一个乘号,则 $a_1\sim a_{m-1}$ 对应的子问题为 $dp[m-1][j-1]$,如图 7.7 所示,而 $a_m\sim a_i$ 的元素和为

$\text{psum}[i] - \text{psum}[m-1]$，中间为乘号，此时的结果为 $\text{dp}[m-1][j-1] * (\text{psum}[i] - \text{psum}[m-1])$，求最大结果的表达式如下：

$$\text{dp}[i][j] = \sum_{m=2}^{i} \{ \text{dp}[m-1][j-1] * (\text{psum}[i] - \text{psum}[m-1]) \}$$

在求出 dp 数组后，$\text{dp}[N][K]$ 就是题目的答案，返回该元素即可。

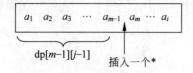

图 7.7　枚举插入乘号的位置

对应的动态规划算法如下：

```cpp
int solve(vector < int > &a, int N, int K) {
    vector < vector < int >> dp(N + 1, vector < int >(K + 1, 0));
    vector < int > psum(N + 1);
    psum[0] = 0;
    for(int i = 1; i < = N; i++) {
        psum[i] = psum[i - 1] + a[i];
        dp[i][0] = psum[i];
    }
    for(int i = 2; i < = N; i++) {
        for(int j = 1; j < = i - 1 && j < = K; j++) {
            for(int m = 2; m < = i; m++)
                dp[i][j] = max(dp[i][j], dp[m - 1][j - 1] * (psum[i] - psum[m - 1]));
        }
    }
    return dp[N][K];
}
```

第 **8** 章 贪心法

8.1　本章知识结构

本章主要讨论贪心法的概念、贪心法求解问题应该具有的性质和贪心法经典应用示例，其知识结构如图 8.1 所示。

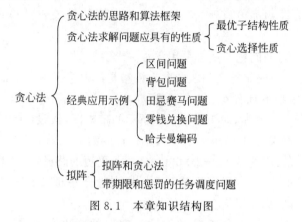

图 8.1　本章知识结构图

8.2　《教程》中的练习题及其参考答案

1. 简述贪心法求解问题的思路。

答：贪心法求解问题的思路是采用自顶向下的迭代方式一步一步地向前推进，以当前状态为基础根据某个优化测度做出最优选择，而不考虑各种可能的整体情况，从而省去了为找最优解要穷尽所有可能必须耗费的大量时间。每做一次贪心选择就将所求问题简化为一个规模更小的子问题，因此贪心法没有回溯。所以贪心法并非对于所有问题都能得到整体最优解，只有满足最优子结构和贪心选择性质的问题采用贪心法才能够保证得到整体最优解。

2. 简述动态规划法与贪心法的异同。

答：动态规划法的 3 个基本要素是最优子结构性质、无后效性和重叠子问题性质，而贪心法的两个基本要素是贪心选择性质和最优子结构性质，所以两者的共同点是都要求问题具有最优子结构性质，两者的不同点如下。

（1）求解方式不同：动态规划法是自底向上的，有些具有最优子结构性质的问题只能用动态规划法，有些可用贪心法；而贪心法是自顶向下的。

（2）对子问题的依赖不同：动态规划法依赖于各子问题的解，所以应使各子问题最优，才能保证整体最优；而贪心法依赖于过去所做过的选择，但决不依赖于将来的选择，也不依赖于子问题的解。

3. 简述活动安排问题中的贪心策略。

答：活动安排问题是求最大的兼容活动子集，采用的贪心策略是优先选择结束时间早的兼容活动,这样在剩余的活动中可能会选择更多的兼容活动。

4. 举一个反例说明若0/1背包问题采用背包问题的贪心方法去做不一定能得到最优解。

答:求解背包问题的贪心策略是优先选择单位重量价值最大的物品,对于0/1背包问题,采用这个贪心策略不一定得到最优解。例如,一个0/1背包问题是$n=3,w=\{3,2,2\}$,$v=\{7,4,4\}$,$W=4$,在采用背包问题求解时,由于物品0的单位重量价值7/3最大,首先选择物品0并且只能选择物品0,其收益是7,而此实例的最大收益应该是8,取后面两个物品。

5. 说明为什么旅行商问题不适合采用贪心法求解。

答:通常用贪心法求解旅行商问题的贪心策略是优先选择顶点v的没有走过的最小权值边,而这样的贪心策略不具有贪心选择性质。

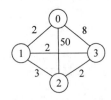

图 8.2 一个带权图

例如,对于如图8.2所示的带权图,假设$s=0$,采用贪心法求解的结果是$0\to1\to3\to2\to0$,路径长度为$2+2+2+50=56$,该结果是错误的,因为$0\to1\to2\to3\to0$是一条更短的路径,其路径长度为$2+3+2+8=15$。这是因为每次选择最小边合并起来的路径长度不一定是最短的,即不具有贪心选择性质。

6. 有4个字符a~d,它们的频度分别是8、1、4、6。回答以下问题:

(1) 构造其哈夫曼编码,求出对应的WPL。

(2) 说明将"aabcbd"字符串编码的结果。

(3) 说明s="0010010110011"的解码过程及其结果。

答:(1) 构造的哈夫曼树如图8.3所示,对应的哈夫曼编码是d为11、c为101、b为100、a为0。WPL为$(1+4)\times3+6\times2+8=35$。

(2) "aabcbd"字符串的编码为"0010010110011"。

(3) 解码过程是用i遍历s,p指向哈夫曼树的根结点;若$s[i]=$'0',p移向左孩子结点;若$s[i]=$'1',p移向右孩子结点,若p指向叶子结点,则用叶子结点的字符替换i遍历的01子串,然后i增1继续遍历,直到s结束。s="0010010110011"的解码结果是"aabcbd"。

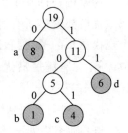

图 8.3 一棵哈夫曼树

7. 说明《教程》第8章中8.5节零钱兑换问题的贪心算法是不是适合任意零钱兑换问题的求解。

答:不一定,8.5节零钱兑换问题的贪心算法是针对面额分别为c^0、c^1、……、c^k的情况,一般面额为这样的等比数列或者接近时可以采用贪心算法找到最优解,如面额分别为1、2、5、10或者10、25、50时均可,否则采用贪心算法可能找不到最优解,如面额分别为1、4、5,当A=13时,采用贪心法求出的硬币数为5(两个5和3个1),最优解的硬币数为4(3个4和一个1)。

8. 设有一条道路AB,A是起始点,B是终止顶点,沿着道路AB分布着n个房子,假设A为坐标原点0,这些房子的坐标依次为d_1、d_2、……、$d_n(d_i<d_{i+1},1\leqslant i\leqslant n-1)$。为了给所有房子提供移动电话服务,需要在这条道路上设置一些基站。为了保证通信质量,每个房子应该位于距离某个基站r米范围内。回答以下问题:

（1）给出求解该问题的思路。

（2）证明正确性。

答：（1）采用贪心法，求解过程是从 d_1 位置的房子开始，在其右侧 r 米处设置一个基站，去掉被该基站覆盖的所有房子，在剩余的房子中重复上述操作，直到所有房子被覆盖为止。

（2）假设贪心法的求解结果为 $\{a_1,a_2,\cdots,a_k\}$，共设置 k 个基站，基站 i 的位置是 a_i。采用数学归纳法证明对于任何正整数 k，存在最优解包含算法前 k 步选择的基站位置。

当 $k=1$ 时，存在最优解包含 a_1，否则存在第一个位置是 b_1 并且 $b_1 \neq a_1$ 的最优解，那么 $d_1-r \leqslant b_1 < d_1+r = a_1$，即 $b_1 < a_1$。b_1 覆盖的是距离在 $[d_1,b_1+r]$ 内的房子，a_1 覆盖的是距离在 $[d_1,a_1+r]$ 内的房子。因为 $b_1 < a_1$，b_1 覆盖的房子都在 a_1 覆盖的区域内，用 a_1 替换 b_1 得到的仍然是最优解。

假设对于 k，存在最优解 A 包含算法前 k 步选择的基站位置，即 $A=\{a_1,a_2,\cdots,a_k\} \cup B$，其中 a_1、a_2、……、a_k 覆盖了距离 $d_1,d_2,\cdots,d_j$ 的房子，那么 B 是关于 $L=\{d_{j+1},d_{j+2},\cdots,d_n\}$ 的最优解，否则存在关于 L 的更优解 B'，那么用 B' 替换 B 就得到 A'，且 $|A'|<|A|$，与 A 的最优性矛盾。根据归纳基础，L 有一个最优解 $B'=\{a_{k+1},\cdots\}$，$|B'|=|B|$。于是 $A'=\{a_1,a_2,\cdots,a_k\} \cup B'=\{a_1,a_2,\cdots,a_k,a_{k+1},\cdots\}$，且 $|A'|=|A|$，A' 也是最优解，从而证明了命题对于 $k+1$ 也为真。根据归纳法，对于任何正整数 k 命题都成立。

9. 给定如表 8.1 所示的 5 个作业，假设每个作业需要一个时间单位加工，采用贪心法求最小惩罚数。

表 8.1　5 个作业

作业编号 a_i	截止时间 d_i	惩罚值 w_i
1	3	20
2	1	40
3	2	50
4	3	40
5	5	10

答：可以采用两种解法。解法 1 是用 ans 表示最小惩罚数（初始为 0），按惩罚值 w_i 递减排序，排序结果为 $[2,50]$，$[1,40]$，$[3,40]$，$[3,20]$，$[5,10]$。i 从 0 到 4 循环，对于每个任务 a_i，查找其截止日期之前最晚的空时间，如果找到则在该空时间完成这个任务，否则说明不能完成该任务，将其惩罚值累计到 ans（初始为 0）中。

（1）$i=0$，任务 a_1 为 $[2,50]$，其截止时间为 2，选择第 2 天完成，a_1 添加到 A 中。

（2）$i=1$，任务 a_2 为 $[1,40]$，其截止时间为 1，选择第 1 天完成，a_2 添加到 A 中。

（3）$i=2$，任务 a_3 为 $[3,40]$，其截止时间为 3，选择第 3 天完成，a_3 添加到 A 中。

（4）$i=3$，任务 a_4 为 $[3,20]$，其截止时间为 3，前面 3 天均被占用，需要惩罚，ans$=$ans$+20=20$。

（5）$i=4$，任务 a_5 为 $[5,10]$，其截止时间为 5，选择第 5 天完成，a_5 添加到 A 中。

求出的最小惩罚数 ans$=20$，对应的独立任务集 A$=\{a_1,a_2,a_3,a_5\}$，最终的一个最优调度是 $\{a_1,a_2,a_3,a_5,a_4\}$。

解法 2 是将全部作业按截止时间 d 递减排序，排序结果为 $[5,10]$，$[3,20]$，$[3,40]$，

[2,50],[1,40]。用 ans 表示最小惩罚数(初始为 0),最大的截止时间为 5,day 从 5 到 1 循环,每一天选择任务(截止时间≥day)中惩罚值最大的任务来完成。

(1) day=5:截止时间大于或等于 5 的任务为[5,10],在第 5 天完成任务[5,10]。

(2) day=4:截止时间大于或等于 4 的任务为空。

(3) day=3:截止时间大于或等于 3 的任务为[3,20]和[3,40],在第 3 天完成惩罚值最大的任务[3,40]。

(4) day=2:截止时间大于或等于 2 的任务为[3,20]和[2,50],在第 2 天完成惩罚值最大的任务[2,50]。

(5) day=1:截止时间大于或等于 1 的任务为[3,20]和[1,40],在第 1 天完成惩罚值最大的任务[1,40]。

不能完成的任务是[3,20],对应的最小惩罚数 ans=20,一个最优调度是$\{a_1,a_2,a_3,a_4,a_5\}$。

10. 给定 n 个区间的集合 A,每个区间$[s_i,e_i)(s_i<e_i)$用 vector<int>表示,设计一个算法求从中选择的最多兼容区间的个数。例如 A 为$\{[1,3),[2,6),[3,5),[4,7),[5,8)\}$,答案是 3,对应的区间是$\{[1,3),[3,5),[5,8)\}$。

解:本问题与活动安排问题类似,将 A 按右端点递增排序,用 ans 表示最多兼容区间的个数,先选择区间 0,置 ans=1,preend=$A[0][1]$,i 从 1 开始遍历 A,若 $A[i][0]\geq$preend,则找到一个兼容区间,置 ans++,preend=$A[i][1]$。最后返回 ans。对应的贪心算法如下:

```
struct Cmp {
    bool operator()(const vector < int > &a, const vector < int > &b) {
        return a[1]< b[1];                    //用于按右端点递增排序
    }
};
int greedy(vector < vector < int >> &A) {
    int n = A.size();
    sort(A.begin(),A.end(),Cmp());            //将 A 按右端点递增排序
    int preend = A[0][1];                     //前一个兼容区间的右端点
    int ans = 1;                              //选择的区间个数(先选择区间 0)
    for (int i = 1;i < n;i++) {
        if (A[i][0]> = preend) {              //A[i]与当前区段兼容
            ans++;
            preend = A[i][1];
        }
    }
    return ans;
}
```

11. 给定 n 个会议的集合 A,每个会议$[s_i,e_i)(s_i<e_i)$用 vector<int>表示,设计一个算法求安排全部会议所需要的最少会议室的个数。例如 A 为$\{[1,3),[2,6),[3,5),[4,7),[5,8)\}$,答案是 3,一种会议安排方案是会议室 1 安排会议$\{[1,3),[3,5),[5,8)\}$,会议室 2 安排会议$\{[2,6)\}$,会议室 3 安排会议$\{[4,7)\}$。

解:与《教程》8.2.3 节中的最少资源问题相同,将 A 按开始时间递增排序,用 i 遍历 A,以 $A[i]$为一个会议室的第一个会议,依次找其最大兼容活动子集,用 ans 累计其个数,最后返回 ans 即可。对应的算法如下:

```cpp
struct Cmp {
    bool operator()(const vector < int > &a, const vector < int > &b) {
        return a[0]< b[0];                    //用于按开始时间递增排序
    }
};
int greedy1(vector < vector < int >> &A) {  //解法 1
    int n = A.size();
    vector < bool > flag(n,false);
    sort(A.begin(),A.end(),Cmp());
    int ans = 0;
    for(int i = 0;i < n;i++) {
        if(!flag[i]) {                        //会议 i 安排在一个新会议室中
            ans++;                            //会议室的个数增加 1
            int preend = A[i][1];
            for(int j = i;j < n;j++) {
                if(!flag[j] && A[j][0]>= preend) {
                    preend = A[j][1];         //会议 j 安排在会议 i 的会议室中
                    flag[j] = true;
                }
            }
        }
    }
    return ans;
}
```

利用优先队列(小根堆)提高性能,因为一旦某个会议安排会议室后就不必再处理,所以用优先队列 minpq 保存每个会议室中的最大会议结束时间,每次安排最大会议结束时间的会议。对应的算法如下:

```cpp
int greedy2(vector < vector < int >> &A) {  //解法 2
    int n = A.size();
    priority_queue < int,vector < int >,greater < int >> minpq;
    sort(A.begin(),A.end(),Cmp());
    minpq.push(A[0][1]);
    for (int i = 1;i < n;i++) {
        if (A[i][0]>= minpq.top())            //兼容时出队
            minpq.pop();
        minpq.push(A[i][1]);
    }
    return minpq.size();
}
```

12. 求解会议安排问题。有一组会议 A 和一组会议室 B,$A[i]$ 表示第 i 个会议的参加人数,$B[j]$ 表示第 j 个会议室最多可以容纳的人数。当且仅当 $A[i]\leq B[j]$ 时第 j 个会议室可以用于举办第 i 个会议。给定数组 A 和数组 B,试问最多可以同时举办多少个会议?例如,$A=\{1,2,3\}$,$B=\{3,2,4\}$,结果为 3;若 $A=\{3,4,3,1\}$,$B=\{1,2,2,6\}$,结果为 2。

解:采用贪心思路。每次都在还未安排的容量最大的会议室安排尽可能多的参会人数,即对于每个会议室都安排当前尚未安排的会议中参会人数最多的会议。若能容纳下,则选择该会议室,否则找参会人数次多的会议室来安排,直到找到能容纳下的会议室。对应的算法如下:

```cpp
int greedy(vector < int > &A,vector < int > &B) {
    sort(A.begin(),A.end());                  //递增排序
    sort(B.begin(),B.end());                  //递增排序
```

```
        int ans = 0;
        int i = A.size() - 1,j = B.size() - 1; //从参加人数最多的会议和容纳人数最多的会议室开始
        for(i;i > = 0;i -- ){
            if(A[i]< = B[j] && j > = 0) {
                ans++;                              //不满足条件,增加一个会议室
                j -- ;
            }
        }
        return ans;
    }
```

13. 求解硬币兑换问题。有 1 分、2 分、5 分和 10 分的硬币(每种硬币可以看成无限枚),现在要用这些硬币来支付 n 元,设计一个算法求需要的最少硬币数。例如,n=22 时最少兑换的硬币数为 3,即 2×10+1×2=22。

解:该问题适合用贪心法求解,采用的贪心策略是优先支付面额大的硬币。用数组 A 存放全部面额,将 A 递减排序,然后依次支付相应数目的硬币。对应的算法如下:

```
int greedy(vector < int > &A,int n) {
    sort(A.begin(),A.end(),greater < int >());      //按面额递减排序
    int ans = 0;
    for(int i = 0;i < A.size();i++) {
        ans += n/A[i];
        n -= A[i] * (n/A[i]);
        if(n == 0) break;
    }
    return ans;
}
```

14. 乘船问题。有 n 个人,第 i 个人的体重为 $w_i(0 \leqslant i < n)$。每艘船的最大载重量均为 C,且最多只能乘两个人。设计一个算法求用最少的船装载所有人的方案。

解:采用贪心法,先按体重递增排序,再考虑前、后的两个人(最轻者和最重者),分别用 i、j 指向,若 $w[i]+w[j] \leqslant C$,说明这两个人可以同乘(执行 $i++,j--$),否则 $w[j]$ 单乘(执行 $j--$),若最后只剩下一个人,该人只能单乘。对应的算法如下:

```
void greedy(vector < int > &w,int C) {          //求解贪心算法
    sort(w.begin(),w.end());                     //递增排序
    int n = w.size();
    int ans = 0;
    int i = 0,j = n - 1;
    while (i < = j) {
        if(i == j) {                             //剩下最后一个人
            ans++;
            printf("( % d)装载: % d\n",ans,w[i]);
            break;
        }
        if (w[i] + w[j]< = C) {                   //前、后两个人同乘
            ans++;
            printf("( % d)装载: % d % d\n",ans,w[i],w[j]);
            i++; j -- ;
        }
        else {                                   //w[j]单乘
            ans++;
```

```
        printf("( % d)装载: % d\n",ans,w[j]);
        j--;
    }
  }
}
```

15. 汽车加油问题。已知一辆汽车加满油后可以行驶 d（例如 $d=7$）km,而旅途中有若干加油站。设计一个算法求在哪些加油站停靠加油可以使加油次数最少。用 a 数组存放各加油站之间的距离,例如 $a=\{2,7,3,6\}$,表示共有 $n=4$ 个加油站(加油站的编号是 $0\sim3$),起点到 0 号加油站的距离为 2km,以此类推。

解：采用贪心法,贪心策略是在汽车行驶过程中应走到能够到达且最远的那个加油站加油,然后按照同样的方法处理。对应的算法如下:

```
void greedy(vector < int > &a, int d) {        //求解贪心算法
    int n = a.size();
    int ans = 0;
    for(int i = 0;i < n;i++) {
        if(a[i]> d) {                          //只要有一个距离大于 d 就没有解
            printf("没有解\n");
            return;
        }
    }
    int sum = 0;
    for(int i = 0;i < n;i++) {
        sum += a[i];                           //累计行驶到 i 号加油站的距离
        if(sum > d) {                          //刚好大于 d 时在 i−1 号加油站加油
            printf("在 % d 号加油站加油\n",i−1);
            ans++;
            sum = a[i];                        //累计从 i−1 号加油站到 i 号加油站的距离
        }
    }
    printf("总加油次数: % d\n",ans);
}
```

16. 赶作业(HDU1789,时间限制为 1000ms,空间限制为 32 768KB)。A 刚从第 30 届 ACM/ICPC 回来,现在他有很多功课要做,每个老师都给他一个交作业的截止日期,如果在截止日期后交作业,老师会在期末考试中扣除相应分数。现在假设每个作业需要一天的时间完成,A 希望你帮助他安排做作业的顺序,以尽量减少扣分。

输入格式：输入包含几个测试用例。输入的第一行是一个整数 t,表示测试用例的数量。每个测试用例都以一个正整数 $n(1\leqslant n\leqslant1000)$ 开头,表示作业的数量,然后是两行,第一行包含 n 个整数,表示作业的截止日期,下一行包含 n 个整数,表示相应的扣分。

输出格式：对于每个测试用例,输出一行包含最小扣分的整数。

输入样例：

```
3
3
3 3 3
10 5 1
3
1 3 1
6 2 3
```

```
7
1 4 6 4 2 4 3
3 2 1 7 6 5 4
```

输出样例:

```
0
3
5
```

解法 1: 本题与《教程》中的例 8.10 相同, 仅将求最大商品销售利润改为求最小作业扣分。利用例 8.10 的解法 1 的基本算法得到的求解程序如下:

```cpp
# include < iostream >
# include < algorithm >
# include < cstring >
using namespace std;
const int MAXN = 1010;
struct Job {                          //作业的类型
    int d;                            //截止时间
    int w;                            //扣分
    bool operator <(const Job& o) const {
        return w > o.w;               //由于按 w 递减排序
    }
};
int n;
Job a[MAXN];
int days[MAXN];
int greedy() {                        //求解贪心算法
    sort(a, a + n);
    memset(days, 0, sizeof(days));
    int ans = 0;                      //存放答案
    for(int i = 0; i < n; i++) {
        int flag = 0;
        for(int j = a[i].d; j >= 1; j--) {
            if(days[j] == 0) {
                days[j] = a[i].w;
                flag++;
                break;
            }
        }
        if(flag == 0)                 //作业 i 不能完成,累计扣分
            ans += a[i].w;
    }
    return ans;
}
int main() {
    int t;
    cin >> t;
    while(t--) {
        cin >> n;
        for(int i = 0; i < n; i++)
            cin >> a[i].d;
            for(int i = 0; i < n; i++)
                cin >> a[i].w;
            cout << greedy() << endl;
    }
}
```

上述程序提交后通过,执行时间为 93ms,内存消耗为 1816KB。

解法 2:思路同解法 1,sum 为全部作业的扣分,将累计迟作业的最小扣分改为累计早作业的最大扣分 ans,最后返回 sum−ans 即可。对应的程序如下:

```cpp
# include < iostream >
# include < algorithm >
# include < cstring >
using namespace std;
const int MAXN = 1010;
struct Job {                              //作业的类型
    int d;                                //截止时间
    int w;                                //扣分
    bool operator <(const Job& o) const {
        return w > o.w;                   //按 w 递减排序
    }
};
int n;
Job a[MAXN];
int days[MAXN];
int greedy() {                            //求解贪心算法
    sort(a, a + n);
    memset(days, 0, sizeof(days));
    int ans = 0, sum = 0;
    for(int i = 0; i < n; i++) {          //遍历作业
        sum += a[i].w;
        int j = a[i].d;
        for(; j > 0; j-- ) {              //查找截止时间之前的最晚空时间
            if(!days[j]) {                //找到空时间
                days[j] = true;           //在时间 j 完成作业 i
                ans += a[i].w;            //累计早作业的最大扣分
                break;
            }
        }
    }
    return sum - ans;
}
int main() {
    int t;
    cin >> t;
    while(t-- ) {
        cin >> n;
        for(int i = 0; i < n; i++)
            cin >> a[i].d;
        for(int i = 0; i < n; i++)
            cin >> a[i].w;
        cout << greedy() << endl;
    }
}
```

上述程序提交后通过,执行时间为 93ms,内存消耗为 1816KB。

解法 3:思路同解法 2,采用并查集优化查找空时间的性能。对应的程序如下:

```cpp
# include < iostream >
# include < algorithm >
# include < cstring >
using namespace std;
```

```
const int MAXN = 1010;
struct Job {                              //作业的类型
    int d;                                //截止时间
    int w;                                //扣分
    bool operator <(const Job&o) const {
        return w > o.w;                   //用于按 w 递减排序
    }
};
int n;
Job a[MAXN];
int days[MAXN];
int parent[MAXN];                         //并查集存储结构
int Find(int x) {                         //在并查集中查找 x 结点的根结点
    if (x!= parent[x])
        parent[x] = Find(parent[x]);      //路径压缩
    return parent[x];
}
int greedy() {                            //求解贪心算法
    for(int i = 0; i < MAXN; i++)
        parent[i] = i;                    //初始化并查集
    sort(a, a + n);                       //按 w 递减排序
    int ans = 0, sum = 0;
    for(int i = 0; i < n; i++) {
        sum += a[i].w;
        int di = Find(a[i].d);
        if(di > 0) {                      //作业 i 能够完成
            ans += a[i].w;
            parent[di] = di - 1;          //合并
        }
    }
    return sum - ans;
}
int main() {
    int t;
    cin >> t;
    while(t -- ) {
        cin >> n;
        for(int i = 0; i < n; i++)
            cin >> a[i].d;
        for(int i = 0; i < n; i++)
            cin >> a[i].w;
        cout << greedy() << endl;
    }
}
```

上述程序提交后通过,执行时间为 78ms,内存消耗为 1824KB。

解法 4:利用《教程》中例 8.10 的解法 2 的思路,将全部作业按截止时间递减排序,在所有能够完成的作业中选择扣分最大的作业(通过优先队列来实现)。对应的程序如下:

```
# include < iostream >
# include < algorithm >
# include < queue >
using namespace std;
const int MAXN = 1010;
struct Job{                               //作业的类型
    int d;                                //截止时间
```

```
        int w;                              //扣分
        bool operator <(const Job&o) {
            return d > o.d;                  //按截止时间递减排序
        }
};
int n;
Job a[MAXN];
int days[MAXN];
int sum;
int greedy() {                              //求解贪心算法
    sort(a,a + n);                          //按截止时间递减排序
    int ans = 0;                            //答案
    priority_queue < int > pq;              //按扣分越大越优先出队
    int i = 0;                              //i 依次遍历作业
    for(int day = a[0].d;day > 0;day -- ) {
        for(;i < n && a[i].d > = day;i++)
            pq.push(a[i].w);                //将截止时间大于或等于 day 的作业扣分进队
        if(!pq.empty()) {
            int w = pq.top(); pq.pop();     //选择扣分最大的作业
            ans += w;                       //累计早作业的最大扣分
        }
    }
    return sum – ans;
}
int main() {
    int t;
    cin >> t;
    while(t -- ) {
        cin >> n;
        for(int i = 0;i < n;i++)
            cin >> a[i].d;
        sum = 0;
        for(int i = 0;i < n;i++) {
            cin >> a[i].w;
            sum += a[i].w;
        }
        cout << greedy() << endl;
    }
}
```

上述程序提交后通过,执行时间为 109ms,内存消耗为 1840KB。

解法 5:与解法 4 的思路相同,改为直接累计迟作业的最小扣分,当这样遍历完毕,优先队列中恰好是全部迟作业的扣分,累计起来得到 ans,返回 ans 即可。对应的程序如下:

```
# include < iostream >
# include < algorithm >
# include < queue >
using namespace std;
const int MAXN = 1010;
struct Job{                                 //作业的类型
    int d;                                  //截止时间
    int w;                                  //扣分
    bool operator <(const Job&o) {
        return d > o.d;                     //按截止时间递减排序
    }
};
```

```
    int n;
    Job a[MAXN];
    int greedy() {                              //求解贪心算法
        sort(a, a + n);                         //按截止时间递减排序
        priority_queue < int > pq;              //按利润越大越优先出队
        int i = 0;                              //i 依次遍历作业
        for(int day = a[0].d; day > 0; day-- ) {
            for(; i < n && a[i].d >= day; i++)
                pq.push(a[i].w);                //将截止时间大于或等于 day 的作业扣分进队
            if(!pq.empty()) {
                int w = pq.top(); pq.pop();     //选择扣分最大的作业
            }
        }
        int ans = 0;                            //答案
        while(!pq.empty()) {                    //此时优先队列中均为迟作业的扣分
            ans += pq.top(); pq.pop();
        }
        return ans;
    }
    int main() {
        int t;
        cin >> t;
        while(t-- ) {
            cin >> n;
            for(int i = 0; i < n; i++)
                cin >> a[i].d;
            for(int i = 0; i < n; i++)
                cin >> a[i].w;
            cout << greedy() << endl;
        }
    }
```

上述程序提交后通过,执行时间为 93ms,内存消耗为 1840KB。

解法 6:与解法 4 的思路类似,改为按作业截止时间递增排序,用 T 表示最早的空时间(从 1 开始),用 i 遍历作业,若作业 i 是早作业,执行 T++,将作业 i 的扣分进队(扣分越小越优先的优先队列),否则若堆顶的扣分较小,用作业 i 的扣分替换之。遍历完毕,优先队列中均为早作业的扣分,累计为 ans,返回 sum−ans 即可。对应的程序如下:

```
    # include < iostream >
    # include < queue >
    # include < vector >
    # include < functional >
    # include < algorithm >
    using namespace std;
    const int MAXN = 1010;
    struct Job {                                //作业的类型
        int d;                                  //截止时间
        int w;                                  //扣分
        bool operator <(const Job&o) {
            return d < o.d;                     //按截止时间递增排序
        }
    };
    int n;
    Job a[MAXN];
    int sum;
```

```
int greedy() {                                      //求解贪心算法
    sort(a,a + n);                                  //d 递减排序
    priority_queue < int,vector < int >,greater < int >> minpq;
    int T = 1;
    for(int i = 0;i < n;i++) {
        if(a[i].d >= T) {                           //作业 i 可以完成
            T++;
            minpq.push(a[i].w);                     //作业 i 的扣分进队
        }
        else if(minpq.top() < a[i].w) {             //堆顶的扣分小于作业 i 的扣分
            minpq.pop();                            //除去扣分最小的作业 i
            minpq.push(a[i].w);                     //作业 i 的扣分进队
        }
    }
    int ans = 0;
    while(!minpq.empty()) {                         //此时优先队列中均为早作业的扣分
        ans += minpq.top(); minpq.pop();
    }
    return sum - ans;
}
int main() {
    int t;
    cin >> t;
    while(t -- ) {
        cin >> n;
        for(int i = 0;i < n;i++)
            cin >> a[i].d;
        sum = 0;                                    //累计全部扣分
        for(int i = 0;i < n;i++) {
            cin >> a[i].w;
            sum += a[i].w;
        }
        cout << greedy() << endl;
    }
}
```

上述程序提交后通过,执行时间为 93ms,内存消耗为 1820KB。

8.3 补充练习题及其参考答案 ✳

扫一扫

在线资源

8.3.1 单项选择题及其参考答案

1. 以下关于贪心法的说法正确的是_____。

A. 任何问题都可以采用贪心法求解

B. 有些贪心法求解的问题不必具有贪心选择性质

C. 有些贪心法求解的问题不必具有最优子结构性质

D. 以上都不对

2. 以下关于贪心法的说法不正确的是_____。

A. 待求解问题必须可以分解为若干子问题

B. 每一子问题都可以得到局部最优解

    C. 解决问题通常自底向上

    D. 可以采用贪心法求解活动安排问题

  3. 对于一个可以用贪心法求解的问题,不仅要求问题满足最优子结构性质,还应证明其贪心策略的_____。

    A. 最优解性质   B. 贪心选择性质   C. 重叠子问题性质 D. 以上都不对

  4. 下面_____问题不能采用贪心法求解。

    A. 活动安排   B. n 皇后   C. 合并区间   D. 无重叠区间

  5. 采用贪心法能够保证求得最优解的问题是_____。

    A. 0/1 背包问题   B. 最大子序列和   C. 背包问题   D. 以上都不能

  6. 关于 0/1 背包问题,以下叙述中正确的是_____。

    A. 可以使用贪心算法求最优解

    B. 能找到多项式时间的有效算法

    C. 使用回溯法不一定能够找到最优解

    D. 相同的物品和背包容量,作为背包问题和作为 0/1 背包问题得到的总价值分别是 v_1 和 v_2,则一定有 $v_1 \geqslant v_2$

  7. 下列对于 0/1 背包问题和背包问题的叙述中正确的是_____。

    A. 0/1 背包问题和背包问题都可以用贪心法求解

    B. 0/1 背包问题可以用贪心法求解,但背包问题不能用贪心法求解

    C. 0/1 背包问题不能用贪心法求解,但可以用动态规划或者搜索算法求解,而背包问题可以用贪心法求解

    D. 因为 0/1 背包问题不具有最优子结构性质,所以不能用贪心法求解

  8. 硬币找零问题即对于面值系统为 $a_1, a_2, \cdots, a_k$(其中 $a_1 = 1$)且个数不限的 k 种硬币,找零 S 元钱,求最少硬币个数。下列关于这个问题的描述正确的是_____。

    A. 对于任意面值系统贪心算法均可得到最优解

    B. 面值系统必须递减排序,动态规划算法才能得到最优解

    C. 贪心算法的时间复杂度是 $O(kS)$

    D. 动态规划算法的时间复杂度是 $O(kS)$

  9. 如果一个问题采用贪心算法、动态规划算法、回溯算法、分支限界算法都可以得到最优解,对 4 种算法进行比较,下列最有可能的是_____。

    A. 动态规划算法的效率最高

    B. 贪心算法的效率最高

    C. 回溯算法的效率最高

    D. 分支限界算法的效率最高

  10. (2018 上半年软件设计师真题)现需要申请一些场地举办一批活动,每个活动有开始时间和结束时间。在同一个场地,如果一个活动结束之前另外一个活动开始,则两个活动冲突。若活动 A 从时间 1 开始,在时间 5 结束,活动 B 从时间 5 开始,在时间 8 结束,则活动 A 和活动 B 不冲突。请计算 n 个活动需要的最少场地数。

  求解该问题的基本思路如下(假设需要的场地数为 m,活动数为 n,场地集合为 $\{p_1, p_2, \cdots, p_m\}$),初始条件 p_i 均无活动安排。

① 采用快速排序算法对 n 个活动的开始时间从小到大排序,得到活动 $a_1,a_2,\cdots,a_n$,对每个活动 a_i,i 从 1 到 n,重复步骤②~④。

② 从 p_1 开始,判断 a_i 与 p_1 的最后一个活动是否冲突,若冲突,考虑下一个场地 $p_2,\cdots$。

③ 一旦发现 a_i 与某个 p_j 的最后一个活动不冲突,则将 a_i 安排到 p_j 场地中,继续考虑下一个活动。

④ 若 a_i 与所有已安排活动的 p_j 的最后一个活动均冲突,则将 a_i 安排到一个新的场地,考虑下一个活动。

⑤ 将 n 减去没有安排活动的场地数即可得到所用的最少场地数。

该问题的求解算法首先采用了快速排序算法进行排序,其算法设计策略是 (1) ,后面步骤采用的算法设计策略是 (2) ,整个算法的时间复杂度为 (3) 。对于如表 8.2 所示的 11 个活动的集合,根据上述算法得到的最少场地数为 (4) 。

表 8.2　11 个活动

i	1	2	3	4	5	6	7	8	9	10	11
开始时间	0	1	2	3	3	5	5	6	8	8	12
结束时间	6	4	13	5	8	7	9	10	11	12	14

(1) A. 分治法　　　　B. 动态规划　　　　C. 贪心法　　　　D. 回溯法

(2) A. 分治法　　　　B. 动态规划　　　　C. 贪心法　　　　D. 回溯法

(3) A. $O(\log_2 n)$　　B. $O(n)$　　　　C. $O(n\log_2 n)$　　D. $O(n^2)$

(4) A. 4　　　　　　　B. 5　　　　　　　C. 6　　　　　　　D. 7

11. (2013 上半年软件设计师真题)考虑如下背包问题实例,有 5 个物品,背包容量为 100。每个物品的价值和重量如表 8.3 所示,并已经按物品的单位重量价值递减排序,根据物品的单位重量价值大优先的策略装入背包中,则采用了 (1) 策略。考虑 0/1 背包问题(每个物品或者全部装入或者全部不装入背包)和部分背包问题(物品可以部分装入背包),求解该实例,得到的最大价值分别是 (2) 。

(1) A. 分治法　　　　B. 贪心法　　　　C. 动态规划　　　　D. 回溯法

(2) A. 605 和 630　　B. 605 和 605　　C. 430 和 630　　　D. 630 和 430

表 8.3　5 个物品

物品编号	1	2	3	4	5
价值	50	200	180	225	200
重量	5	25	30	45	50

12. (2018 下半年软件设计师真题)在一条笔直的公路的一边有许多房子,现要安装消防栓,每个消防栓的覆盖范围远大于房子的面积,如图 8.4 所示,请求解能覆盖所有房子的最少消防栓数和安装方案(在问题的求解过程中可以将房子和消防栓均视为直线上的点)。

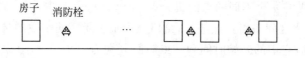

图 8.4　房子和消防栓

该问题的求解算法的基本思路是,从左端的第一栋房子开始,在其右侧 m 米处安装一个消防栓,去掉被该消防栓覆盖的所有房子,在剩余的房子中重复上述操作,直到所有房子被覆盖。算法采用的设计策略是　(1)　,对应的时间复杂度是　(2)　。

假设公路的起点 A 的坐标为 0,消防栓的覆盖范围(半径)为 20 米,10 栋房子的坐标是 $(10,20,30,35,60,80,160,210,260,300)$,单位为米,根据上述算法共需要安装　(3)　个消防栓,以下关于该求解算法的叙述中正确的是　(4)　。

(1) A. 分治法　　　　B. 动态规划　　　　C. 贪心法　　　　D. 回溯法

(2) A. $O(\log_2 n)$　　B. $O(n)$　　　C. $O(n\log_2 n)$　　D. $O(n^2)$

(3) A. 4　　　　B. 5　　　　C. 6　　　　D. 7

(4) A. 肯定可以求得问题的一个最优解　　　B. 可以求得问题的所有最优解

　　C. 对于有些实例,可能得不到最优解　　D. 只能得到近似最优解

13.(2016 上半年软件设计师真题)考虑一个背包问题,$n=5$,背包容量 $W=10$,物品的重量 $w=\{2,2,6,5,4\}$,物品的价值 $v=\{6,3,5,4,6\}$,求背包问题的最大装入价值。若该问题为 0/1 背包问题,分析该问题具有最优子结构性质,定义递归式为:

$c[i][j]=0$　　　　　　　　　　当 $i=0$ 或 $j=0$ 时
$c[i][j]=c[i-1][j]$　　　　　　当 $w[i]>j$ 时
$c[i][j]=\max\{c[i-1][j],c[i-1][j-w[i]]\}$　　其他

其中 $c[i][j]$ 表示 i 个物品、容量为 j 的 0/1 背包问题的最大装入价值,最终要求解 $c[n][W]$。采用自底向上的动态规划方法求解,得到的最大装入价值为　(1)　,算法的时间复杂度为　(2)　。若该问题为部分背包问题,首先采用归并排序算法,根据物品的单位重量价值递减排序,然后依次将物品放入背包,直到所有物品放入背包或者背包再无容量,则得到的最大装入价值为　(3)　,算法的时间复杂度为　(4)　。

(1) A. 11　　　　B. 14　　　　C. 15　　　　D. 16.67

(2) A. $O(nW)$　　B. $O(n\log_2 n)$　　C. $O(n^2)$　　D. $O(n\log_2(nW))$

(3) A. 11　　　　B. 14　　　　C. 15　　　　D. 16.67

(4) A. $O(nW)$　　B. $O(n\log_2 n)$　　C. $O(n^2)$　　D. $O(n\log_2(nW))$

8.3.2　问答题及其参考答案

1. 简述贪心法求解的思路。

2. 简述构造哈夫曼树中的贪心策略。

3. 假设有一艘轮船,其装载重量是 W,有 n 个集装箱,编号为 $1\sim n$,集装箱 i 的重量为正整数 w_i。现在不考虑体积,将尽可能多的集装箱装上轮船。回答以下问题:

(1) 给出求解该问题的思路。

(2) 证明正确性。

4. 假设 X 轴上有 n 个不同的点的集合 $\{x_1,x_2,\cdots,x_n\}$,其中 $x_1<x_2<\cdots<x_n$,现在用若干长度为 1 的闭区间来覆盖这些点,给出找到最少闭区间个数的贪心方法。

5. 有 7 个活动,它们的开始时间和结束时间分别为 $[3,5)$、$[2,8)$、$[1,4)$、$[2,7)$、$[2,3)$、$[6,8)$、$[5,9)$,求其中最大兼容活动的个数。

6. 给定 $M=(S,T)$,S 是如图 8.5 所示的所有边的集合,I 是任何两个边之间没有任

何共同顶点的边的集合。请回答以下问题：

(1) $A = \{(a,b),(d,e)\}$ 是独立子集吗?

(2) $B = \{(a,b),(b,c)\}$ 是独立子集吗?

(3) M 是拟阵吗? 如果回答是请予以证明,如果回答不是请给出一个实例。

7. 有 5 个作业排队在一台机器上加工,它们的加工时间 $T = \{5,2,8,1,6\}$,给出使得总加工和等待时间最少的调度。

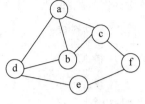

图 8.5　一个无向图

8. 设有 n 个作业的集合 S,每个作业的加工时间都是 1,作业 i 的截止时间为 $d(i)$,在 $d(i)$ 之前完成则获得利润 $w(i)$,这里 $d(i)$ 和 $w(i)$ 均为正整数,并且所有的 $w(i)$ 不相同。S 的一个调度是函数 f,$f(i)$ 表示作业 i 开始加工的时间。回答以下问题：

(1) 给出求总利润最大调度的过程。

(2) 证明(1)的正确性。

8.3.3　算法设计题及其参考答案

1. 设计实现《教程》中例 8.1 功能的最短寻道时间优先算法,输出给定的磁盘请求序列 a 的调度方案和平均寻道长度。

解: 用数组 A 存放寻道序列,start 存放磁头的初始位置,先求出 A 数组,其中 $A[i].$place 存放请求 i 的寻道位置,$A[i].$dist 存放请求 i 与初始位置的距离。将 A 按 dist 递增排序,然后依次访问各个请求。对应的算法如下：

```
struct Job {                                //任务的类型
    int place;                              //柱面位置
    int dist;                               //与初始位置的距离
    bool operator <(const Job&o) const {
        return dist < o.dist;               //用于按 dist 递增排序
    }
};
void greedy(vector < int > &a, int start) {  //最短寻道时间优先算法
    vector < Job > A;
    int n = a.size();
    Job tmp;
    for(int i = 0;i < n;i++) {
        tmp.place = a[i];
        tmp.dist = abs(a[i] - start);
        A.push_back(tmp);
    }
    sort(A.begin(),A.end());
    int ans = 0,cnt = 1;
    for(int i = 0;i < n;i++) {
        printf(" ( % d)移动到 % d\n",cnt++,A[i].place);
        if(i == 0)
            ans += abs(A[i].place - start);
        else
            ans += abs(A[i].place - A[i - 1].place);
    }
    printf("平均寻道长度 = % g\n",1.0 * ans/n);
}
```

例如，$a=\{98,183,37,122,14,124,65,67\}$，start$=53$，用上述算法求出的调度方案和平均寻道长度如下：

(1) 移动到 65
(2) 移动到 67
(3) 移动到 37
(4) 移动到 14
(5) 移动到 98
(6) 移动到 122
(7) 移动到 124
(8) 移动到 183
平均寻道长度 = 29.5

2. 俄罗斯套娃信封问题(LeetCode354★★★)。给定一个二维整数数组 envelopes，其中 envelopes$[i]=[w_i,h_i]$，表示第 i 个信封的宽度和高度。当另一个信封的宽度和高度都比这个信封大的时候，这个信封就可以放进另一个信封里，如同俄罗斯套娃一样。设计一个算法求最多有多少个信封能组成一组俄罗斯套娃信封(即可以把一个信封放到另一个信封里面)，不允许旋转信封。例如，envelopes$=\{\{5,4\},\{6,4\},\{6,7\},\{2,3\}\}$，答案为 3，信封的最多个数为 3，其组合为$\{2,3\}=>\{5,4\}=>\{6,7\}$。

解：采用动态规划+贪心法，设计一维数组 dp，dp$[i]$表示以 $A[i]$结尾的区间的最大递增子序列的长度，初始化 dp 的所有元素为 1。将 A 按 w 递增排序，若 w 相同则按 h 递减排序。排序后用 i 遍历 A，j 从 0 到 $i-1$ 循环，若 $A[j][1]<A[i][1]$，则置 dp$[i]=$ $\max_{0\leqslant j<i}$dp$[j]+1$。当求出 dp 数组后，其中的最大元素即为答案。为什么 w 相同需要按 h 递减排序呢？例如，对于题目中的样例，仅按 w 递增排序的结果是$\{\{2,3\},\{5,4\},\{6,5\},\{6,7\}\}$，如果只看第二个维度 h 为$\{3,4,5,7\}$，会得出最长递增子序列的长度是 4 的结论，实际上，由于第 3 和第 4 个信封的 w 都是 6，导致它们不能套娃，如果 w 相同则按 h 递减排序，结果为$\{\{2,3\},\{5,4\},\{6,7\},\{6,5\}\}$，此时只看第二个维度 h 为$\{3,4,7,5\}$，就会得到最长递增子序列的长度是 3 的正确结果。对应的算法如下：

```cpp
struct Cmp {
    bool operator()(vector < int > &s, vector < int > &t) const {
        if(s[0] == t[0])                    //第一维相同时
            return s[1]> t[1];              //按第二维递减排序
        return s[0]< t[0];                  //按第一维递增排序
    }
};
class Solution {
public:
    int maxEnvelopes(vector < vector < int >> & envelopes) {
        int n = envelopes. size();
        if(n == 0) return 0;
        sort(envelopes.begin(), envelopes.end(), Cmp());
        vector < int > dp(n,1);
        for(int i = 0;i < n;i++) {
            int j = 0;
            while(j < i) {
                if(envelopes[j][1]< envelopes[i][1])
                    dp[i] = max(dp[i],dp[j] + 1);
                j++;
            }
        }
```

```
        int ans = 0;
        for(int i = 0;i < n;i++)
            ans = max(ans,dp[i]);
        return ans;
    }
};
```

上述算法的时间复杂度为 $O(n^2)$，可以进一步优化，在排序后用 ans 存放一个最长递增子序列的 h，首先将 envelopes$[i][1]$ 添加到 ans 中，用 i 遍历 envelopes，若 envelopes$[i][1]$ 大于 ans 中的所有 h，将其添加到 ans 中，否则在 ans 中找到第一个大于或等于 envelopes$[i][1]$ 的元素，用 envelopes$[i][1]$ 替换它（越长的递增子序列的末尾元素显然越大）。最后返回 ans. size()，这样的算法的时间复杂度为 $O(n\log_2 n)$，对应的算法如下：

```
class Solution {
public:
    int maxEnvelopes(vector < vector < int >> & envelopes) {
        int n = envelopes.size();
        if(n == 0) return 0;
        sort(envelopes.begin(), envelopes.end(), Cmp());
        vector < int > ans;
        ans.push_back(envelopes[0][1]);
        for (int i = 1;i < n;i++) {
            int curh = envelopes[i][1];
            if (curh > ans.back()) {
                ans.push_back(curh);
            }
            else {
                auto it = lower_bound(ans.begin(),ans.end(),curh);
                * it = curh;
            }
        }
        return ans.size();
    }
};
```

3. 买苹果问题。小易去附近的商店买苹果，奸诈的商贩使用了捆绑交易，只提供 6 个每袋和 8 个每袋的包装（包装不可拆分）。小易现在想恰好购买 n 个苹果，并且购买尽量少的袋数以方便携带，如果不能恰好购买 n 个苹果，小易将不会购买。对于给定的 $n(1 \leqslant n \leqslant 100)$，设计一个算法求最少需要购买的袋数，如果不能恰好购买 n 个苹果则返回 −1。例如，$n=20$，答案是 3，因为 $2 \times 6 + 8 = 20$；$n=21$，答案是 −1。

解： 因为求的是最少袋数，且数据量很小，可以顺序枚举。

（1）若 n 可以被 8 整除，则返回的袋数为 $n/8$。

（2）i 从 12 到 1 枚举每袋 8 个苹果的袋数，若 $8i+6j=n$，或者 $n-8i \geqslant 0$ 且 $(n-8i)\%6=0$，则返回的袋数为 $i+(n-8i)/6$。

（3）若 n 可以被 6 整除，则返回的袋数为 $n/6$。

不能改变上述顺序，因为是求最少袋数，所以贪心策略是先拿每袋多的，不够再拿每袋少的。对应的算法如下：

```
int greedy(int n) {                    //求解贪心算法
    bool flag = false;
    if(n % 8 == 0)
```

```
            return n/8;
        for(int i = 12;i >= 1;i-- ) {
            if(n >= 8 * i && (n - 8 * i) % 6 == 0) {
                return i + (n - 8 * i)/6;
            }
        }
        if(n % 6 == 0)
            return n/6;
        return - 1;
    }
```

4. 给定一个含 n 位十进制数字的正整数,采用字符串 d 表示,设计一个算法删除其中的任意 $k(k \leqslant n)$ 个数字,使得剩下的数字构成的新的正整数是最小的,并且输出一个删除方案。

解:采用贪心法,按从高位到低位的方向搜索递减区间,若不存在递减区间,删除尾数字,否则删除递减区间的首数字,这样形成一个新数串,然后回到串首,重复上述操作删除下一个数字,直到删除 k 个数字为止。例如,$d =$ "5004321"(高位是 $d[0] =$ '5'),$k = 3$,操作如下:

(1) 从高位开始找到第一个递减区间是"50",删除'5',$d =$ "004321"。

(2) 再从高位开始找到第一个递减区间是"43",删除'4',$d =$ "00321"。

(3) 最后从高位开始找到第一个递减区间是"3",删除'3',$d =$ "0021"。

删除前导零得到结果 $d =$ "21"。对应的算法如下:

```
void greedy(string&d,int k) {            //求解贪心算法
    int n = d. size();
    if(k >= n)
        d = "";
    else {
        while (k > 0){                   //在 a 中删除 k 位
            int i = 0;
            while(i < d. size() - 1 && d[i] <= d[i + 1])
                i++;                      //找递减区间
            cout << "d:" << d << endl;
            cout << "删除 d[" << i << "] = " << d[i] << endl;
            d. erase(i,1);
            k -- ;
        }
        while (d. size()> 0 && d[0] == '0')    //删除前导零
            d. erase(0,1);
    }
}
```

5. 给定一个含 n 位十进制数字的正整数,采用字符串 d 表示,设计一个算法删除其中的任意 $k(k \leqslant n)$ 个数字,使得剩下的数字构成的新的正整数是最大的,并且输出一个删除方案。

解:采用贪心法,与第 4 题类似,仅将按从高位到低位的方向搜索递减区间改为搜索递增区间。例如,$d =$ "5004321"(高位是 $d[0] =$ '5'),$k = 3$,操作如下:

(1) 从高位开始找到第一个递增区间是"00",删除'0',$d =$ "504321"。

(2) 再从高位开始找到第一个递增区间是"04",删除'0',$d =$ "54321"。

(3) 最后从高位开始找到第一个递增区间,没有找到,删除'1',$d =$ "5432"。

若有前导零则删除之。对应的算法如下：

```
void greedy(string&d,int k) {              //求解贪心算法
    int n = d.size();
    if(k > = n)
        d = "";
    else {
        while (k > 0){                     //在 a 中删除 k 位
            int i = 0;
            while(i < d.size() - 1 && d[i] > = d[i + 1])
                i++;                       //找递增区间
            cout << "d:" << d << endl;
            cout << "删除 d[" << i << "] = " << d[i] << endl;
            d.erase(i,1);
            k - - ;
        }
        while (d.size()> 0 && d[0] == '0')  //删除前导零
            d.erase(0,1);
    }
}
```

6. 求解正整数的最大乘积分解问题。将正整数 n 分解为若干互不相同的自然数之和，使这些自然数的乘积最大。

解：采用贪心法求解。用 $d[0..k]$ 存放 n 的分解结果：

（1）$n \leqslant 4$ 时可以验证其分解成几个正整数的和的乘积均小于 n，返回 n。

（2）$n > 4$ 时，把 n 分解成若干互不相等的自然数的和，分解数的个数越多乘积越大。为此让 n 的分解数的个数尽可能得多（体现贪心的思路），把 n 分解成从 2 开始的连续的自然数之和。例如，分解 n 为 $d[0]=2,d[1]=3,d[2]=4,\cdots,d[k]=k+2$（共有 $k+1$ 个分解数），用 rn 表示剩余数，这样分解直到 $rn \leqslant d[k]$ 为止，即 $rn \leqslant k+2$。对剩余数 rn 的处理分为以下两种情况。

① $rn < k+2$：将 rn 平均分解到 $d[k..i]$（对应的分解数的个数为 rn）中，即从 $d[k]$ 开始往前的分解数加 1（也是贪心的思路，分解数越大加 1 后和的乘积也越大）。

② $rn = k+2$：将 $d[0..k-1]$（对应的分解数的个数为 k）的每个分解数加 1，剩下的 2 增加到 $d[k]$ 中，即 $d[k]$ 加 2。

对应的算法如下：

```
int greedy(int n) {                         //求解贪心算法
    vector < int > d;
    int sum = 1;
    if (n < 4)                              //不存在最优方案,返回 n
        return n;
    else {
        int rn = n;                         //rn 表示剩余数
        d.push_back(2);                     //第一个数从 2 开始
        rn - = 2;                           //减去已经分解的数
        while (rn > d.back()) {             //若剩余数大于最后一个分解数,则继续分解
            int last = d.back();
            d.push_back(last + 1);          //按 2、3、4 递增顺序分解
            rn - = d.back();                //减去最新分解的数
        }
        int k = d.size() - 1;               //k 为 d 的末尾位置
```

```
        if (rn < d[k]) {                    //若剩余数小于 a[k],从 a[k]开始往前的数加 1
            for (int i = 0;i < rn;i++)
                d[k - i] += 1;
        }
        if (rn == d[k]) {                    //若剩余数等于 a[k],则 a[k]的值加 2,之前的数加 1
            d[k] += 2;
            for (int i = 0;i < k;i++)
                d[i] += 1;
        }
    }
    int ans = 1;
    for (int i = 0;i < d.size();i++)
        ans * = d[i];
    return ans;
}
```

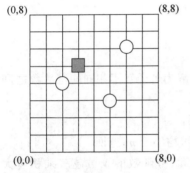

图 8.6　一个城市的街道图

7. 仓库设置位置问题。一个城市的街道图如图 8.6 所示,所有街道都是水平或者垂直分布,假设水平和垂直方向上均有 $m+1$ 条街道,任何两个相邻位置之间的距离为 1。在街道的十字路口有 n 个商店,图中的 $n=3$, $m=8$,3 个商店的坐标位置分别是(2,4)、(5,3)和(6,6)。现需要在某个路口建立一个合用的仓库。若仓库的位置为(3,5),那么这 3 个商店到仓库的路程(只能沿着街道行进)的总长度至少是 10。设计一个算法找到仓库的最佳位置,使得所有商店到仓库的路程的总长度达到最短。

解:本题采用贪心思路而不是搜索所有可能的位置。设 n 个商店的坐标分别为(x_0,y_0)、(x_1,y_1)、……、(x_{n-1},y_{n-1}),将 X 坐标递增排序后为 $x_0,x_1,\cdots,x_{n-1}$,可以证明仅考虑 X 方向,满足条件的商店的 X 坐标 midx 为其中位数;将 Y 坐标递增排序后为 $y_0,y_1,\cdots,y_{n-1}$,仅考虑 Y 方向,满足条件的商店的 Y 坐标 midy 为其中位数。由于 X、Y 方向是相互独立的,最终结果为(midx,midy)。对应的算法如下:

```
void greedy(vector < int > &x, vector < int > &y, int &midx, int &midy) {
    int n = x.size();
    sort(x.begin(),x.end());
    midx = x[n/2];
    sort(y.begin(),y.end());
    midy = y[n/2];
}
```

8. 区间覆盖问题。用 i 来表示 X 坐标轴上坐标为$[i-1,i]$的长度为 1 的区间,给出 $n(1\leqslant n\leqslant 200)$个不同的整数表示 n 个这样的区间。现在要画 m 条线段覆盖住所有的区间,要求所画线段的长度之和最小,并且线段的数目不超过 $m(1\leqslant m\leqslant 50)$。例如,$n=5$, $m=3,a=\{1,3,8,5,11\}$。对应的 3 条线段如图 8.7 所示。总长度为 $5+1+1=7$,答案为 7。

解:采用贪心法,n 个区间会产生 $n-1$ 个间隔,间隔有大有小,按照从大到小的顺序把线段间的间隔排好。假设初始状态下有一条线段覆盖整个区域,每一步都从间隔最大的位置断开该线段,直到断

图 8.7　一个区间覆盖问题的解

开 $m-1$ 次,此时该线段就被分成了 m 截,并且这 m 截线段的长度和最小。对应的算法如下:

```
int greedy(vector < int > &a, int m) {        //求解贪心算法
    sort(a.begin(), a.end(), greater < int >());    //递减排序
    int n = a.size();
    vector < int > d;
    for(int i = 0; i < n - 1; i++)               //求出各个间隔
        d.push_back(a[i] - a[i + 1] - 1);
    sort(d.begin(), d.end(), greater < int >());    //递减排序
    int ans;                                      //存放答案
    if (m > n)                                    //如果 m > n,直接输出 n
        ans = n;
    else {
        int k = 1;                                //累计线段数
        ans = a[0] - a[n - 1] + 1;                //初始线段总长
        int j = 0;
        while(k < m && d[j] > 0) {                //断开距离最大的 m 个间隔
            k++;
            ans = ans - d[j];                     //减去间隔
            j++;
        }
    }
    return ans;
}
```

9. 奖学金问题。小 v 今年有 n 门课(课程的编号为 $0 \sim n-1$),每门课程都有考试,为了拿到奖学金,小 v 必须让自己所有课程的平均成绩至少为 avg。每门课由平时成绩和考试成绩相加得到,满分为 r。现在他知道每门课的平时成绩为 $a_i (0 \leqslant i \leqslant n-1)$,若想让这门课的考试成绩多拿一分,小 v 要花 b_i 的时间复习,如果不复习当然就是 0 分,并且复习得再多也不会拿到超过满分的分数。设计一个算法求为了拿到奖学金小 v 至少要花多少时间复习。例如,$a = \{80, 70, 90, 60\}$,$b = \{5, 2, 3, 1\}$,$r = 100$,avg $= 92.5$,答案是 30。

解:用结构体数组 A 存放小 v 所有课程的数据,$A[i].a$ 表示课程 i 的平时成绩,$A[i].b$ 表示课程 i 得到一分所需的单位复习时间。

采用贪心法的思想,每次选择复习代价最小的进行复习,并拿到满分,直到分数达到平均分。其过程是先将 A 数组按单位复习时间 b 递增排序,再从 $A[0]$ 到 $A[n-1]$ 累计达到要求所需的最少复习时间。用 Sums 表示小 v 达到条件的总分,sum 表示小 v 已经得到的分数,则课程 j 达到要求的分数是 $\min(\text{Sums} - \text{sum}, r - A[j].a)$,因为在课程 j 上花费再多的时间也不可以超过满分 r。对应的算法如下:

```
struct Course{                                //课程的类型
    int a;                                    //课程的平时成绩
    int b;                                    //课程多拿一分要花的复习时间
    bool operator <(const Course &s) {
        return b < s.b;                        //用于按单位复习时间递增排序
    }
};
int greedy(vector < int > &a, vector < int > &b, int r, double avg) {
    int n = a.size();
    vector < Course > A;
    for(int i = 0; i < n; i++) {
```

```
            Course tmp;
            tmp.a = a[i];
            tmp.b = b[i];
            A.push_back(tmp);
        }
        int Sums = (int)n * avg;                           //小 v 达到条件的总分
        int sum = 0;                                       //小 v 的现有课程的总分
        for (int i = 0;i < n;i++)
            sum += A[i].a;
        sort(A.begin(),A.end());                           //按单位复习时间递增排序
        int ans = 0;                                       //小 v 需要的复习时间
        for (int j = 0;j < n;j++) {
            if (sum > = Sums)                              //已经达到要求
                break;
            sum += min(Sums – sum,r – A[j].a);             //累计课程 j 达到要求的分数
            ans += A[j].b * min(Sums – sum,r – A[j].a);    //累计课程 j 达到要求的复习时间
        }
        return ans;
    }
```

第 9 章 图算法

9.1 本章知识结构 ❋

本章主要讨论最小生成树、最短路径和最大网络流的相关算法及其经典应用示例,其知识结构如图 9.1 所示。

图 9.1 本章知识结构图

9.2 《教程》中的练习题及其参考答案❋

1. 给出采用 Prim 算法(起点为 0)和 Kruskal 算法求如图 9.2(a)所示的带权连通图 G_1 的一棵最小生成树的过程,在选边 $<u,v>(u<v)$ 时相同权值优先选择 u 较小的,u 相同时优先选择 v 较小的。

答:(1) 采用 Prim 算法(起点为 0),$U=\{0\}$,$V=\{1,2,3,4\}$,构造过程如下。

① 选择边 $<0,2>$,$U=\{0,2\}$,$V=\{1,3,4\}$。

② 选择边 $<0,4>$,$U=\{0,2,4\}$,$V=\{1,3\}$。

③ 选择边 $<0,1>$,$U=\{0,2,4,1\}$,$V=\{3\}$。

④ 选择边 $<1,3>$,$U=\{0,2,4,1,3\}$,$V=\{\}$。

(2) 采用 Kruskal 算法,将全部边按权值递增排序为 $\{<0,2>:1,<0,4>:1,<2,4>:1,<0,1>:2,<1,2>:2,<1,3>:3,<2,3>:3,<3,4>:3\}$,构造过程如下。

① 选择边 $<0,2>$。

② 选择边 $<0,4>$。

③ 考虑边 $<2,4>$,出现回路,舍弃。考虑边 $<0,1>$,不会出现回路,选择该边。

④ 考虑边 $<1,2>$,出现回路,舍弃。考虑边 $<1,3>$,不会出现回路,选择该边。

从中看出,两种方法构造的最小生成树相同,如图 9.2(b)所示。这是因为选择边的要求导致的,在实际中并没有这样的要求,当存在多棵最小生成树时两种算法的结果并不一定相同。

2. Kruskal 算法用于求一个带权连通图的最大生成树,将生成树的权值和改为最大,则为最大生成树,请模仿 Kruskal 算法求如图 9.3(a)所示的带权连通图 G_2 的一棵最大生

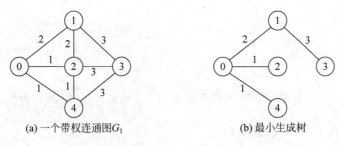

(a) 一个带权连通图G_1 (b) 最小生成树

图9.2 一个带权连通图及其最小生成树

成树。

答：假设一棵最大生成树为(V,TE)，V为G_2中的全部顶点，TE为空，将全部边按权值递减排序。

(1) 取第一条边(即权值最大的边(0,2))添加到TE中。

(2) 取第二条边(即权值次大的边(0,1))添加到TE中。

(3) 考虑边(1,2)，添加后会出现回路，舍弃。考虑边(0,4)，添加后不会出现回路，将其添加到TE中。

(4) 考虑边(1,4)，添加后会出现回路，舍弃。考虑边(2,3)，添加后不会出现回路，将其添加到TE中。

得到的一棵最大生成树如图9.3(b)所示，其权值和等于14。尽管最大生成树有多棵，但其权值和均为14。

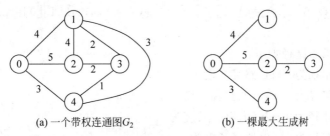

(a) 一个带权连通图G_2 (b) 一棵最大生成树

图9.3 一个带权连通图及其最大生成树

3. Dijkstra、Bellman-Ford和SPFA算法适合含负权的图(不含负权回路)求单源最短路径吗？请说明理由。

答：Bellman-Ford和SPFA算法适合含负权的图(不含负权回路)求单源最短路径，而Dijkstra算法不适合。因为Dijkstra算法是一种贪心算法，一旦找到源点s到某个顶点u的最短路径$dist[u]$，以后就不再调整$dist[u]$，如果图中存在负权边，后面就可能存在源点s到顶点u的更短路径，所以Dijkstra算法不适合含负权的图求单源最短路径。例如，对于如图9.4所示的含负权的带权有向图，$s=0$，采用Dijkstra算法先求出$dist[1]=1$，这个就是最终结点，实际上$0→2→1$才是0到1的最短路径，其$dist[1]=-2$。

若图中含有负权回路，由于这3种算法都没有路径的判重，所以均不适合求单源最短路径。

4. 给出采用Floyd算法求如图9.5所示的带权有向图中最短路径的过程和结果。

答：采用Floyd算法求最短路径的过程如下。

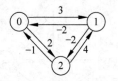

图 9.4　一个含负权的带权有向图　　　图 9.5　一个带权有向图

（1）初始化 A 和 path 数组如下。

A：

0	3	2
−2	0	−2
−1	4	0

path：

−1	0	0
1	−1	1
2	2	−1

（2）$k=0$，修改 $A[2][1]=A[2][0]+A[0][1]=2$，path$[2][1]=$path$[0][1]=0$，其他不变。

（3）$k=1$，修改 $A[0][2]=A[0][1]+A[1][2]=1$，path$[0][2]=$path$[1][2]=1$，其他不变。

（4）$k=2$，修改 $A[1][0]=A[1][2]+A[2][0]=-3$，path$[1][0]=$path$[2][0]=2$，其他不变。

最后推导出最短路径如下：

从 0 到 1 的路径为 0→1，路径长度为 3。

从 0 到 2 的路径为 0→1→2，路径长度为 1。

从 1 到 0 的路径为 1→2→0，路径长度为 −3。

从 1 到 2 的路径为 1→2，路径长度为 −2。

从 2 到 0 的路径为 2→0，路径长度为 −1。

从 2 到 1 的路径为 2→0→1，路径长度为 2。

5. 简述为什么在 G_f 中建立反向边？

答：建立反向边是为了避免出现非最大流的阻塞流，若一条增广路径上的正向边 $<u,v>$ 的剩余容量为 $r(u,v)$（初始值为容量 $c(u,v)$），该增广路径的最小容量为 delta，则将该边的剩余容量递减 delta，即 $r(u,v)=r(u,v)-$delta，并添加反向边 $<v,u>$，其流量为 delta，建立反向边就是提供修正自己先前错误的可能，它可以取消先前的错误行为。

6. 求解帮助 Magicpig 问题。在金字塔中有一个叫作"Room-of-No-Return"的大房间。非常不幸的是，Magicpig 现在被困在这个房间里，房间的地板上有一些钩子。在房间的墙上有一些古老的埃及文字："如果你想逃离这里，你必须用绳索连接所有钩子，然后一个秘密的门将打开，你将获得自由。如果你不能这样做，你将永远被困在这里"。幸运的是，Magicpig 有一条长度为 L 的绳索，他可以把它切成段，每段可以连接两个钩子，只要它们的距离小于或等于这条绳子的长度。如果绳子不够长，他将不能逃脱。要求设计如下算法：

```
judge(int n,double L,vector < vector < in >> &a) {}
```

其中 n 是钩子的数量,L 是绳索的长度。a 表示 n 个钩子的二维坐标。如果 Magicpig 能够逃跑,返回 true,否则返回 false。

解法 1:将房间中的每个钩子看成一个顶点,两个顶点之间的距离作为权值,将 n 个顶点的图看成一个带权完全图,求出最小生成树,若最小生成树的所有边长小于或等于绳子的长度,返回 true,否则返回 false。采用 Prim 算法求最小生成树的程序如下:

```
double distance(vector < int > &a,vector < int > &b) {       //求两个点的距离
    return sqrt(1.0 * (a[0] - b[0]) * (a[0] - b[0]) + (a[1] - b[1]) * (a[1] - b[1]));
}
double Prim(vector < vector < double >> &A,int n,int s) { //Prim算法
    vector < double > lowcost(n,INF);
    vector < int > closest(n,0);
    for (int j = 0;j < n;j++) {                            //初始化 lowcost 和 closest 数组
        lowcost[j] = A[s][j];
        closest[j] = s;
    }
    double ans = 0.0;
    for (int i = 1;i < n;i++) {                            //找出(n-1)个顶点
        double mincost = INF;
        int k;
        for (int j = 0;j < n;j++) {                        //在(V - U)中找出离 U 最近的顶点 k
            if (lowcost[j]!= 0 && lowcost[j]< mincost) {
                mincost = lowcost[j];
                k = j;                                     //k 记录最近顶点的编号
            }
        }
        ans += mincost;
        lowcost[k] = 0;                                    //标记 k 已经加入 U
        for (int j = 0;j < n;j++) {                        //修改数组 lowcost 和 closest
            if (A[k][j]!= 0 && A[k][j]< lowcost[j]) {
                lowcost[j] = A[k][j];
                closest[j] = k;
            }
        }
    }
    return ans;
}
bool judge(int n,double L,vector < vector < int >> &a) {  //求解算法
    vector < vector < double >> A(n,vector < double >(n));
    for(int i = 0;i < n;i++) {
        for(int j = 0;j < n;j++) {
            if(i == j) A[i][i] = 0.0;
            A[i][j] = A[j][i] = distance(a[i],a[j]);
        }
    }
    double ans = Prim(A,n,0);
    if(ans > = L)
        return true;
    else
        return false;
}
```

解法 2:采用 Kruskal 算法求最小生成树的程序如下。

```
double distance(vector < int > &a, vector < int > &b) {   //求两个点的距离
    return sqrt(1.0 * (a[0] - b[0]) * (a[0] - b[0]) + (a[1] - b[1]) * (a[1] - b[1]));
}
vector < int > parent;                              //并查集存储结构
vector < int > rnk;                                 //存储结点的秩(近似于高度)
void Init(int n) {                                  //并查集的初始化
    parent = vector < int >(n);
    rnk = vector < int >(n);
    for (int i = 0; i < n; i++) {
        parent[i] = i;
        rnk[i] = 0;
    }
}

int Find(int x) {                                   //递归算法:在并查集中查找 x 结点的根结点
    if (x!= parent[x])
        parent[x] = Find(parent[x]);                //路径压缩
    return parent[x];
}
void Union(int x, int y) {                          //并查集中 x 和 y 的两个集合的合并
    int rx = Find(x);
    int ry = Find(y);
    if (rx == ry)                                   //x 和 y 属于同一棵树的情况
        return;
    if (rnk[rx]< rnk[ry])
        parent[rx] = ry;                            //rx 结点作为 ry 的孩子
    else {
        if (rnk[rx] == rnk[ry])                     //秩相同,合并后 rx 的秩增 1
            rnk[rx]++;
        parent[ry] = rx;                            //ry 结点作为 rx 的孩子
    }
}

struct Edge {                                       //边的类型
    int u;                                          //边的起点
    int v;                                          //边的终点
    double w;                                       //边的权值
    bool operator <(const Edge &e) const {
        return w < e.w;                             //用于按 w 递增排序
    }
};
double Kruskal(vector < Edge > &E, int n) {         //Kruskal 算法
    double ans = 0.0;
    sort(E.begin(), E.end());                       //按 w 递增排序
    Init(n);                                        //初始化并查集
    int k = 1;                                      //k 表示当前构造生成树的第几条边
    int j = 0;                                      //E 中边的下标,初值为 0
    while (k < n) {                                 //当生成的边数小于 n 时循环
        int u1 = E[j].u;
        int v1 = E[j].v;                            //取一条边的头、尾顶点编号 u1 和 v1
        int sn1 = Find(u1);
        int sn2 = Find(v1);                         //分别得到两个顶点所属集合的编号
        if (sn1!= sn2) {                            //添加该边不会构成回路
            ans += E[j].w;
            k++;                                    //生成的边数增 1
            Union(sn1, sn2);                        //将 sn1 和 sn2 两个顶点合并
        }
        j++;                                        //遍历下一条边
```

```
    }
    return ans;
}
bool judge(int n, double L, vector < vector < int >> &a) {          //求解算法
    vector < Edge > E;
    Edge e;
    for(int i = 0; i < n; i++) {
        for(int j = 0; j < i; j++) {
            e.u = i; e.v = j;
            e.w = distance(a[i], a[j]);
            E.push_back(e);
        }
    }
    double ans = Kruskal(E, n);
    if(ans >= L)return true;
    else return false;
}
```

7. 给定一个带权有向图的邻接矩阵,设计一个算法返回顶点 s 到 t 的最短路径长度,s 和 t 一定是图中的两个顶点,若没有这样的路径,返回 -1。

解法1:若图中所有边的权为正数,可以采用 Dijkstra 算法求解,以 s 为源点,当求出当前最小距离的顶点 u 时做以下两点优化。

(1) 若 $u = -1$,说明不存在 s 到 t 的路径,直接返回 -1。

(2) 若 $u = t$,说明找到顶点 t,此时 $dist[t]$ 表示 s 到 t 的最短路径长度,返回 $dist[t]$ 即可。

对应的算法如下:

```
int Dijkstra(vector < vector < int >> &A, int s, int t) { //求解算法
    int n = A.size();
    int dist[MAXN];
    int S[MAXN];
    for (int i = 0; i < n; i++) {
        dist[i] = A[s][i];                          //初始化距离
        S[i] = 0;                                   //将 S[]置空
    }
    S[s] = 1;                                       //将源点编号 s 放入 S 中
    for (int i = 1; i < n; i++) {                   //循环,直到所有顶点的最短路径都求出
        int mindis = INF, u = -1;                   //mindis 求最小路径长度
        for (int j = 0; j < n; j++) {               //选取不在 S 中且具有最小距离的顶点 u
            if (S[j] == 0 && dist[j]< mindis) {
                u = j;
                mindis = dist[j];
            }
        }
        if(u == -1) return -1;
        if(u == t) return dist[t];
        S[u] = 1;                                   //将顶点 u 加入 S 中
        for (int j = 0; j < n; j++) {               //修改不在 S 中的顶点的距离
            if (S[j] == 0) {
                if (A[u][j]< INF && dist[u] + A[u][j]< dist[j]) {
                    dist[j] = dist[u] + A[u][j];     //边松弛
                }
            }
        }
    }
```

```
        }
    return - 1;
}
```

解法2：若图中存在权为负数的边，但没有负权回路，可以采用 Bellman-Ford 算法求解，对应的算法如下。

```
int BellmanFord(vector < vector < int >> &A, int s, int t) {      //求解算法
    int n = A.size();
    int dist[MAXN];
    memset(dist, 0x3f, sizeof(dist));
    dist[s] = 0;
    for (int k = 1; k < n; k++) {                                 //循环 n - 1 次
        for(int x = 0; x < n; x++) {
            for(int y = 0; y < n; y++) {
                if(y == x) continue;
                if(A[x][y]< INF && dist[x] + A[x][y]< dist[y])
                    dist[y] = dist[x] + A[x][y];                  //边松弛
            }
        }
    }
    return dist[t];
}
```

解法3：若图中存在权为负数的边，但没有负权回路，可以采用 SPFA 算法求解，对应的算法如下。

```
int SPFA(vector < vector < int >> &A, int s, int t) {     //求解算法
    int n = A.size();
    int dist[MAXN];
    int visited[MAXN];
    memset(dist, 0x3f, sizeof(dist));
    memset(visited, 0, sizeof(visited));
    queue< int > qu;                                      //定义一个队列 qu
    dist[s] = 0;                                          //将源点的 dist 设为 0
    qu.push(s);                                           //源点 s 进队
    visited[s] = 1;                                       //表示源点 s 在队列中
    while (!qu.empty()){                                  //队不空时循环
        int x = qu.front(); qu.pop();                     //出队顶点 x
        visited[x] = 0;                                   //表示顶点 x 不在队列中
        for(int y = 0; y < n; y++) {
            if(A[x][y]!= 0 && A[x][y]< INF) {             //存在边< x, y >
                if (dist[x] + A[x][y]< dist[y]) {         //边松弛
                    dist[y] = dist[x] + A[x][y];
                    if (visited[y] == 0) {                //顶点 y 不在队列中
                        qu.push(y);                       //将顶点 y 进队
                        visited[y] = 1;
                    }
                }
            }
        }
    }
    return dist[t];
}
```

8. 给定一个带权有向图，所有权为正整数，采用邻接矩阵 g 存储，设计一个算法求其中的一个最小环。若存在边 $<a, b>$ 和 $<b, a>$，则 $a \to b \to a$ 构成一个环。

解：利用 Floyd 算法求出所有顶点对之间的最短路径长度 A。考虑任意一条边 $<i,j>$，如果 $A[j][i]<\infty$，说明顶点 j 到顶点 i 有一条最短长度为 $A[j][i]$ 的路径，再合并边 $<i,j>$，则构成一个环。在所有环中通过比较找到一个最小环并输出。求最小环的长度和一条最小环的算法如下：

```
void Dispapath(int path[ ][MAXN],int i,int j) {      //输出顶点 i 到 j 的一条最短路径
    vector < int > apath;                            //存放一条最短路径的中间顶点(反向)
    int k = path[i][j];
    apath.push_back(j);                              //在路径上添加终点
    while (k!= - 1 && k!= i) {                       //在路径上添加中间点
        apath.push_back(k);
        k = path[i][k];
    }
    apath.push_back(i);                              //在路径上添加起点
    for (int s = apath.size() - 1;s >= 0;s -- )      //输出路径上的中间顶点
        printf(" % d→",apath[s]);
}
int Mincycle(vector < vector < int >> &g, int A[MAXN][MAXN], int &mini, int &minj) {
    //在图 g 和 A 中查找一个最小环
    int n = g.size();
    int mind = INF;
    for (int i = 0;i < n;i++) {
        for (int j = 0;j < n;j++){
            if (i!= j && g[i][j]< INF && A[j][i]< INF) {
                if (g[i][j] + A[j][i]< mind) {
                    mind = g[i][j] + A[j][i];
                    mini = i; minj = j;
                }
            }
        }
    }
    return mind;
}
void Floyd(vector < vector < int >> &g) {            //用 Floyd 算法求图 g 中的一个最小环
    int n = g.size();
    int A[MAXN][MAXN],path[MAXN][MAXN];
    for (int i = 0;i < n;i++) {
        for (int j = 0;j < n;j++) {
            A[i][j] = g[i][j];
            if (i!= j && g[i][j]< INF)
                path[i][j] = i;                      //顶点 i 到 j 有边时
            else
                path[i][j] = - 1;                    //顶点 i 到 j 没有边时
        }
    }
    for (int k = 0;k < n;k++){                       //依次考察所有顶点
        for (int i = 0;i < n;i++) {
            for (int j = 0;j < n;j++) {
                if (A[i][j]> A[i][k] + A[k][j]) {
                    A[i][j] = A[i][k] + A[k][j];     //修改最短路径长度
                    path[i][j] = path[k][j];         //修改最短路径
                }
            }
        }
    }
}
```

```
        int mini,minj;
        int mind = Mincycle(g,A,mini,minj);
        if (mind!= INF) {
            printf("图中最小环:");
            Dispapath(path,mini,minj);                    //输出一条最短路径
            printf("%d,长度:%d\n",mini,mind);
        }
        else printf("图中没有任何环\n");
}
```

9. 给定一个网络 G 采用边数组 E 存放,其元素类型为 $<a,b,w>$,表示顶点 a 到顶点 b 的容量为 w,另外给定一个源点 S 和一个汇点 T,采用 Ford-Fulkerson 算法求最大流量。

解:Ford-Fulkerson 算法的原理见《教程》第 9 章中的 9.3.2 节。剩余网络采用邻接表存储,参见《教程》中的例 9.6。对应的 Ford-Fulkerson 算法求最大流量的程序如下:

```
struct Edge {                                   //剩余网络的出边结点类型
    int uno;                                    //边的起点,可省略
    int vno;                                    //边的终点
    int flow;                                   //空闲容量或者流量
    int next;                                   //下一条边
};
int tot;                                        //总边数
int head[MAXN];                                 //头结点
Edge edge[10 * MAXN];                           //边结点
int S,T;                                        //源点和汇点
bool visited[MAXN];                             //访问标记
int path[MAXN];                                 //path[v]记录最短路径上到达顶点 v 的边
void init() {                                   //初始化剩余网络
    memset(head, -1,sizeof(head));
    tot = 1;
}

void dfs(int u) {                               //采用 DFS 求一条增广路径
    if(visited[T] == 1) return;
    visited[u] = 1;
    for(int i = head[u];i!= -1;i = edge[i].next) {
        int v = edge[i].vno;
        if(visited[v] == 0 && edge[i].flow > 0) {   //考虑所有边(含反向边)
            path[v] = i;
            dfs(v);
        }
    }
}

int FordFulkerson() {                           //FordFulkerson 算法
    int maxflow = 0;                            //表示最大流量
    while(true) {
        memset(visited,0,sizeof(visited));
        memset(path, -1,sizeof(path));
        dfs(S);
        if (visited[T] == 0)                    //没有标记终点时退出循环
            break;
        int delta = INF;
        for (int i = T;i!= S;i = edge[path[i]^1].vno)  //求增广路径上的最小容量
            delta = min(delta,edge[path[i]].flow);
        for (int i = T;i!= S;i = edge[path[i]^1].vno) {  //按 delta 做增广操作
            edge[path[i]].flow -= delta;
            edge[path[i]^1].flow += delta;
```

```
            }
            maxflow += delta;                      //累计最大流量
        }
        return maxflow;
    }
    void addedge(int u,int v,int c) {              //添加一条正向边和反向边
        edge[++tot].uno = u; edge[tot].vno = v;    //2 和 3 分别表示正向边和反向边
        edge[tot].flow = c;
        edge[tot].next = head[u];
        head[u] = tot;
        edge[++tot].vno = u; edge[tot].uno = v;
        edge[tot].flow = 0;
        edge[tot].next = head[v];
        head[v] = tot;
    }
    void solve(vector < vector < int >> &E,int s,int t) {  //求解算法
        S = s; T = t;
        init();
        for(int i = 0;i < E.size();i++)            //创建剩余网络
            addedge(E[i][0],E[i][1],E[i][2]);
        printf("最大流量 = % d",FordFulkerson());
    }
```

10. 排水沟(POJ1273,时间限制为 5000ms,空间限制为 10 000KB)。John 建造了一套排水沟,水被排到附近的溪流中,他在每条沟渠的开始处安装了调节器,可以控制水流入该沟渠的速度。John 知道每条沟渠每分钟可以输送多少加仑的水,还知道沟渠的布局,这些沟渠从池塘中流出并相互流入,在一个复杂的网络中流动。根据所有这些信息确定水可以从池塘输送到溪流中的最大速率。对于任何给定的沟渠,水只能沿一个方向流动,但可以让水绕着一个圆圈流动。

输入格式:输入包括多个测试用例。每个测试用例的第一行包含两个以空格分隔的整数 $N(0 \leqslant N \leqslant 2000)$ 和 $M(2 \leqslant M \leqslant 2000)$,$N$ 是沟渠的数量,M 是这些沟渠的交叉点数。交叉点 1 是池塘,交叉点 M 是溪流,以下 N 行中的每一行都包含 3 个整数 S_i、E_i 和 C_i,其中 S_i 和 $E_i(1 \leqslant S_i,E_i \leqslant M)$ 表示该沟渠流经的交叉点,水将从 S_i 流经此沟至 E_i,$C_i(0 \leqslant C_i \leqslant 10\ 000\ 000)$ 是水流过沟渠的最大速率。

输出格式:对于每个测试用例,输出一个整数,即水从池塘中排空的最大速率。

输入样例:

```
5 4
1 2 40
1 4 20
2 4 20
2 3 30
3 4 10
```

输出样例:

```
50
```

解:题目属于基本的最大流问题,共有 M 个顶点,顶点编号为 $1 \sim M$,有 N 条边,每条边为 $<a,b,c>$,将 c 看成容量,求源点 1 到汇点 M 的最大流量。采用 Edmonds-Krap 算法求解,剩余网络用《教程》中例 9.6 的邻接表存储。对应的程序如下:

```cpp
# include < iostream >
# include < cstring >
# include < queue >
using namespace std;
const int INF = 0x3f3f3f3f;
const int MAXN = 2010;
struct Edge {                                    //剩余网络的边类型
    int uno;                                     //边的起点,可省略
    int vno;                                     //边的终点
    int flow;                                    //剩余容量或者流量
    int next;                                    //下一条边
};
int tot;                                         //总边数
int head[MAXN];                                  //头结点
Edge edge[MAXN];                                 //边结点
int S,T;                                         //源点和汇点
int level[MAXN];                                 //顶点的层次
int path[MAXN];                                  //path[v]记录最短路径上到达顶点 v 的边
int minf[MAXN];                                  //minf[v]记录最短路径上到达 v 的最小容量
void init() {                                    //初始化剩余网络
    memset(head, − 1,sizeof(head));
    tot = 1;
}
bool bfs() {                                      //广度优先搜索
    memset(path, − 1,sizeof(path));
    queue < int > qu;
    qu.push(S);
    minf[S] = INF;
    while(!qu.empty()){
        int u = qu.front();qu.pop();
        if (u == T) break;
        for (int i = head[u];i!= − 1;i = edge[i].next) {
            int v = edge[i].vno;
            int f = edge[i].flow;
            if (path[v] == − 1 && f > 0) {
                path[v] = i;
                minf[v] = min(minf[u],f);         //求最短路径上的最小流
                qu.push(v);
            }
        }
    }
    return (path[T]!= − 1);
}
int EdmondsKrap() {                               //用 Edmonds - Krap 算法求最大流量
    int maxflow = 0;
    while(bfs()) {
    int delta = INF;
        for (int i = T;i!= S;i = edge[path[i]^1].vno) {     //求 delta
            delta = min(delta,edge[path[i]].flow);
        }
        for (int i = T;i!= S;i = edge[path[i]^1].vno) {
            edge[path[i]].flow −= delta;
            edge[path[i]^1].flow += delta;
        }
        maxflow += delta;
    }
```

```
        return maxflow;
    }
    void addedge(int u, int v, int c) {          //添加一条正向边和反向边
        edge[++tot].uno = u; edge[tot].vno = v;  //2 和 3 分别表示正向边和反向边
        edge[tot].flow = c;
        edge[tot].next = head[u];
        head[u] = tot;
        edge[++tot].vno = u; edge[tot].uno = v;
        edge[tot].flow = 0;
        edge[tot].next = head[v];
        head[v] = tot;
    }
    int main() {
        int n, m;
        while(~scanf("%d%d", &n, &m)) {
            init();
            int a, b, c;
            while(n--) {
                scanf("%d%d%d", &a, &b, &c);
                addedge(a, b, c);
            }
            S = 1; T = m;
            printf("%d\n", EdmondsKrap());
        }
        return 0;
    }
```

上述程序提交后通过，执行用时为 0ms，内存消耗为 184KB。

9.3 补充练习题及其参考答案

扫一扫

在线资源

9.3.1 单项选择题及其参考答案

1. 一个含 n 个顶点、e 条边的带权连通图的最小生成树 T 中_____。

    A. 含有 n 个顶点、n 条边
    B. 含有 $n-1$ 个顶点、$e-1$ 条边

    C. 含有 n 个顶点、$e-1$ 条边
    D. 含有 n 个顶点、$n-1$ 条边

2. 对于含 n 个顶点、e 条边的带权连通图 G，以下叙述中正确的是_____。

    A. G 中的最小生成树一定是唯一的

    B. G 中可能存在多棵最小生成树，它们的权值和可能不相同

    C. G 中可能存在多棵最小生成树，它们的权值和一定相同

    D. 以上都不对

3. 对于含 n 个顶点、e 条边的带权连通图 G，以下叙述中正确的是_____。

    A. 若 G 中所有边的权相同，则其最小生成树是唯一的

    B. 若 G 中所有边的权不相同，则其最小生成树是唯一的

    C. Prim 算法适合于稀疏图求最小生成树

    D. Kruskal 算法适合于稠密图求最小生成树

4. 对于含 n 个顶点、e 条边的带权连通图 G，以下叙述中错误的是_____。

A. 若 G 中仅有两条权最小的边,则它们一定包含在 G 的所有最小生成树中

B. 若 G 中仅有 3 条权最小的边,则它们一定包含在 G 的所有最小生成树中

C. G 中所有边一定是 G 中权值最小的 $n-1$ 条边

D. 若 G 中仅有一条权最小的边,它也不一定包含在 G 的所有最小生成树中

5. 对于含 n 个顶点、e 条边的带权连通图 G,以下叙述中错误的是_____。

    A. Prim 算法和 Kruskal 算法构造的最小生成树一定相同

    B. Prim 算法和 Kruskal 算法构造的最小生成树一定不相同

    C. Prim 算法和 Kruskal 算法构造的最小生成树可能相同,也可能不相同

    D. 以上都不对

6. 设 P 是图 G 中从顶点 u 到 v 的最短路径,则有_____。

    A. P 的长度等于顶点 u 到 v 的最大流量

    B. P 的长度等于 G 中每条边的长度之和

    C. P 的长度等于 P 中每条边的长度之和

    D. P 中包含 n 个顶点和 $n-1$ 条边

7. Dijkstra 算法是_____求出图中从某顶点到其余顶点的最短路径。

    A. 按长度递减的顺序   B. 按长度递增的顺序

    C. 通过深度优先遍历   D. 通过广度优先遍历

8. 以下适合含负权的图求单源最短路径的算法是_____。

    A. Dijkstra、Bellman-Ford 和 SPFA   B. Bellman-Ford 和 SPFA

    C. Dijkstra 和 SPFA   D. Dijkstra 和 Bellman-Ford

9. 以下不属于贪心算法的是_____。

    A. Prim   B. Kruskal   C. Dijkstra   D. SPFA

10. 以下属动态规划算法的是_____。

    A. Bellman-Ford   B. Dijkstra   C. Floyd   D. SPFA

11. 以下求最短路径长度的算法中时间复杂度为 $O(e)$ 的算法是_____。

    A. Bellman-Ford   B. Dijkstra   C. Floyd   D. SPFA

12. Floyd 算法用于求_____。

    A. 拓扑序列   B. 关键路径

    C. 单源最短路径   D. 任意两个顶点之间的最短路径

13. 设 A 为有向图的 0/1 邻接矩阵,定义 $A^1=A$,$A^n=A^{n-1}\times A(n>1)$,则 $A^n[i][j]$ 等于_____。

    A. 从顶点 i 到顶点 j 的长度

    B. 从顶点 i 到顶点 j 的长度为 n 的路径数目

    C. 从顶点 i 到顶点 j 的长度为 n 的路径数目减 1

    D. 从顶点 i 到顶点 j 的长度为 n 的路径数目加 1

14. 在 Dijkstra、Bellman-Ford、SPFA 和 Floyd 求最短路径的算法中包含边松弛操作的是_____。

    A. 只有 Dijkstra 和 SPFA

    B. 只有 Dijkstra、Bellman-Ford 和 SPFA

C. 只有 Bellman-Ford

D. Dijkstra、Bellman-Ford、SPFA 和 Floyd

15. 有一个网络 G,其容量函数为 $c(u,v)$,μ 是关于可行流 $f(u,v)$ 的一条增广单路径,则在 μ 上有_____。

A. 对于任意 $<u,v>\in\mu^+$,有 $f(u,v)\leqslant c(u,v)$

B. 对于任意 $<u,v>\in\mu^+$,有 $f(u,v)<c(u,v)$

C. 对于任意 $<u,v>\in\mu^-$,有 $f(u,v)\leqslant c(u,v)$

D. 对于任意 $<u,v>\in\mu^-$,有 $f(u,v)\geqslant 0$

16. 在剩余网络 G_f 中,$<u,v>$ 的初始容量为 $c(u,v)$,对应的流量为 $f(u,v)$,其剩余容量为 $r(u,v)$,则以下正确的是_____。

A. $r(u,v)=c(u,v)-f(u,v)$ B. $f(u,v)=r(u,v)$

C. $r(u,v)=f(u,v)-c(u,v)$ D. $f(u,v)=c(u,v)+r(u,v)$

17. 以下叙述中正确的是_____。

A. 最大流等于网络中所有边流量的最大值

B. 最大流等于剩余网络中所有剩余容量的最大值

C. 可行流是最大流,当且仅当存在从源点 S 到汇点 T 的增广路径时

D. 以上都不对

18. 以下叙述中正确的是_____。

A. 增广路径是任意两个顶点之间的简单路径

B. 增广路径的调整量等于路径上正向边的最小剩余容量

C. 增广路径的调整量等于路径上正向边的最大剩余容量

D. 增广路径的调整量等于路径上反向边的最小剩余容量

19. 以下不是用于求网络 G 的最大流量的算法是_____。

A. Bellman-Ford   B. Ford-Fulkerson

C. Edmonds-Krap   D. Dinic

20. 以下叙述中错误的是_____。

A. Ford-Fulkerson 算法的时间复杂度为 $O(e|f^*|)$,f^* 表示算法找到的最大流量

B. Edmonds-Krap 算法的时间复杂度为 $O(ne^2)$

C. Dinic 算法的时间复杂度为 $O(n^2e)$

D. 3 种算法中 Ford-Fulkerson 算法的时间性能最好

9.3.2 问答题及其参考答案

1. 在 Dijkstra 算法中没有路径的判重,如何保证任何一条最短路径上没有重复的顶点?

2. 有人这样修改 Dijkstra 算法以便求一个带权连通图的单源最长路径,将每次选择 dist 最小的顶点 u 改为选择最大的顶点 u,将按路径长度小进行调整改为按路径长度大进行调整。这样可以求单源最长路径吗?

3. 以源点 $s=0$,采用 Dijkstra 算法求如图 9.6 所示的带权有向图的单源最短路径,回答以下问题。

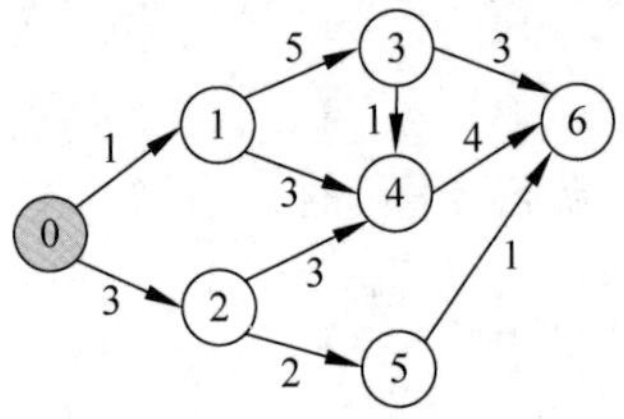

图 9.6　一个带权有向图

(1) 初始时 $U=\{0\}$,给出后面依次添加到 U 中的顶点的顺序。

(2) 给出所有的最短路径长度和最短路径。

4. 以源点 $s=0$,采用 SPFA 算法求如图 9.6 所示的带权有向图的单源最短路径,给出求解过程和结果。

5. Dijkstra、Bellman-Ford 和 SPFA 算法适合带权无向图求单源最短路径吗?

6. 简述 SPFA 算法和队列式分支限界法求单源最短路径的差别。

7. 如何利用 Bellman-Ford 算法判断含 n 个顶点的图中存在负权回路。

8. 如何利用 SPFA 算法判断含 n 个顶点的图中存在负权回路。

9. 增广路径可以包含反向边吗?

10. Ford-Fulkerson 算法在最坏情况下的迭代次数是 f^*,其中 f^* 表示最大流量,通过如图 9.7 所示的网络求 S=0、T=3 的最大流的过程说明之。

11. 简述 Edmonds-Krap 算法和 Ford-Fulkerson 算法的主要不同点。

12. 简述 Dinic 算法和 Edmonds-Krap 算法的主要不同点。

13. 给出如图 9.7 所示的网络采用 Edmonds-Krap 算法求 S=0、T=3 的最大流的过程。

14. 给出如图 9.7 所示的网络采用 Dinic 算法求 S=0、T=3 的最大流的过程。

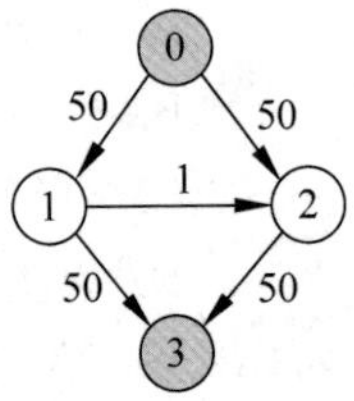

图 9.7　一个网络

9.3.3 算法设计题及其参考答案

1. 给定一个带权连通图,设计一个算法采用 Prim 算法思路构造出从源点 v 出发的全部最小生成树。

解:采用 Prim 算法的基本过程+回溯法。算法使用的变量如下:

(1) 一条边含两个顶点,用 pair < int,int >变量 e 表示,e.first 表示边的起点编号,e.second 表示边的终点编号,为了方便判断重复,总是规定 e.first<e.second。

(2) 一棵最小生成树由若干条边构成,用 set < pair < int,int >>集合 minT 表示(其中边的顺序不一定是构造最小生成树中选择边的顺序)。

(3) 全部最小生成树用 vector < set < pair < int,int >>>向量 allT 表示。

对于带权连通图 $G=(V,E)$,用数组 U 划分两个顶点集合,$U[i]=1$ 表示顶点 i 属于 U 集合,$U[i]=0$ 表示顶点 i 属于 $V-U$ 集合。在构造最小生成树时,Prim 算法指定源点为 v,首先设置 $U[v]=1$,用 Prim1(U,rest,minT)递归构造所有最小生成树(结果存放在全局向量 allT 中),其中 rest 表示最小生成树还有多少条边没有构造,当 rest=0 时表示构造好一棵最小生成树 minT,将其添加到 allT 中,但可能存在重复的最小生成树,需要进行判重处理。对应的算法如下:

```
int n;                                      //顶点的个数
vector < vector < int >> A;                 //图的邻接矩阵
vector < set < pair < int, int >>> allT;    //存放所有最小生成树
void DispallT() {                           //输出所有最小生成树
```

```
        printf("共有 % d 棵最小生成树\n",allT.size());
        for(auto T:allT) {
            for(auto it = T.begin();it!= T.end();it++)
                printf(" [ % d, % d]",it - > first,it - > second);
            printf("\n");
        }
    }
    void addminT(set < pair < int,int >> &minT) {         //添加不重复的最小生成树
        if (allT.size() == 0) {                            //将第一棵最小生成树直接插入
            allT.push_back(minT);
            return;
        }
        bool flag = false;
        for (int i = 0;i < allT.size();i++) {
            if (allT[i] == minT) {
                flag = true;
                break;
            }
        }
        if (!flag)                                         //仅插入不重复的最小生成树
            allT.push_back(minT);
    }
    void Prim1(vector < int > &U,int rest,set < pair < int,int >> &minT) {
                                                           //递归构造所有最小生成树
        int mine = INF;
        if (rest == 0) {                                   //产生一棵最小生成树 minT
            addminT(minT);                                 //不重复插入 allT 中
        }
        else {
            for (int i = 0;i < n;i++) {                    //求 U 和 V - U 集合之间的最小边长 mine
                if (U[i] == 1) {
                    for (int j = 0;j < n;j++) {
                        if (U[j] == 0) {
                            if (A[i][j]< INF && A[i][j]< mine)
                                mine = A[i][j];
                        }
                    }
                }
            }
            for (int i = 0;i < n;i++){                     //求 U 和 V - U 集合之间的最小边长的边
                if (U[i] == 1) {
                    for (int j = 0;j < n;j++) {
                        if (!U[j]) {
                            if (A[i][j]== mine){            //找所有最小边(i,j)
                                U[j] = 1;
                                set < pair < int,int >> minT1 = minT;
                                if (i < j)
                                    minT.insert(pair < int,int >(i,j));//构造边(i,j)
                                else
                                    minT.insert(pair < int,int >(j,i));//构造边(j,i)
                                Prim1(U,rest - 1,minT);     //递归构造最小生成树
                                U[j] = 0;                   //恢复环境
                                minT = minT1;               //恢复环境
                            }
                        }
                    }
                }
```

```
        }
    }
}
void Prim(vector < vector < int >> &a, int v) {        //构造全部最小生成树的 Prim 算法
    A = a;
    n = A.size();
    set < pair < int, int >> minT;
    vector < int > U(n, 0);
    U[v] = 1;
    Prim1(U, n - 1, minT);
    printf("Prim算法结果(起始点为%d)\n", v);
    DispallT();                                        //输出所有最小生成树
}
```

例如,对于如图 9.8 所示的带权连通图,调用上述 Prim 算法的输出结果如下:

```
Prim算法结果(起始点为3)
共有 6 棵最小生成树
    [0,1]  [0,2]  [1,3]
    [0,1]  [1,2]  [1,3]
    [0,2]  [1,2]  [1,3]
    [0,1]  [0,2]  [2,3]
    [0,2]  [1,2]  [2,3]
    [0,1]  [1,2]  [2,3]
```

2. 给定一个含 n 个顶点的带权连通图的边数组 E,其中边类型为 $<u, v, w>$,边的权值为正数,可能存在重复的边,设计一个算法求其最小生成树的权之和。例如,如图 9.9 所示的含重复边的带权连通图,其最小生成树的权之和等于 4。

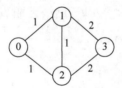
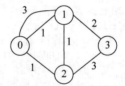

图 9.8　一个带权连通图　　　　图 9.9　一个含重复边的带权连通图

解:对于含重复边的带权连通图,在给定边数组 E 的情况下特别适合采用 Kruskal 算法求最小生成树,因为 Kruskal 算法对 E 数组按边的权值递增排序,重复的边一定选择权最小者,同时通过连通分量的判断保证一条边不可能选择两次。采用 Kruskal 算法求解对应的程序如下:

```
vector < int > parent;                    //并查集存储结构
vector < int > rnk;                       //存储结点的秩(近似于高度)
void Init(int n) {                        //初始化并查集
    parent = vector < int >(n);
    rnk = vector < int >(n);
    for (int i = 0; i < n; i++) {
        parent[i] = i;
        rnk[i] = 0;
    }
}
int Find(int x) {                         //递归算法:在并查集中查找 x 结点的根结点
    if (x != parent[x])
        parent[x] = Find(parent[x]);      //路径压缩
```

```
        return parent[x];
}
void Union(int x,int y) {                        //并查集中 x 和 y 的两个集合的合并
    int rx = Find(x);
    int ry = Find(y);
    if (rx == ry)                                //x 和 y 属于同一棵树的情况
        return;
    if (rnk[rx]< rnk[ry])
        parent[rx] = ry;                         //rx 结点作为 ry 的孩子
    else {
        if (rnk[rx] == rnk[ry])                  //秩相同,合并后 rx 的秩增 1
            rnk[rx]++;
        parent[ry] = rx;                         //ry 结点作为 rx 的孩子
    }
}
struct Edge {                                    //边的类型
    int u;                                       //边的起点
    int v;                                       //边的终点
    double w;                                    //边的权值
    Edge(int u, int v, int w):u(u),v(v),w(w) {}
    bool operator <(const Edge &e) const {
        return w < e.w;                          //用于按 w 递增排序
    }
};
int Kruskal(vector < Edge > &E, int n) {         //求解算法
    int ans = 0;
    sort(E.begin(),E.end());                     //按 w 递增排序
    Init(n);                                     //初始化并查集
    int k = 1;                                   //k 表示当前构造生成树的第几条边
    int j = 0;                                   //E 中边的下标,初值为 0
    while (k < n) {                              //当生成的边数小于 n 时循环
        int u1 = E[j].u;
        int v1 = E[j].v;                         //取一条边的头、尾顶点编号 u1 和 v1
        int sn1 = Find(u1);
        int sn2 = Find(v1);                      //分别得到两个顶点所属的集合的编号
        if (sn1!= sn2) {                         //添加该边不会构成回路
            ans += E[j].w;                       //累计最小生成树的权之和
            k++;                                 //生成的边数增 1
            Union(sn1,sn2);                      //将 sn1 和 sn2 两个顶点合并
        }
        j++;                                     //遍历下一条边
    }
    return ans;
}
```

3. 给定一个带权有向图,所有边的权值为正整数,采用邻接表 G 存储,$G[i]$ 表示顶点 i 的所有出边结点,每个出边结点的类型为(vno,wt)。采用优先队列的 Dijkstra 算法求源点为 s 的单源最短路径长度,并分析算法的时间复杂度。

解:定义一个优先队列 pq,其结点类型为(vno,length),按 length 越小越优先出队,先将最短路径长度数组 dist 的所有元素置为 ∞,S 数组的所有元素置为 0。置 dist$[s]=0$,$S[s]=1$,将$(s,0)$进队,当队列不空时循环:

(1) 出队$(u,length)$,表示 u 是当前从源点 s 出发距离最小的顶点,置 $S[u]=1$。

(2) 通过邻接表找到顶点 u 的所有不在 S 中的出边邻接点 v,做松弛操作,将最短路径

长度更新的邻接点 v 进队。

最后返回 dist。对应的算法如下：

```
struct Edge {                                  //邻接表中边结点的类型
    int vno;
    int wt;
};
struct QNode {                                 //优先队列结点类型
    int vno;                                   //顶点
    int length;                                //源点到当前顶点的最短路径长度
    bool operator <(const QNode &s) const {
        return length > s.length;              //按 length 越小越优先
    }
};
vector < int > Dijkstra(vector < vector < Edge >> &G, int s) {    //求解算法
    int n = G.size();
    vector < int > dist(n, INF);
    int S[MAXN];
    memset(S, 0, sizeof(S));
    QNode e, e1;
    priority_queue < QNode > pq;
    e.vno = s; e.length = 0;
    pq.push(e);
    dist[s] = 0;
    S[s] = 1;
    while(!pq.empty()) {
        e = pq.top(); pq.pop();
        int u = e.vno;
        S[u] = 1;
        for(int i = 0; i < G[u].size(); i++) {
            int v = G[u][i].vno;
            int w = G[u][i].wt;
            if(S[v] == 0 && dist[u] + w < dist[v]) {
                dist[v] = dist[u] + w;
                e1.vno = v; e1.length = dist[v];
                pq.push(e1);
            }
        }
    }
    return dist;
}
```

假设图中有 n 个顶点、e 条边，在上述算法中对每条边最多做一次松弛操作，最坏情况下优先队列中有 e 个结点，优先队列进队或者出队的时间为 $O(\log_2 e)$，所以算法的时间复杂度为 $O(e\log_2 e)$。

4. 给定一个没有回路的带权有向图，采用邻接矩阵 A 存放，所以边的权值为正数，设计一个算法求源点为 s 的单源最长路径及其长度。

解法 1：将图中所有边的权值改为负整数，求出含负权图的源点为 s 的单源最短路径，则该路径就是原图中的最长路径（原图中没有回路，因此这样改造的图中没有权值和为负数的回路）。采用 Bellman-Ford 算法求解的程序如下：

```
void Dispath(int n, int dist[], int path[], int v) {    //输出从顶点 v 出发的所有最长路径
    vector < int > apath;                               //存放一条最长路径(逆向)
    for (int i = 0; i < n; i++) {                       //循环,输出从顶点 v 到 i 的路径
```

```
        if (i!= v) {
            apath.clear();
            printf("  从顶点%d到顶点%d的路径长度为:%d\t路径为:",v,i,-dist[i]);
            apath.push_back(i);                    //添加路径上的终点
            int k = path[i];
            if (k == -1)                           //没有路径的情况
                printf("无路径\n");
            else {                                 //存在路径时输出该路径
                while (k!= v) {
                    apath.push_back(k);
                    k = path[k];
                }
                apath.push_back(v);                //添加路径上的起点
                for (int j = apath.size() - 1;j > = 0;j-- )   //再输出其他顶点
                    printf("  %d",apath[j]);
                printf("\n");
            }
        }
    }
}
void BellmanFord(vector < vector < int >> &A, int s) {   //求解算法
    int n = A.size();
    int dist[MAXN],path[MAXN];
    memset(dist,0x3f,sizeof(dist));
    memset(path, - 1,sizeof(path));
    dist[s] = 0;
    for (int k = 1;k < n;k++) {                     //循环 n - 1 次
        for(int x = 0;x < n;x++) {
            for(int y = 0;y < n;y++) {
                if(y == x) continue;
                if(A[x][y]< INF && dist[x] - A[x][y]< dist[y]) {
                    dist[y] = dist[x] - A[x][y];        //边松弛
                    path[y] = x;
                }
            }
        }
    }
    Dispath(n,dist,path,s);                         //输出最长路径及长度
}
```

解法 2：思路同解法 1，采用 SPFA 算法求解的程序如下。

```
void Dispath(int n,int dist[],int path[],int s) {      //输出从顶点 s 出发的所有最长路径
    vector < int > apath;                              //存放一条逆路径
    for (int i = 0;i < n;i++) {
        if (i == s) continue;
        if (path[i] == -1)
            printf("从顶点%d到%d没有路径\n",s,i);
        else {
            apath.clear();
            int k = i;
            apath.push_back(k);
            while (k!= s && k!= -1) {
                k = path[k];
                apath.push_back(k);
            }
            printf("从顶点%d到%d的最长路径长度:%2d, 路径: ",s,i,-dist[i]);
```

```
                    for (int j = apath.size() - 1;j >= 0;j--)
                        printf(" % d ",apath[j]);
                    printf("\n");
                }
            }
        }
    void SPFA(vector < vector < int >> &A, int s) {            //求解算法
        int n = A.size();
        int dist[MAXN],path[MAXN];
        int visited[MAXN];
        memset(dist,0x3f,sizeof(dist));
        memset(path, - 1,sizeof(path));
        memset(visited,0,sizeof(visited));
        queue < int > qu;                                       //定义一个队列 qu
        dist[s] = 0;                                            //将源点的 dist 设为 0
        qu.push(s);                                             //源点 s 进队
        visited[s] = 1;                                         //表示源点 s 在队列中
        while (!qu.empty()){                                    //队不空时循环
            int x = qu.front(); qu.pop();                       //出队顶点 x
            visited[x] = 0;                                     //表示顶点 x 不在队列中
            for(int y = 0;y < n;y++) {
                if(A[x][y]!= 0 && A[x][y]< INF) {               //存在边< x,y>
                    if (dist[x] - A[x][y]< dist[y]) {           //边松弛
                        dist[y] = dist[x] - A[x][y];
                        path[y] = x;
                        if (visited[y] == 0) {                  //顶点 y 不在队列中
                            qu.push(y);                         //将顶点 y 进队
                            visited[y] = 1;                     //表示顶点 y 在队列中
                        }
                    }
                }
            }
        }
        Disppath(n,dist,path,s);                                //输出最长路径及长度
    }
```

5. 超级计算机(POJ1502,时间限制为1000ms,空间限制为10 000KB)。BIT 最近接收一台超级计算机,包含 n 个 32 位处理器,编号为 $1\sim n$。给定这些处理器发送和接收消息的时间,求从处理器 1 发出消息其他 $n-1$ 个处理器都接收到消息的最少时间。

输入格式:输入包含多个测试用例,每个测试用例的第一行是一个整数 $n(1\leqslant n\leqslant 100)$,表示处理器的数量,其余部分定义了一个邻接矩阵 A,邻接矩阵是一个大小为 $n\times n$ 的正方形,它的每个元素要么是整数,要么是字符 x。$A(i,j)$ 的值表示从处理器 i 直接向处理器 j 传送消息的时间,$A(i,j)$ 的值为'x'表示消息不能直接从处理器 i 发送到处理器 j。注意,处理器向自身发送消息不需要通信,因此 $A(i,i)=0$,此外可以假设网络是无向的(消息可以以相同的时间向任一方向传递),即 $A(i,j)=A(j,i)$。因此只需要提供 A 的(严格)下三角形部分上的元素即可。程序的输入是 A 的下三角形部分,也就是说,输入的第二行将包含一个元素 $A(2,1)$,下一行将包含两个元素 $A(3,1)$ 和 $A(3,2)$,以此类推。

输出格式:对于每个测试用例输出一行,包括从处理器 1 向其他所有处理器传递消息所需的最少时间。

输入样例：

```
5
50
30 5
100 20 50
10 x x 10
```

输出样例：

```
35
```

解：将每个处理器看成一个顶点，由于顶点个数 n 较小，直接采用二维数组 A 存放。采用 Dijkstra 算法求出顶点 1 到其他顶点的最小距离，用 dist 数组存放，则其中的最大值就是题目的答案。对应的程序如下：

```cpp
# include < iostream >
# include < cstring >
# include < string >
using namespace std;
const int INF = 0x3f3f3f3f;
const int MAXN = 110;
int n;
int A[MAXN][MAXN];
int dist[MAXN];
int S[MAXN];
int Dijkstra(int s) {                              //Dijkstra 算法
    for (int i = 1; i <= n; i++) {
        dist[i] = A[s][i];                         //初始化距离
        S[i] = 0;                                  //将 S[ ]置空
    }
    S[s] = 1;                                      //将源点编号 s 放入 S 中
    dist[s] = 0;
    for(int i = 1; i < n; i++) {
        int u = - 1;
        int mindis = INF;
        for(int j = 1; j <= n; j++) {
            if(!S[j] && dist[j]< mindis) {
                mindis = dist[j];
                u = j;
            }
        }
        S[u] = 1;
        for(int j = 1; j <= n; j++) {
            if (S[j] == 0) {
                if (A[u][j]< INF && dist[u] + A[u][j]< dist[j]) {
                    dist[j] = dist[u] + A[u][j];       //边松弛
                }
            }
        }
    }
    int ans = - INF;
    for(int k = 1; k <= n; k++)
        ans = max(ans, dist[k]);
    return ans;
}
int main() {
```

```
    char s[10];
    while(~scanf(" % d",&n)) {
        memset(A,0x3f,sizeof(A));
        for(int i = 0;i <= n;i++)
            A[i][i] = 0;
        for(int i = 2;i <= n;i++) {
            for(int j = 1;j < i;j++) {
                scanf(" % s",s);
                if(s[0]!= 'x')
                    A[i][j] = A[j][i] = atoi(s);
            }
        }
        printf(" % d\n",Dijkstra(1));
    }
}
```

上述程序提交后通过,执行用时为 0ms,内存消耗为 180KB。

6. 给定一个网络 G 采用边数组 E 存放,其元素类型为 $<a,b,w>$,表示顶点 a 到顶点 b 的容量为 w,另外给定一个源点 S 和一个汇点 T,采用 Edmonds-Krap 算法求最大流量。

解:Edmonds-Krap 算法的原理参见《教程》中的 9.3.3 节。剩余网络采用邻接表存储,参见《教程》中的例 9.6。对应的 Edmonds-Krap 算法求最大流量的程序如下:

```
struct Edge {                              //剩余网络的出边结点类型
    int uno;                               //边的起点,可省略
    int vno;                               //边的终点
    int flow;                              //空闲流量
    int next;                              //下一条边
};
int tot;                                   //总边数
int head[MAXN];                            //头结点
Edge edge[10 * MAXN];                      //边结点
int S,T;                                   //源点和汇点
int path[MAXN];                            //path[v]记录最短路径上到达顶点 v 的边
int minf[MAXN];                            //minf[v]记录最短路径上到达 v 的最小容量
void init() {                              //初始化剩余网络
    memset(head, - 1,sizeof(head));
    tot = 1;
}
bool bfs() {                               //用广度优先搜索求最短增广路径
    memset(path, - 1,sizeof(path));
    queue < int > qu;
    qu. push(S);
    minf[S] = INF;
    while(!qu.empty()){
        int u = qu. front();qu. pop();
        if (u == T) break;
        for (int i = head[u];i!= - 1;i = edge[i]. next) {
            int v = edge[i].vno;
            int f = edge[i].flow;
            if (path[v] == - 1 && f > 0) {
                path[v] = i;
                minf[v] = min(minf[u],f);        //求最短路径上的最小流
                qu. push(v);
            }
        }
```

```
        }
        return (path[T]!= -1);                          //是否存在到汇点的路径
    }
int EdmondsKrap() {                                      // Edmonds - Krap 算法
    int maxflow = 0;                                     //表示最大流量
    while(bfs()) {
        int delta = INF;
        for (int i = T; i!= S; i = edge[path[i]^1].vno) {    //求 delta
            delta = min(delta,edge[path[i]].flow);
        }
        for (int i = T; i!= S; i = edge[path[i]^1].vno) {    //增广操作
            edge[path[i]].flow -= delta;
            edge[path[i]^1].flow += delta;
        }
        maxflow += delta;                                //累计最大流量
    }
    return maxflow;
}
void addedge(int u, int v, int c) {                      //添加一条正向边和反向边
    edge[++tot].uno = u; edge[tot].vno = v;              //2 和 3 分别表示正向边和反向边
    edge[tot].flow = c;
    edge[tot].next = head[u];
    head[u] = tot;
    edge[++tot].vno = u; edge[tot].uno = v;
    edge[tot].flow = 0;
    edge[tot].next = head[v];
    head[v] = tot;
}
void solve(vector < vector < int >> &E, int s, int t) {  //求解算法
    S = s; T = t;
    init();
    for(int i = 0; i < E.size(); i++)                    //创建剩余网络
        addedge(E[i][0],E[i][1],E[i][2]);
    printf("最大流量 = % d",EdmondsKrap());
}
```

7. 给定一个网络 G 采用边数组 E 存放,其元素类型为$< a, b, w >$,表示顶点 a 到顶点 b 的容量为 w,另外给定一个源点 S 和一个汇点 T,采用 Dinic 算法求最大流量。

解: Dinic 算法的原理参见《教程》中的 9.3.4 节。剩余网络采用邻接表存储,参见《教程》中的例 9.6。对应的 Dinic 算法求最大流量的程序如下:

```
struct Edge {                                           //剩余网络的出边结点类型
    int uno;                                            //边的起点,可省略
    int vno;                                            //边的终点
    int flow;                                           //空闲流量
    int next;                                           //下一条边
};
int tot;                                                //总边数
int head[MAXN];                                         //头结点
Edge edge[10 * MAXN];                                   //边结点
int S, T;                                               //源点和汇点
int level[MAXN];                                        //顶点的层次
bool visited[MAXN];                                     //访问标记
void init() {                                           //初始化剩余网络
    memset(head, -1, sizeof(head));
```

```
            tot = 1;
    }
    void bfs() {                                    //用广度优先搜索构造层次网络
        memset(visited, 0, sizeof(visited));
        memset(level, 0, sizeof(level));
        queue < int > qu;                           //队列
        visited[S] = true;
        qu.push(S);
        while(!qu.empty()){
            int u = qu.front();qu.pop();
            for(int i = head[u];i!= - 1;i = edge[i].next) {
                if(edge[i].flow && !visited[edge[i].vno]) {
                    qu.push(edge[i].vno);
                    level[edge[i].vno] = level[u] + 1;
                    visited[edge[i].vno] = true;
                }
            }
        }
    }
    int dfs(int u, int limit) {                     //增广: u 表示当前点, limit 表示当前流量限制
        if(u == T || limit == 0) return limit;      //如果没有可行流或者到达汇点
        int flow = 0;
        for(int i = head[u]; i!= - 1;i = edge[i].next) {
            int v = edge[i].vno;
            if(edge[i].flow && level[v] == level[u] + 1) {   //必须有可行流,必须向下一层转移
                int f = dfs(v, min(limit, edge[i].flow));    //通过最大流
                edge[i].flow -= f;
                edge[i^1].flow += f;
                flow += f;                           //flow 表示这个点增广的最大流量
                limit -= f;
                if(limit == 0) break;                //若当前流量都可以得到分配就退出
            }
        }
        if(flow == 0) level[u] = - 1;               //如果此点无法通过流,阻塞此点
        return flow;                                 //返回答案
    }
    int Dinic() {                                    //用 Dinic 算法求最大流量
        int maxflow = 0;
        while(true) {
            bfs();
            if(!visited[T]) break;                   //没有访问到源点退出循环
            int delta = dfs(S, INF);
            maxflow += delta;
        }
        return maxflow;
    }
    void addedge(int u, int v, int c) {              //添加一条正向边和反向边
        edge[++tot].uno = u; edge[tot].vno = v;      //2 和 3 分别表示正向边和反向边
        edge[tot].flow = c;
        edge[tot].next = head[u];
        head[u] = tot;
        edge[++tot].vno = u; edge[tot].uno = v;
        edge[tot].flow = 0;
        edge[tot].next = head[v];
        head[v] = tot;
    }
```

```
void solve(vector < vector < int >> &E, int s, int t) {          //求解算法
    S = s; T = t;
    init();
    for(int i = 0; i < E.size(); i++)                             //创建剩余网络
        addedge(E[i][0], E[i][1], E[i][2]);
    printf("最大流量 = % d", Dinic());
}
```

8. 控制问题（HDU4289，时间限制为 1000ms，空间限制为 32 768KB）。安全部长最近收到了一个绝密信息，一群恐怖分子正计划将一些武器从一个城市（来源）运送到另一个城市（目的地）。假如知道他们的日期、来源和目的地，并且他们正在使用高速公路网络。高速公路网络由双向高速公路组成，连接两个不同的城市，车辆只能在城市进出高速公路网络。可以在一些选定的城市中设置一些 SA（特工），这样当恐怖分子进入一个设伏的城市（即 SA 在这个城市）时，他们就会立即被抓获。可以在所有城市中埋伏 SA，但是由于使用 SA 会花费一定数量的资金，这可能因城市而异，预算可能无法承担控制所有城市的全部成本，必须确定一组城市，即恐怖分子的所有线路必须至少通过一个城市，该城市集中成本总和是最小的。

输入格式：输入包含几个测试用例。每个测试用例的第一行包含两个整数 n 和 m（$2 \leq n \leq 200, 1 \leq m \leq 20\,000$），分别表示城市的数量和高速公路的数量，城市从 1 到 n 编号。第二行包含两个整数 s 和 d（$1 \leq s, d \leq n$），分别表示源编号和目标编号。以下 n 行包含成本，在这些行中，第 i 行恰好包含一个整数，即在第 i 个城市中埋伏 SA 的成本。可以假设成本为正且不超过 10^7。以下 m 行，这些行中的每一行都包含两个整数 a 和 b，表示 a 和 b 之间的双向高速公路。请处理，直到 EOF（文件结束）。

输出格式：对于每个测试用例输出一行，其中包含一个整数表示所选城市集的成本总和。

输入样例：

5 6
5 3
5
2
3
4
12
1 5
5 4
2 3
2 4
4 3
2 1

输出样例：

3

解法 1：设置源点 S 为 s（源城市的编号），汇点 T 为 $d+n$（$n+$ 目标城市的编号，因为后面一个城市对应图中的两个顶点）。建模如下：

（1）把一个城市拆成两个顶点，例如把编号为 i 的城市拆成编号为 i 和 $i+n$（容量顶点）的两个顶点，前者到后者有一条有向边，其容量为城市 i 的成本。

(2) 对于每一条双向边 (a,b)，建立 $a+n$ 到 b 和 $b+n$ 到 a 的两条有向边，它们的容量均为 INF(10^7)。

当上述网络建立后，题目转化为求从 S 到 T 的最大流量，剩余网络用《教程》例 9.6 的邻接表存储，采用 Edmonds-Krap 算法对应的程序如下：

```cpp
# include < iostream >
# include < cstring >
# include < queue >
using namespace std;
const int INF = 1e7;
const int MAXN = 1010;
const int MAXM = 100010;
struct Edge {                              //剩余网络的边类型
    int uno;                               //边的起点,可省略
    int vno;                               //边的终点
    int flow;                              //剩余容量或者流量
    int next;                              //下一条边
};
int tot;                                   //总边数
int head[MAXN];                            //头结点
Edge edge[MAXM];                           //边结点
int S,T;                                   //源点和汇点
int level[MAXN];                           //顶点的层次
int path[MAXN];                            //path[v]记录最短路径上到达顶点 v 的边
int minf[MAXN];                            //minf[v]记录最短路径上到达 v 的最小容量
void init() {                              //初始化剩余网络
    memset(head, - 1, sizeof(head));
    tot = 1;
}
bool bfs() {                               //广度优先搜索
    memset(path, - 1, sizeof(path));
    queue < int > qu;
    qu. push(S);
    minf[S] = INF;
    while(!qu.empty()){
        int u = qu. front();qu.pop();
        if (u == T) break;
        for (int i = head[u];i!= - 1;i = edge[i]. next) {
            int v = edge[i]. vno;
            int f = edge[i]. flow;
            if (path[v] == - 1 && f > 0) {
                path[v] = i;
                minf[v] = min(minf[u],f);      //求最短路径上的最小流
                qu. push(v);
            }
        }
    }
    return (path[T]!= - 1);
}
int EdmondsKrap() {                            //用 Edmonds - Krap 算法求最大流量
    int maxflow = 0;
    while(bfs()) {
    int delta = INF;
        for (int i = T;i!= S;i = edge[path[i]^1]. vno) {    //求 delta
            delta = min(delta,edge[path[i]]. flow);
```

```
        }
        for (int i = T; i!= S; i = edge[path[i]^1].vno) {    //增广
            edge[path[i]].flow -= delta;
            edge[path[i]^1].flow += delta;
        }
        maxflow += delta;
    }
    return maxflow;
}
void addedge(int u, int v, int c) {                 //添加一条正向边和反向边
    edge[++tot].uno = u; edge[tot].vno = v;          //2 和 3 分别表示正向边和反向边
    edge[tot].flow = c;
    edge[tot].next = head[u];
    head[u] = tot;
    edge[++tot].vno = u; edge[tot].uno = v;
    edge[tot].flow = 0;
    edge[tot].next = head[v];
    head[v] = tot;
}
int main() {
    int n, m, s, d;
    while(scanf("%d%d", &n, &m)!= EOF) {
        scanf("%d%d", &s, &d);
        init();
        S = s; T = d + n;
        for(int i = 1; i <= n; i++) {
            int x;
            scanf("%d", &x);
            addedge(i, i + n, x);
        }
        for(int i = 1; i <= m; i++) {
            int a, b;
            scanf("%d%d", &a, &b);
            addedge(a + n, b, INF);
            addedge(b + n, a, INF);
        }
        printf("%d\n", EdmondsKrap());
    }
    return 0;
}
```

上述程序提交后通过,执行用时为 858ms,内存消耗为 3020KB。

解法 2:建模方法与解法 1 相同。采用 Dinic 算法求最大流量的程序如下:

```
# include < iostream >
# include < cstring >
# include < queue >
using namespace std;
const int INF = 1e7;
const int MAXN = 1010;
const int MAXM = 100010;
struct Edge {                          //剩余网络的边类型
    int uno;                           //边的起点
    int vno;                           //边的终点
    int flow;                          //剩余容量或者流量
    int next;                          //下一条边
```

```
};
int tot;                                      //总的边数
int head[MAXN];                               //头结点
Edge edge[MAXM];                              //边结点
int S,T;                                      //源点和汇点
bool visited[MAXN];                           //访问标记
int level[MAXN];                              //顶点的层次
void addedge(int u,int v,int c) {             //添加一条正向边和反向边
    edge[++tot].uno = u; edge[tot].vno = v;   //正向边
    edge[tot].flow = c;
    edge[tot].next = head[u];
    head[u] = tot;
    edge[++tot].vno = u; edge[tot].uno = v;   //反向边
    edge[tot].flow = 0;
    edge[tot].next = head[v];
    head[v] = tot;
}
void init() {                                 //初始化剩余网络
    memset(head, -1, sizeof(head));
    tot = 1;
}
void bfs() {                                  //广度优先搜索
    memset(visited, 0, sizeof(visited));
    memset(level, 0, sizeof(level));
    queue< int > qu;                          //队列
    visited[S] = true;
    qu.push(S);
    while(!qu.empty()){
        int u = qu.front();qu.pop();
        for(int i = head[u]; i!= -1; i = edge[i].next) {
            if(edge[i].flow && !visited[edge[i].vno]) {
                qu.push(edge[i].vno);
                level[edge[i].vno] = level[u] + 1;
                visited[edge[i].vno] = true;
            }
        }
    }
}
int dfs(int u, int limit) {                   //增广：u 表示当前点，limit 表示当前流量
    if(u == T || limit == 0) return limit;    //如果没有可行流或者到达汇点
    int flow = 0;
    for(int i = head[u]; i!= -1; i = edge[i].next) {
        int v = edge[i].vno;
        if(edge[i].flow && level[v] == level[u] + 1) {
            int f = dfs(v, min(limit, edge[i].flow));
            edge[i].flow -= f;
            edge[i^1].flow += f;
            flow += f;                        //flow 表示这个点增广的最大流量
            limit -= f;
            if(limit == 0) break;             //若当前流量都可以得到分配,则退出
        }
    }
    if(flow == 0) level[u] = -1;              //如果此点无法通过流,阻塞此点
    return flow;                              //返回答案
}
int dinic() {                                 //用 Dinic 算法求最大流
```

```
        int maxflow = 0;
        while(true) {
            bfs();
            if(!visited[T]) break;              //没有访问到源点退出循环
            maxflow += dfs(S, INF);
        }
        return maxflow;
    }
    int main() {
        int n, m, s, d;
        while(scanf("%d%d", &n, &m) != EOF) {
            scanf("%d%d", &s, &d);
            init();
            S = s; T = d + n;
            for(int i = 1; i <= n; i++) {
                int x;
                scanf("%d", &x);
                addedge(i, i + n, x);
            }
            for(int i = 1; i <= m; i++) {
                int a, b;
                scanf("%d%d", &a, &b);
                addedge(a + n, b, INF);
                addedge(b + n, a, INF);
            }
            printf("%d\n", dinic());
        }
        return 0;
    }
```

上述程序提交后通过,执行用时为 62ms,内存消耗为 3016KB。从中看出,Dinic 算法的执行时间仅是 Edmonds-Krap 算法的 7.2%,这是因为建立的网络图中边较多。

第 **10** 章 计算几何

10.1 本章知识结构

本章主要讨论向量的运算及其应用、求凸包的经典算法、求最近点对和最远点对的相关算法及其应用示例,其知识结构如图 10.1 所示。

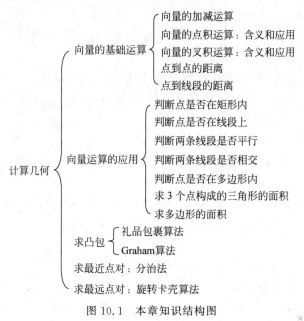

图 10.1 本章知识结构图

10.2 《教程》中的练习题及其参考答案

1. 有 3 个点 p_0、p_1 和 p_2,如何判断点 p_2 相对 p_0p_1 线段是左拐还是右拐?

答:将 p_0、p_1 和 p_2 看成一个三角形,求出 $d = (p_1 - p_0) \times (p_2 - p_0)$。

(1) 若 $d > 0$,p_0、p_1、p_2 三点在右手螺旋方向上,则 p_0、p_1、p_2 三点呈现左拐关系。

(2) 若 $d = 0$,p_0、p_1、p_2 三点共线。

(3) 若 $d < 0$,p_0、p_1、p_2 三点在左手螺旋方向上,则 p_0、p_1、p_2 三点呈现右拐关系。

2. 给出判断一个多边形 P_1 是否在另外多边形 P_2 内的过程,说明其时间复杂度。

答:只要判断多边形 P_1 的每条边是否都在多边形 P_2 内即可。假设多边形 P_1 有 m 个顶点,多边形 P_2 有 n 个顶点,对应的时间复杂度为 $O(mn)$。

3. 对于如图 10.2 所示的点集 A,给出采用 Graham 算法求凸包的过程及结果。

答:采用 Graham 算法求凸包的过程及结果如下。

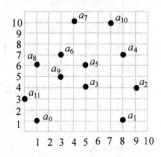

图 10.2 一个点集 A

求出起点 $a_0(1,1)$。

排序后：$a_0(1,1),a_1(8,1),a_2(9,4),a_3(5,4),a_4(8,7),a_5(5,6),a_{10}(7,10),a_9(3,5)$, $a_6(3,7),a_7(4,10),a_8(1,6),a_{11}(0,3)$。

先将 $a_0(1,1)$ 进栈，$a_1(8,1)$ 进栈，$a_2(9,4)$ 进栈。

处理点 $a_3(5,4)$：$a_3(5,4)$ 进栈。

处理点 $a_4(8,7)$：$a_3(5,4)$ 存在右拐关系，退栈，$a_4(8,7)$ 进栈。

处理点 $a_5(5,6)$：$a_5(5,6)$ 进栈。

处理点 $a_{10}(7,10)$：$a_5(5,6)$ 存在右拐关系，退栈，$a_{10}(7,10)$ 进栈。

处理点 $a_9(3,5)$：$a_9(3,5)$ 进栈。

处理点 $a_6(3,7)$：$a_9(3,5)$ 存在右拐关系，退栈，$a_6(3,7)$ 进栈。

处理点 $a_7(4,10)$：$a_6(3,7)$ 存在右拐关系，退栈，$a_7(4,10)$ 进栈。

处理点 $a_8(1,6)$：$a_8(1,6)$ 进栈。

处理点 $a_{11}(0,3)$：$a_{11}(0,3)$ 进栈。

结果：$n=8$，凸包的顶点为 $a_0(1,1),a_1(8,1),a_2(9,4),a_4(8,7),a_{10}(7,10),a_7(4,10)$, $a_8(1,6),a_{11}(0,3)$。

4. 对于如图 10.2 所示的点集 A，给出采用分治法求最近点对的过程及结果。

答：为了避免每次都将垂直带形区 a1 点集按 y 坐标排序，可以先将全部点按 y 坐标排序。求解过程如下：

排序前为 $(1,1),(8,1),(9,4),(5,4),(8,7),(5,6),(3,7),(4,10),(1,6),(3,5),(7,10)$, $(0,3)$，按 x 坐标排序后为 $(0,3),(1,1),(1,6),(3,7),(3,5),(4,10),(5,4),(5,6)$, $(7,10),(8,1),(8,7),(9,4)$，按 y 坐标排序后为 $(1,1),(8,1),(0,3),(5,4),(9,4),(3,5)$, $(1,6),(5,6),(3,7),(8,7),(4,10),(7,10)$。

(1) 中间位置 midindex$=5$，左部分为 $(0,3),(1,1),(1,6),(3,7),(3,5),(4,10)$，右部分为 $(5,4),(5,6),(7,10),(8,1),(8,7),(9,4)$，中间部分点集为 $(0,3),(3,7),(4,10)$, $(5,4),(5,6),(7,10),(8,7)$。

(2) 求解左部分：$(0,3),(1,1),(1,6),(3,7),(3,5),(4,10)$。

中间位置$=2$，划分为左部分 1：$(0,3),(1,1),(1,6)$，右部分 1：$(3,7),(3,5),(4,10)$。

处理左部分 1：点数小于 4，求出最近距离$=2.23607$，即 $(0,3)$ 和 $(1,1)$ 之间的距离。

处理右部分 1：点数小于 4，求出最近距离$=2$，即 $(3,7)$ 和 $(3,5)$ 之间的距离。

再考虑中间部分（中间部分最近距离$=2.23$），求出左部分 $d1=2$。

(3) 求解右部分：$(5,4),(5,6),(7,10),(8,1),(8,7),(9,4)$。

中间位置$=8$，划分为左部分 2：$(5,4),(5,6),(7,10)$，右部分 2：$(8,1),(8,7),(9,4)$。

处理左部分 2：点数小于 4，求出最近距离$=2$，即 $(5,4)$ 和 $(5,6)$ 之间的距离。

处理右部分 2：点数小于 4，求出最近距离$=3.16228$，即 $(8,1)$ 和 $(9,4)$ 之间的距离。

再考虑中间部分（中间部分为空），求出右部分 $d2=2$。

(4) 求解中间部分点集：$(0,3),(3,7),(4,10),(5,4),(5,6),(7,10),(8,7)$。求出最近距离 $d3=5$。

最终结果：$d=\min(d1,d2,d3)=2$。

5. 对于如图 10.2 所示的点集 A，给出采用旋转卡壳法求最远点对的过程及结果。

答：求出的凸包为(1,1),(8,1),(9,4),(8,7),(7,10),(4,10),(1,6),(0,3)。采用旋转卡壳法求最远点对的过程如下：

(1) 考察点(1,1),找到粗边 $j=4$,求出(1,1)和(7,10)的距离为 10.8167,(8,1)和(7,10)的距离为 9.05539。

(2) 考察点(8,1),找到粗边 $j=6$,求出(8,1)和(1,6)的距离为 8.60233,(9,4)和(1,6)的距离为 8.24621。

(3) 考察点(9,4),找到粗边 $j=7$,求出(9,4)和(0,3)的距离为 9.05539,(8,7)和(0,3)的距离为 8.94427。

(4) 考察点(8,7),找到粗边 $j=7$,求出(8,7)和(0,3)的距离为 8.94427,(7,10)和(0,3)的距离为 9.89949。

(5) 考察点(7,10),找到粗边 $j=0$,求出(7,10)和(1,1)的距离为 10.8167,(4,10)和(1,1)的距离为 9.48683。

(6) 考察点(4,10),找到粗边 $j=1$,求出(4,10)和(8,1)的距离为 9.84886,(1,6)和(8,1)的距离为 8.60233。

(7) 考察点(1,6),找到粗边 $j=1$,求出(1,6)和(8,1)的距离为 8.60233,(0,3)和(8,1)的距离为 8.24621。

(8) 考察点(0,3),找到粗边 $j=4$,求出(0,3)和(7,10)的距离为 9.89949,(1,1)和(7,10)的距离为 10.8167。

结果：最远点对为(1,1)和(7,10),最远距离为 10.8167。

6. 给定平面上的一个点 p 和一个三角形 p_1-p_2-p_3（逆时针顺序）,设计一个算法判断 p 在该三角形的内部。

解：如果 p 在三角形 p_1-p_2-p_3 的内部,如图 10.3 所示,p-p_2-p_3、p-p_3-p_1 和 p-p_1-p_2 均在右手螺旋方向上,否则表示 p 不在该三角形的内部。对应的算法如下：

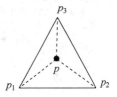

图 10.3 一个点 p 和一个三角形

```
bool intrig(Point p, Point p1, Point p2, Point p3) {
    double d1 = Direction(p, p2, p3);
    double d2 = Direction(p, p3, p1);
    double d3 = Direction(p, p1, p2);
    if (d1 > 0 && d2 > 0 && d3 > 0)
        return true;
    else
        return false;
}
```

7. 矩形重叠（LeetCode836★）。矩形以列表 $\{x_1, y_1, x_2, y_2\}$ 的形式表示,其中 (x_1, y_1) 为左下角的坐标,(x_2, y_2) 是右上角的坐标。矩形的上、下边平行于 X 轴,左、右边平行于 Y 轴。如果相交的面积为正,则称两矩形重叠。需要明确的是,只有角或边接触的两个矩形不构成重叠。给出两个矩形 rec1 和 rec2,如果它们重叠,返回 true,否则返回 false。例如,rec1={0,0,2,2},rec2={1,1,3,3},答案为 true。要求设计如下成员函数：

```
bool isRectangleOverlap(vector < int > &rec1, vector < int > &rec2) { }
```

解：先判断两个矩形只有角或边接触的情况,如果没有这样的情况出现,则重叠时一定满足 rec1[2]>rec2[0] && rec1[3]>rec2[1] && rec1[0]<rec2[2] && rec1[1]<rec2[3]的

条件。对应的程序如下：

```
class Solution {
public:
    bool isRectangleOverlap(vector < int > &rec1, vector < int > &rec2) {
        if (rec1[0] == rec1[2] || rec1[1] == rec1[3] || rec2[0] == rec2[2] || rec2[1] == rec2
[3]) {
            return false;
        }
        return rec1[2]> rec2[0] && rec1[3]> rec2[1] && rec1[0]< rec2[2] && rec1[1]< rec2[3];
    }
};
```

上述程序提交后通过，执行用时为 0ms，内存消耗为 7.6MB。

8. 田的面积（HDU2036，时间限制为 1000ms，空间限制为 32 768KB）。给定多边形表示的田，求田的面积。

输入格式：输入数据包含多个测试用例，每个测试用例占一行，每行的开始是一个整数 $n(3 \leqslant n \leqslant 100)$，它表示多边形的边数（当然也是顶点数），然后是按照逆时针顺序给出的 n 个顶点的坐标 $(x_1, y_1, x_2, y_2, \cdots, x_n, y_n)$，为了简化问题，这里的所有坐标都用整数表示。在输入数据中所有的整数都在 32 位整数范围内，$n=0$ 表示数据的结束，不做处理。

输出格式：对于每个测试用例，输出对应多边形的面积，结果精确到小数点后一位小数。每个测试用例的输出占一行。

输入样例：

```
3 0 0 1 0 0 1
4 1 0 0 1 -1 0 0 -1
0
```

输出样例：

```
0.5
2.0
```

解：直接利用《教程》中 10.1.8 节的思路求解，取一个顶点作为剖分出的三角形的顶点，三角形的其他顶点为多边形上相邻的点，求出每个三角形的有向面积并且累加即可。对应的程序如下：

```
# include < iostream >
# include < cstring >
# include < cmath >
# include < algorithm >
using namespace std;
const int MAXN = 110;
struct Point {                                  //点类
    double x, y;
    Point() {}
    Point(int x1, int y1):x(x1),y(y1) {}
    Point operator - (const Point&p1) const {
        return Point(x - p1.x, y - p1.y);
    }
};
int n;
Point p[MAXN];                                  //存放所有的顶点
double Det(Point p1, Point p2){                 //两个向量的叉积
```

```
        return p1.x * p2.y − p1.y * p2.x;
    }
    double polyArea(){                              //求多边形的面积
        double ans = 0.0;
        for (int i = 1;i < n − 1;i++)
            ans += Det(p[i] − p[0],p[i + 1] − p[0]);  //累计有向面积
        return fabs(ans)/2;                          //累计有向面积结果的绝对值
    }
    int main() {
        while(scanf(" % d",&n) && n) {
            for(int i = 0;i < n;i++) {
                scanf(" % lf % lf",&p[i].x,&p[i].y);
            }
            printf(" % .1f\n",polyArea());
        }
        return 0;
    }
```

上述程序提交后通过,执行用时为 0ms,内存消耗为 1744KB。

9. 牧场(POJ3348,时间限制为 2000ms,空间限制为 65 536KB)。给定一些树木的位置,请帮助农民用树木作为栅栏柱建立一个尽可能大的牧场,注意并非所有的树都要使用。农民想知道他们可以在牧场中放多少头奶牛。众所周知,一头奶牛至少需要 50 平方米的牧场才能生存。

输入格式:输入的第一行包含一个整数 n($1 \leqslant n \leqslant 10\ 000$),表示土地上生长的树木数量。接下来的 n 行给出每棵树的整数坐标,以两个整数 x 和 y 的形式给出,用一个空格分隔(其中 $-1000 \leqslant x,y \leqslant 1000$)。整数坐标与以米为单位的距离精确相关(例如,坐标(10,11)和(11,11)之间的距离是 1 米)。

输出格式:输出一个整数值,表示可以建立的牧场能够生存的最多奶牛数量。

输入样例:

```
4
0 0
0 101
75 0
75 101
```

输出样例:

```
151
```

解:用 Point 类型的 $p[0..n-1]$ 数组存放输入的 n 棵树的坐标,采用 Graham 算法由 p 求出其凸包 ch$[0..m-1]$,该多边形就是面积最大的牧场,然后求出 ch 的面积 area,输出 area/50 即可。对应的程序如下:

```
# include < iostream >
# include < cmath >
# include < algorithm >
using namespace std;
# define MAXN 10010
class Point {                                       //点类
public:
    int x,y;
    Point() {}
```

```
        Point(int x1, int y1):x(x1), y(y1) {}
        Point operator - (const Point &p1) {            //重载-运算符
            return Point(x - p1.x, y - p1.y);
        }
    };
    int n;                                              //n个点
    Point p[MAXN], ch[MAXN];                            //存放点集和凸包
    int Det(Point p1, Point p2) {                       //两个向量的叉积
        return p1.x * p2.y - p1.y * p2.x;
    }
    int Direction(Point p0, Point p1, Point p2) {       //判断两线段 p0p1 和 p0p2 的方向
        return Det((p1 - p0), (p2 - p0));
    }
    int Distance(Point p1, Point p2) {                  //两个点距离的平方
        return (p1.x - p2.x) * (p1.x - p2.x) + (p1.y - p2.y) * (p1.y - p2.y);
    }
    Point p0;                                           //起点,全局变量
    bool cmp(Point &x, Point &y){                       //排序比较关系函数
        int d = Direction(p0, x, y);
        if (d == 0)                                     //共线时,若x距离p0更长,返回true(重点)
            return Distance(p0, x) > Distance(p0, y);
        else if (d > 0)                                 //在顺时针方向上,返回true
            return true;
        else                                            //否则返回false
            return false;
    }
    int Graham() {                                      //求凸包的 Graham 算法
        int top = -1, k = 0;
        Point tmp;
        for (int i = 1; i < n; i++) {                   //找最下且偏左的点 a[k]
            if ((p[i].y < p[k].y) || (p[i].y == p[k].y && p[i].x < p[k].x))
                k = i;
        }
        swap(p[0], p[k]);                               //通过交换将 a[k]点指定为起点 a[0]
        p0 = p[0];                                      //将起点 a[0]放入 p0 中
        sort(p + 1, p + n, cmp);                        //按极角从小到大排序
        top++; ch[0] = p[0];                            //前3个点先进栈
        top++; ch[1] = p[1];
        top++; ch[2] = p[2];
        for (int i = 3; i < n; i++) {                   //判断与其余所有点的关系
            while (top >= 0 && Direction(ch[top - 1], p[i], ch[top]) > 0) {
                top--;                                  //存在右拐关系,栈顶元素出栈
            }
            top++; ch[top] = p[i];                      //当前点与栈内的所有点满足左拐关系,进栈
        }
        return top + 1;                                 //返回栈中元素的个数
    }
    double polyArea(int m) {                            //求凸包的面积
        double ans = 0.0;
        for (int i = 1; i < m - 1; i++)
            ans += Det(ch[i] - ch[0], ch[i + 1] - ch[0]);   //累计有向面积
        return fabs(ans) / 2;                           //累计有向面积结果的绝对值
    }
    int main() {
        while(scanf(" % d", &n) != EOF) {
            for(int i = 0; i < n; i++)
                scanf(" % d % d", &p[i].x, &p[i].y);
```

```
        int m = Graham();
        double area = polyArea(m);
        printf(" % d\n",(int)(area/50.0));
    }
    return 0;
}
```

上述程序提交后通过,执行用时为 0ms,内存消耗为 168KB。

10. 环绕树木(HDU1392,时间限制为 1000ms,空间限制为 32 768KB)。一个地区有一些树(不超过 100 棵树),一个农民想买一根绳子把这些树都围起来,所以他必须知道绳索的最小长度,但是他不知道如何计算。请设计一个算法帮助他,忽略树的直径和长度,这意味着可以将一棵树视为一个点,绳子的粗细也忽略,这意味着绳子可以被看作一条线。

输入格式:输入数据集中的树数量,后面是树的一系列坐标,每个坐标是一个正整数对,每个整数小于 32 767,用空格隔开。以输入树数量为 0 结束。

输出格式:每个数据集对应一行包含需要绳索的最小长度,精度应为 10^{-2}。

输入样例:

```
9
12 7
24 9
30 5
41 9
80 7
50 87
22 9
45 1
50 7
0
```

输出样例:

```
243.06
```

解法 1:题目是输入若干棵树的坐标位置,求把所有树围起来需要的最小绳索长度。将每棵树看成一个点,实际上就是求出凸包,累计构成凸包的边的长度即可。采用礼品包裹算法求解的程序如下:

```
# include < iostream >
# include < cmath >
# include < vector >
# include < algorithm >
using namespace std;
const int MAXN = 110;
int n;
struct Point {                          //点类型
    double x, y;
};
Point p[MAXN];
int Direction(Point a, Point b, Point c) {
    return (a. x - c. x) * (b. y - c. y) - (b. x - c. x) * (a. y - c. y);
}
double Distance(Point p1, Point p2) {
    return sqrt((p1. x - p2. x) * (p1. x - p2. x) + (p1. y - p2. y) * (p1. y - p2. y));
}
```

```
bool cmp(Point&aj,Point&ai,Point&ak) {        //比较两个向量方向的函数
    double d = Direction(aj,ai,ak);
    if (d == 0)                               //共线时,若 ajai 更长,返回 true
        return Distance(aj,ak)< Distance(aj,ai);
    else if (d > 0)                           //在顺时针方向上,返回 true
        return true;
    else                                      //否则返回 false
        return false;
}
vector < int > Package() {                    //礼品包裹算法,返回凸包的顶点序列 ch
    vector < int > ch;
    int j = 0;
    for (int i = 1; i < n; i++) {
        if (p[i].x < p[j].x || (p[i].x == p[j].x && p[i].y < p[j].y))
            j = i;                            //找最左边的最低点 j
    }
    int tmp = j;                              //tmp 保存起点
    while(true){
        int k = - 1;
        ch.push_back(j);                      //顶点 aj 作为凸包上的一个点
        for (int i = 0; i < n; i++) {
            if (i!= j && (k == - 1 || cmp(p[j],p[i],p[k])))
                k = i;                        //从 aj 出发找角度最小的点 ai
        }
        if (k == tmp) break;                  //找出起点时结束
        j = k;
    }
    return ch;
}
int main() {
    while(~scanf(" % d",&n) && n) {
        for(int i = 0; i < n; i++) {
            scanf(" % lf % lf",&p[i].x,&p[i].y);
        }
        if(n == 1) {
            printf("0.00\n");
            continue;
        }
        else if(n == 2) {
            printf(" % .2lf\n", Distance(p[0], p[1]));
            continue;
        }
        vector < int > ch = Package();
        double ans = 0.0;
        for(int i = 1; i < ch.size(); i++) {
            ans += Distance(p[ch[i - 1]],p[ch[i]]);
        }
        ans += Distance(p[ch[0]],p[ch.back()]);
        printf(" % .2lf\n", ans);
    }
    return 0;
}
```

上述程序提交后通过,执行用时为 109ms,内存消耗为 1748KB。

解法 2:思路同解法 1,采用 Graham 算法就是求出凸包,累计构成凸包的边的长度即可。对应的程序如下:

```
# include < iostream >
# include < cmath >
# include < vector >
# include < algorithm >
using namespace std;
const int MAXN = 110;
int n;
struct Point {                              //点类型
    double x, y;
};
Point p[MAXN];
double Direction(Point&a, Point&b, Point&c) {
    return (a.x - c.x) * (b.y - c.y) - (b.x - c.x) * (a.y - c.y);
}
double Distance(Point&p1, Point&p2) {
    return sqrt((p1.x - p2.x) * (p1.x - p2.x) + (p1.y - p2.y) * (p1.y - p2.y));
}
bool cmp(Point &a, Point &b){                //排序比较关系函数
    double d = Direction(p[0], a, b);
    if (d == 0)                              //共线时,若 ab 更长,返回 true
        return Distance(p[0], a) < Distance(p[0], b);
    else if (d > 0)                          //在顺时针方向上,返回 true
        return true;
    else                                     //否则返回 false
        return false;
}
Point ch[MAXN];                              //作为栈,存放找到的凸包
int Graham() {                               //求凸包的 Graham 算法
    int top = - 1, i, k = 0;
    for (i = 1; i < n; i++) {                //找最下且偏左的点 p[k]
        if ((p[i].y < p[k].y) || (p[i].y == p[k].y && p[i].x < p[k].x))
            k = i;
    }
    swap(p[0], p[k]);                        //通过交换将 p[k]点指定为起点 p[0]
    sort(p + 1, p + n, cmp);                 //按极角从小到大排序
    top++; ch[0] = p[0];                     //前 3 个点先进栈
    top++; ch[1] = p[1];
    top++; ch[2] = p[2];
    for (i = 3; i < n; i++) {                //判断与其余所有点的关系
        while (top > 0 && (Direction(ch[top - 1], p[i], ch[top]) > 0)) {
            top -- ;                         //存在右拐关系,栈顶元素出栈
        }
        top++; ch[top] = p[i];               //当前点与栈内所有点满足向左关系,进栈
    }
    return top + 1;                          //返回栈中元素的个数
}
int main() {
    while(~scanf(" % d", &n) && n) {
        for(int i = 0; i < n; i++) {
            scanf(" % lf % lf", &p[i].x, &p[i].y);
        }
        if(n == 1) {
            printf("0.00\n");
            continue;
        }
        else if(n == 2) {
            printf(" % .2lf\n", Distance(p[0], p[1]));
            continue;
```

```
        }
        int m = Graham();
        double ans = 0.0;
        for(int i = 1; i < m; i++) {
            ans += Distance(ch[i-1], ch[i]);
        }
        ans += Distance(ch[0], ch[m-1]);
        printf("%.2lf\n", ans);
    }
    return 0;
}
```

上述程序提交后通过，执行用时为 93ms，内存消耗为 1764KB。

11. 套圈游戏（HDU1007，时间限制为 5000ms，空间限制为 32 768KB）。现在做一个套圈游戏，有若干玩具，将每个玩具看成平面上的一个点。玩家可以扔一个圆环套住玩具，也就是说如果某个玩具与圆环中心之间的距离严格小于环的半径，则该玩具被套住了。组织者想让玩家最多只能套住一个玩具，问圆环的最大半径是多少？如果两个玩具放在同一点，圆环的半径被认为是 0。

输入格式：输入由几个测试用例组成，每个测试用例的第一行包含一个整数 N（$2 \leqslant N \leqslant 100\,000$），表示玩具的总数，然后是 N 行，每行包含一数值对 (x, y) 表示玩具的坐标。输入以 $N = 0$ 结束。

输出格式：对于每个测试用例，在一行中输出满足要求的最大半径，精确到小数点后两位。

输入样例：

```
2
0 0
1 1
2
1 1
1 1
3
-1.5 0
0 0
0 1.5
0
```

输出样例：

```
0.71
0.00
0.75
```

解：圆环的直径就是两个点之间的最小距离，在求出最小距离 d 后，题目的答案就是 $d/2$。所以该问题转换为求最近点对距离，采用分治法求解的原理参见《教程》中的 10.3.2 节。为了节省空间，用数组 p 存放所有的点，$p1$ 中仅存放 x 方向上与中心点 $p[mid]$ 距离小于 d 的点的编号。对应的程序如下：

```
#include <iostream>
#include <cmath>
#include <algorithm>
using namespace std;
#define MAXN 100010
```

```
struct Point {                                    //点类型
    double x,y;
} p[MAXN];
int p1[MAXN];
double cmpx(Point a,Point b){                     //用于 p 按 x 递增排序
    return a.x < b.x;
}
double cmpy(int a,int b){                          //用于 p1 中点的编号按 y 递增排序
    return p[a].y < p[b].y;
}
double Distance(Point a,Point b) {
    return sqrt((a.x - b.x) * (a.x - b.x) + (a.y - b.y) * (a.y - b.y));
}
double mindistance(int l,int r) {                  //求点对的最小距离
    if(r == l + 1)                                //只有两个点的情况
        return Distance(p[l],p[r]);
    if(l + 2 == r)                                //只有 3 个点的情况
        return min(Distance(p[l],p[r]),min(Distance(p[l],p[l + 1]),Distance(p[l + 1],p
[r])));
    int mid = (l + r)/2;                          //求中点位置
    double d1 = mindistance(l,mid);
    double d2 = mindistance(mid + 1,r);
    double d = min(d1,d2);
    int cnt = 0;
    for(int i = l;i <= r;i++){
        if(fabs(p[i].x - p[mid].x) < d)
            p1[cnt++] = i;                        //将 x 方向上与 p[mid]距离小于 d 的点编号添加到 p1 中
    }
    sort(p1,p1 + cnt,cmpy);                       //p1 中所有点按 y 递增排序
    for(int i = 0;i < cnt;i++) {
        for(int j = i + 1,k = 0;k < 7 && j < cnt && p[p1[j]].y - p[p1[i]].y < d;j++,k++)
            d = min(d,Distance(p[p1[i]],p[p1[j]]));   //最多考察 p[p1[i]]后面的 7 个点
    }
    return d;
}
int main() {
    int n;
    while(scanf("%d",&n)!= EOF) {
        if(n == 0) break;
        for(int i = 0;i < n;i++)                  //接受所有点 p
            scanf("%lf %lf",&p[i].x,&p[i].y);
        sort(p,p + n,cmpx);                       //p 中所有点按 x 递增排序
        printf("%.2lf %\n",mindistance(0,n - 1)/2);
    }
    return 0;
}
```

上述程序提交后通过,执行用时为 1294 ms,内存消耗为 3708 KB。

10.3   补充练习题及其参考答案   ✳

10.3.1   单项选择题及其参考答案

1. 二维平面中有两个点 $p_1(1,1)$ 和 $p_2(2,2)$,则 $p_1 \cdot p_2$ 的结果是_____。

扫一扫

在线资源

A. 0   B. 3   C. 4   D. 6

2. 二维平面中有两个点 $p_1(1,1)$ 和 $p_2(2,2)$，则 $p_1 \times p_2$ 的结果是_____。

    A. 0   B. 3   C. 4   D. 6

3. 二维平面中有两个点 $p_1(1,1)$ 和 $p_2(3,2)$，则 $p_1 \times p_2$ 的结果是_____。

    A. 0   B. -1 C. 1   D. 5

4. 二维平面中有 3 个点 $p_1(1,1)$、$p_2(3,3)$ 和 $p_3(2,3)$，则 $(p_2-p_1) \cdot (p_3-p_1)$ 的结果是_____。

    A. 0   B. 大于 0

    C. 小于 0   D. 大于 0 或者小于 0

5. 二维平面中有 3 个点 $p_1(1,1)$、$p_2(3,3)$ 和 $p_3(2,3)$，则 $(p_2-p_1) \times (p_3-p_1)$ 的结果是_____。

    A. 0   B. 大于 0

    C. 小于 0   D. 大于 0 或者小于 0

6. 二维平面中有 3 个点 $p_1(1,1)$、$p_2(3,3)$ 和 $p_3(5,3)$，则 $(p_2-p_1) \times (p_3-p_1)$ 的结果是_____。

    A. 0   B. 大于 0

    C. 小于 0   D. 大于 0 或者小于 0

7. 判断点 p_0 在线段 p_1p_2 所在的直线上的条件是_____。

    A. $(p_1-p_0) \times (p_2-p_0)=0$ B. $(p_1-p_0) \cdot (p_2-p_0)=0$

    C. $p_0 \times (p_1-p_2)=0$ D. $p_0 \cdot (p_1-p_2)=0$

8. 点 p_0 在 p_1 和 p_2 表示的矩形内应该满足的条件是_____。

    A. $(p_1-p_0) \times (p_2-p_0)<=0$ B. $(p_1-p_0) \times (p_2-p_0)>=0$

    C. $(p_1-p_0) \cdot (p_2-p_0)>=0$ D. $(p_1-p_0) \cdot (p_2-p_0)<=0$

9. 两条线段 p_1p_2 和 p_3p_4 平行应该满足的条件是_____。

    A. $(p_2-p_1) \times (p_4-p_3)=0$ B. $(p_2-p_1) \times (p_4-p_3)>=0$

    C. $(p_2-p_1) \cdot (p_4-p_3)=0$ D. $(p_2-p_1) \cdot (p_4-p_3)>=0$

10. 判断点 p_0 是否在多边形内的方法是从点 p_0 引一条水平向右的射线，统计该射线与多边形相交的情况，如果相交次数是_____个，那么就在多边形内。

    A. 0   B. 奇数   C. 偶数   D. 大于 0

11. 二维平面中有 6 个点 $p_1(1,1)$、$p_2(4,1)$、$p_3(5,4)$、$p_4(2,4)$、$p_5(2,2)$、$p_6(3,3)$，则以下正确的是_____。

    A. 凸包中不包含点 p_1 B. 凸包中不包含点 p_3

    C. 凸包中包含点 p_5 D. 凸包中不包含点 p_6

12. 二维平面中有 $n(n>3)$ 个点，则以下正确的是_____。

    A. 最近点对中的点一定是凸包中的点

    B. 最远点对中的一个点可能不是凸包中的点

    C. 最远点对中的两个点一定是凸包中的点

    D. 最远点对中的两个点可能都不是凸包中的点

在线资源

10.3.2 问答题及其参考答案

1. 给出判断折线(由多条线段首尾相连)是否在多边形内的过程,说明其时间复杂度。

2. 给出判断一个圆是否在一个多边形内的过程。

3. 给出判断一个点是否在一个圆内的过程。

4. 给出判断线段、折线、矩形和多边形是否在圆内的过程。

5. 给出计算点到折线、矩形或者多边形的最小距离的过程。

6. 由 3 个不同的 p_0、p_1 和 p_2 构成一个三角形,采用向量叉积求其面积。

7. 在采用 Graham 算法求凸包时为什么需要将全部点以基准点 p_0 为中心的极角从小到大排序?

8. 采用如下基本 Graham 算法求点集 a 的凸包,若 $a = \{(1,1),(2,2),(3,3),(2,4),(1,5)\}$,给出执行过程和求出的凸包 ch。

```
Point p0;                                   //起点,全局变量
bool cmp(Point &x,Point &y){                //排序比较关系函数
    double d = Direction(p0,x,y);
    if (d == 0)                             //共线时
        return Distance(p0,x)< Distance(p0,y);
    else if (d > 0)                         //在顺时针方向上,返回 true
        return true;
    else                                    //否则返回 false
        return false;
}
int Graham(vector < Point > &a,Point ch[]) {   //求凸包的 Graham 算法
    int n = a.size();
    int top = - 1,k = 0;
    Point tmp;
    for (int i = 1;i < n;i++) {              //找最下且偏左的点 a[k]
        if ((a[i].y < a[k].y) || (a[i].y == a[k].y && a[i].x < a[k].x))
            k = i;
    }
    swap(a[0],a[k]);                        //通过交换将 a[k]点指定为起点 a[0]
    p0 = a[0];                              //将起点 a[0]放入 p0 中
    sort(a.begin() + 1,a.end(),cmp);        //按极角从小到大排序
    top++;ch[0] = a[0];                     //前 3 个点先进栈
    top++;ch[1] = a[1];
    top++;ch[2] = a[2];
    for (int i = 3;i < n;i++) {             //判断与其余所有点的关系
        while (top >= 0 && Direction(ch[top - 1],a[i],ch[top])> 0) {
            top -- ;                        //存在右拐关系,栈顶元素出栈
        }
        top++; ch[top] = a[i];             //当前点与栈内所有点满足左拐关系,进栈
    }
    return top + 1;                         //返回栈中元素的个数
}
```

9. 采用如下 Graham 算法求点集 a 的凸包,若 $a = \{(1,1),(2,2),(3,3),(2,4),(1,5)\}$,给出执行过程和求出的凸包 ch。

```
Point p0;                                   //起点,全局变量
bool cmp(Point &x,Point &y){                //排序比较关系函数
    double d = Direction(p0,x,y);
```

```
        if (d == 0)                                      //共线时
            return Distance(p0,x)> Distance(p0,y);
        else if (d > 0)                                  //在顺时针方向上,返回 true
            return true;
        else                                             //否则返回 false
            return false;
    }
    int Graham(vector < Point > &a, Point ch[ ]) {       //求凸包的 Graham 算法
        int n = a.size();
        int top = - 1, k = 0;
        Point tmp;
        for (int i = 1; i < n; i++) {                     //找最下且偏左的点 a[k]
            if ((a[i].y < a[k].y) || (a[i].y == a[k].y && a[i].x < a[k].x))
                k = i;
        }
        swap(a[0],a[k]);                                 //通过交换将 a[k]点指定为起点 a[0]
        p0 = a[0];                                       //将起点 a[0]放入 p0 中
        sort(a.begin() + 1, a.end(),cmp);                //按极角从小到大排序
        top++; ch[0] = a[0];                             //前 3 个点先进栈
        top++; ch[1] = a[1];
        top++; ch[2] = a[2];
        for (int i = 3; i < n; i++) {                     //判断与其余所有点的关系
            while (top > = 0 && Direction(ch[top - 1],a[i],ch[top])> = 0) {
                top -- ;                                 //存在右拐关系,栈顶元素出栈
            }
            top++; ch[top] = a[i];                        //当前点与栈内所有点满足左拐关系,进栈
        }
        return top + 1;                                  //返回栈中元素的个数
    }
```

说明:与第 8 题相比,两个 Graham 算法中 while 循环的条件稍有不同。

10. 在用分治法求含 n 个点的点集 a 中的最近点对距离时,将问题分解为左、右点集和垂直带形区三部分,有人认为这样比较复杂,只需要将问题分解为左、右点集 S_1 和 S_2,求出 S_1 中的最近点对距离 d_1 和 S_2 中的最近点对距离 d_2,再采用穷举法求出 S_1 和 S_2 之间的最近点对距离 d_3,结果为 $\min(d_1,d_2,d_3)$,这样的算法性能如何?

10.3.3　算法设计题及其参考答案

1. 设计一个算法采用点积运算求平台中两个点 p_1 和 p_2 之间的距离。

解:两个点 p_1 和 p_2 可以看成 p_1p_2 线段,对应的向量为 $p_2 - p_1$,其长度为 sqrt($(p_2 - p_1) \cdot (p_2 - p_1)$),对应的算法如下:

```
double dist(Point p1, Point p2) {
    return sqrt(Dot(p2 - p1,p2 - p1));
}
```

2. 平面上有 p_1 与 p_2 表示的直线 L_1 和 p_3 与 p_2 表示的直线 L_2,设计一个算法判断 L_1 和 L_2 是否垂直。

解:L_1 的向量为 $p_2 - p_1$,L_2 的向量为 $p_4 - p_3$,若两个向量的点积等于 0,则它们是垂直的,否则不是垂直的。对应的算法如下:

```
bool vertical(Point p1, Point p2, Point p3, Point p4) {
    return Dot(p2 - p1,p4 - p3) == 0;
}
```

3. 给定平面上的一个点 p 和对角线为 p_1 和 p_2 的水平长方形,设计一个算法判断 p 是否在该长方形中。

解:求出该长方形覆盖范围的 x 坐标的最小值 minx 和最大值 maxx,y 坐标的最小值 miny 和最大值 maxy,若点 p 的 x 坐标在 [minx, maxx] 范围内,y 坐标在 [miny, maxy] 范围内,则点 p 在该长方形中,否则不在该长方形中。对应的算法如下:

```
bool pinrect(Point p0, Point p1, Point p2) {
    int minx = min(p1.x, p2.x);
    int maxx = max(p1.x, p2.x);
    int miny = min(p1.y, p2.y);
    int maxy = max(p1.y, p2.y);
    if(p0.x >= minx && p0.x <= maxx && p0.y >= miny && p0.y <= maxy)
        return true;
    else
        return false;
}
```

4. 给定平面上的一个点 p 和一个凸多边形 a(点按逆时针顺序排列),设计一个算法判断 p 是否在多边形 a 中。

解:如果点 p 在凸多边形 a 中,则 p 和任意一条边 $a[i]a[i+1]$ 均在右手螺旋方向上,如图 10.4 所示。对应的算法如下:

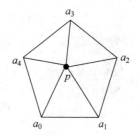

```
bool pinpoly(Point p, vector < Point > &a) {
    a.push_back(a[0]);        //a 的末尾添加 a[0]
    for(int i = 0; i < a.size() - 1; i++) {
        if(Direction(p, a[i], a[i + 1]) < 0)
            return false;
    }
    return true;
}
```

图 10.4 判定 p 是否在多边形中

5. 给定平面上的 3 个点 p_0、p_1 和 p_2,设计一个算法判断这 3 个点是否在一条直线上。

解:若 Direction(p_0, p_1, p_2) 等于 0,则这 3 个点在一条直线上,否则不在一条直线上。对应的算法如下:

```
bool collinear(Point p0, Point p1, Point p2) {
    if(Direction(p0, p1, p2) == 0)
        return true;
    else
        return false;
}
```

若坐标为浮点数,考虑精度问题,对应的算法如下:

```
const double eps = 1e - 8;
bool collinear1(Point p0, Point p1, Point p2) {
    if(fabs(Direction(p0, p1, p2)) <= eps)
        return true;
    else
        return false;
}
```

6. 给定平面上的一条线段 p_0p_1 和一个多边形点集 a（点按逆时针顺序排列），设计一个算法求线段 p_0p_1 与多边形相交的交点的个数。

解：用 cnt 累计交点的个数（初始为 0），在 a 的末尾添加 $a[0]$，枚举 a 的每一条边 a_1a_2，若 SegIntersect(p_0,p_1,a_1,a_2) 为 true，表示线段 p_0p_1 与边 a_1a_2 相交，cnt 增 1。SegIntersect() 算法的原理参见《教程》中的 10.1.5 节。对应的算法如下：

```
int Count(Point p0, Point p1, vector < Point > a) {
    int cnt = 0;                              //cnt 累计交点的个数
    a.push_back(a[0]);                        //末尾添加 a[0]
    Point a1, a2;
    for (int i = 0; i < a.size() - 1; i++) {
        a1 = a[i]; a2 = a[i + 1];             //取多边形的一条边 a1a2
        if(SegIntersect(p0, p1, a1, a2))
            cnt++;
    }
    return cnt;
}
```

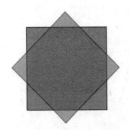

图 10.5 用糨糊涂抹两张剪纸的共同区域

7. 求解平面中两个多边形公共部分的面积问题。贝蒂喜欢剪纸，她有两个新剪出的凸多边形 A 和 B 需要粘在一起。她打算用糨糊涂抹两张剪纸的共同区域，如图 10.5 所示。给定点集 A 和 B（所有顶点按逆时针方向给出），设计一个算法求两个多边形的公共部分的面积。

解：先找出多边形 A 和 B 的相交点构成的结果多边形，其中需要考虑多边形 A 中的顶点缩到多边形 B 内部的情况，最后求出结果多边形的面积。

对应的算法如下：

```
struct Point {                                       //点类型
    double x;
    double y;
};
Point operator - (Point p1, Point p2) {              //向量 - 运算
    Point p;
    p.x = p1.x - p2.x;
    p.y = p1.y - p2.y;
    return p;
}
double operator * (Point p1, Point p2) {             //叉积运算
    return p1.x * p2.y - p1.y * p2.x;
}
bool changeit(Point p1, Point p2, Point p) {         //点 p 在多边形 B 的内部或者边上
    return (p - p1) * (p2 - p1) <= 0;
}
bool intersect(Point p1, Point p2, Point p3, Point p4, Point &p) {   //求 p1p2 和 p3p4 的相交点 p
    if (((p3 - p1) * (p2 - p1)) * ((p4 - p1) * (p2 - p1)) >= 0)
        return false;                                //不相交的情况
    double D, D1, D2;
    D = (p1 - p2) * (p4 - p3);
    D1 = (p3 * p4) * (p1.x - p2.x) - (p1 * p2) * (p3.x - p4.x);
    D2 = (p1 * p2) * (p4.y - p3.y) - (p3 * p4) * (p2.y - p1.y);
    p.x = D1/D;
```

```
    p. y = D2/D;
    return true;
}
double getarea(Point p1, Point p2, Point p3) {         //求 3 个点构成的三角形的面积
    return fabs((p1 - p2) * (p3 - p2))/2.0;
}
double solve(vector < Point > &A, vector < Point > &B) {        //求解算法
    double area = 0.0;
    int m = A.size();
    int n = B.size();
    vector < Point > tmp;
    Point p;
    B.push_back(B[0]);                                  //添加起点构成多边形 B 的第 n 条边
    for(int i = 0; i < n; i++) {                        //处理多边形 B 的每条边
        tmp.clear();
        if(A.size() < 3) break;
        int j = 0;
        for(; j < A.size() - 1; j++) {                  //处理多边形 A 的每条边
            if(intersect(B[i], B[i + 1], A[j], A[j + 1], p))
                tmp.push_back(p);                       //在 tmp 中添加相交点
            if(changeit(B[i], B[i + 1], A[j + 1]))
                tmp.push_back(A[j + 1]);                //在 tmp 中添加多边形 A 的内部点
        }
        if(intersect(B[i], B[i + 1], A[j], A[0], p))    //考虑多边形 A 的顶点 0
            tmp.push_back(p);
        if(changeit(B[i], B[i + 1], A[0]))
            tmp.push_back(A[0]);
        A = tmp;                                        //将 tmp 复制到公共多边形中
    }
    if(A.size() > 2) {                                  //求公共多边形的面积
        for(int i = 1; i < A.size() - 1; ++i)
            area += getarea(A[0], A[i], A[i + 1]);
    }
    return area;
}
```

8. 相交(POJ1410,时间限制为 1000ms,空间限制为 10 000KB)。编写一个程序判断给定的线段是否与给定的矩形相交。例如,线段的起点为(4,9)、终点为(11,2),矩形的左上角为(1,5)、右下角为(7,1),答案为不相交。

如果直线和矩形至少有一个共同点,则称该直线与矩形相交。矩形由 4 条线段和它们之间的区域组成。尽管所有输入值都是整数,但有效的交点不必位于整数网格上。

输入格式:输入由 n 个测试用例组成。输入文件的第一行包含整数 n。每一行一个测试用例,格式为 xstart ystart xend yend xleft ytop xright ybottom,其中(xstart, ystart)是线段的起点、(xend, yend)是线段的终点,(xleft, ytop)是矩形的左上角、(xright, ybottom)是矩形的右下角。8 个数字用空格隔开。

输出格式:对于输入文件中的每个测试用例,输出一行,如果线段与矩形相交,输出"T";如果线段与矩形不相交,则输出"F"。

输入样例:

1
4 9 11 2 1 5 7 1

输出样例:

F

解：线段由两个点 a 和 b 构成，矩形由 4 个点 p_1、p_2、p_3 和 p_4 构成。首先判断两个点 a 或者 b 是否在矩形内，如果是输出"T"，否则判断矩形的 4 条线段是否与 ab 线段相交，若存在相交输出"T"，否则输出"F"。对应的程序如下：

```cpp
# include < iostream >
# include < cmath >
using namespace std;
class Point {                                      //点类
public:
    double x,y;
    Point() {}
    Point(double x1,double y1):x(x1),y(y1) {}
    Point operator - (const Point &p1) {           //重载 - 运算符
        return Point(x - p1.x, y - p1.y);
    }
};
double Dot(Point p1, Point p2) {                   //两个向量的点积
    return p1.x * p2.x + p1.y * p2.y;
}
double Det(Point p1, Point p2){                    //两个向量的叉积
    return p1.x * p2.y - p1.y * p2.x;
}
double Direction(Point p0, Point p1, Point p2) {   //判断两线段 p0p1 和 p0p2 的方向
    return Det((p1 - p0),(p2 - p0));
}
bool OnSegment(Point p0, Point p1, Point p2) {     //判断点 p0 是否在线段 p1p2 上
    return Det(p1 - p0,p2 - p0) == 0 && Dot(p1 - p0,p2 - p0)< = 0;
}
bool SegIntersect(Point p1, Point p2, Point p3, Point p4) {    //判断两线段是否相交
    double d1,d2,d3,d4;
    d1 = Direction(p3,p1,p4);                      //求 p3p1 在 p3p4 的哪个方向上
    d2 = Direction(p3,p2,p4);                      //求 p3p2 在 p3p4 的哪个方向上
    d3 = Direction(p1,p3,p2);                      //求 p1p3 在 p1p2 的哪个方向上
    d4 = Direction(p1,p4,p2);                      //求 p1p4 在 p1p2 的哪个方向上
    if (d1 * d2 < 0 && d3 * d4 < 0)
        return true;
    if (d1 == 0 && OnSegment(p1,p3,p4))            //若 d1 为 0 且 p1 在 p3p4 线段上
        return true;
    else if (d2 == 0 && OnSegment(p2,p3,p4))       //若 d2 为 0 且 p2 在 p3p4 线段上
        return true;
    else if (d3 == 0 && OnSegment(p3,p1,p2))       //若 d3 为 0 且 p3 在 p1p2 线段上
        return true;
    else if (d4 == 0 && OnSegment(p4,p1,p2))       //若 d4 为 0 且 p4 在 p1p2 线段上
        return true;
    else
        return false;
}
int main() {
    int n;
    double x1,x2,y1,y2,minx,maxx,miny,maxy;
    Point a,b,p1,p2,p3,p4;
    bool flag;
    scanf ("% d",&n);
    while (n-- ) {
```

```
scanf ("%lf%lf%lf%lf%lf%lf%lf%lf", &a.x,&a.y,&b.x,&b.y,&x1,&y1,&x2,&y2);
minx = min(x1, x2);
maxx = max(x1, x2);
miny = min(y1, y2);
maxy = max(y1, y2);
flag = false;
if (max(a.x,b.x)< maxx && max(a.y,b.y)< maxy && min(a.x,b.x)> minx && min(a.y,b.y)>
miny)
        flag = true;                           //a或者b在矩形内
    else {
        p1.x = p2.x = minx;
        p1.y = p4.y = miny;
        p2.y = p3.y = maxy;
        p3.x = p4.x = maxx;
        if (SegIntersect(a,b,p1,p2) || SegIntersect(a,b,p2,p3) ||
                SegIntersect(a,b,p3,p4) || SegIntersect(a,b,p4,p1))
            flag = true;
    }
    if (flag) printf ("T\n");
    else printf ("F\n");
    }
    return 0;
}
```

上述程序提交后通过,执行用时为 0ms,内存消耗为 148KB。

9. 房间(POJ1556,时间限制为 1000ms,空间限制为 10 000KB)。编写程序找出通过包含障碍墙的房间的最短路径的长度。房间的边缘始终位于 $x=0$、$x=10$,$y=0$ 和 $y=10$,路径的起点和终点始终为 $(0,5)$ 和 $(10,5)$。房间内还有 $0\sim18$ 个垂直墙壁,每个墙壁都有两扇门。如图 10.6 所示为一个房间的实例,其中显示了最小长度的路径。

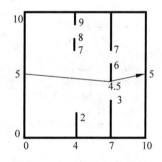

图 10.6 一个房间的实例

输入格式:图 10.6 中的输入数据如下。

```
2
4 2 7 8 9
7 3 4.5 6 7
```

第一行包含墙的数量。每面墙都有一条线,包含 5 个实数,第一个实数是墙的 x 坐标 $(0<x<10)$,其余 4 个实数是该墙中门口端的 y 坐标,墙的 x 坐标按递增顺序排列,而在每一行内 y 坐标按递增顺序排列。输入文件至少包含一个这样的数据集。当墙的数量为 -1 时,输入数据结束。

输出格式:每个房间输出一行,该行应包含四舍五入到小数点后两位小数的最小路径长度,并且始终显示小数点后的两位小数,该行不应包含空格。

输入样例:

```
1
5 4 6 7 8
2
4 2 7 8 9
7 3 4.5 6 7
-1
```

输出样例：

10.00
10.06

解：首先建模，即建立由点构成的带权无向图，采用邻接矩阵 A 存储。每面墙对应 4 个顶点、3 条边，这样 n 个墙的点的个数为 $4n$、边数为 $3n$。用数组 p 存放所有点，起始点为 $(0,5)$，其编号为 0，终点为 $(10,5)$，其编号 $t=4n+1$。用数组 seg 存放所有的线段，共有 $3n$ 条线段。

建立邻接矩阵 A 的过程是先置所有元素为 ∞，对于两个顶点 i 和 j，它们构成一条线段，若该线段与 seg 中的所有边都不相交，则置 $A[i][j]$ 和 $A[j][i]$ 为点 i 和 j 的直线距离。

当创建好邻接矩阵 A 后，该问题转换为求点 0 到点 t 的最短路径长度。采用 Dijkstra 算法的程序如下：

```cpp
# include < iostream >
# include < cmath >
using namespace std;
const double INF = 1e10;
const int MAXN = 210;
struct Point {                                    //点类型
    double x, y;
};
struct Segment {                                  //线段类型
    Point a, b;
};
Point p[MAXN];                                    //存放全部点
Segment seg[MAXN];                                //存放全部线段
double A[MAXN][MAXN];                             //邻接矩阵
int t;
double Distance(Point p1, Point p2) {             //两个点的距离
    return sqrt((p1.x - p2.x) * (p1.x - p2.x) + (p1.y - p2.y) * (p1.y - p2.y));
}
double Direction(Point p0, Point p1, Point p2) {  //判断两线段 p0p1 和 p0p2 的方向
    return (p0.x - p2.x) * (p1.y - p2.y) - (p1.x - p2.x) * (p0.y - p2.y);
}
bool SegIntersect(Point p1, Point p2, Point p3, Point p4) {    //判断两线段是否相交
    double d1, d2, d3, d4;
    d1 = Direction(p3, p1, p4);                   //求 p3p1 在 p3p4 的哪个方向上
    d2 = Direction(p3, p2, p4);                   //求 p3p2 在 p3p4 的哪个方向上
    d3 = Direction(p1, p3, p2);                   //求 p1p3 在 p1p2 的哪个方向上
    d4 = Direction(p1, p4, p2);                   //求 p1p4 在 p1p2 的哪个方向上
    if (d1 * d2 < = 0 && d3 * d4 < = 0)
        return true;
    else
        return false;
}
double Dijkstra() {                               //用 Dijkstra 算法求 0 到 t 的最短路径长度
    double dist[MAXN];
    bool S[MAXN];
    for(int i = 0; i < = t; i++) {
        dist[i] = INF;
        S[i] = false;
    }
```

```
        dist[0] = 0;
        for(int i = 0;i < t;i++) {
            double mindist = INF;
            int u;
            for(int j = 0;j <= t;j++) {
                if(!S[j] && mindist > dist[j]) {
                    u = j;
                    mindist = dist[j];
                }
            }
            if(mindist == INF) break;
            S[u] = true;
            for(int j = 0;j <= t;j++) {
                if(!S[j] && dist[u] + A[u][j] < dist[j])
                    dist[j] = dist[u] + A[u][j];
            }
        }
        return dist[t];
}
int main() {
    int n;
    while(scanf(" % d",&n),n + 1) {
        t = n * 4 + 1;
        p[0].x = 0,p[0].y = 5;
        p[t].x = 10,p[t].y = 5;
        for(int i = 0;i < n;i++) {
            double x,a,b,c,d;
            scanf(" % lf % lf % lf % lf % lf",&x,&a,&b,&c,&d);
            p[i * 4 + 1].x = x,p[i * 4 + 1].y = a;
            p[i * 4 + 2].x = x,p[i * 4 + 2].y = b;
            p[i * 4 + 3].x = x,p[i * 4 + 3].y = c;
            p[i * 4 + 4].x = x,p[i * 4 + 4].y = d;
            seg[i * 3].a.x = x,seg[i * 3].a.y = 0,seg[i * 3].b.x = x,seg[i * 3].b.y = a;
            seg[i * 3 + 1].a.x = x,seg[i * 3 + 1].a.y = b,seg[i * 3 + 1].b.x = x,seg[i * 3 + 1].b.
y = c;
            seg[i * 3 + 2].a.x = x,seg[i * 3 + 2].a.y = d,seg[i * 3 + 2].b.x = x,seg[i * 3 + 2].b.
y = 10;
        }
        for(int i = 0;i <= t;i++) {                    //初始化 A
            for(int j = 0;j <= t;j++) A[i][j] = INF;
        }
        for(int i = 0;i <= t;i++) {                    //构造邻接矩阵 A
            for(int j = i + 1;j <= t;j++) {
                int k;
                for(k = 0;k < n * 3;k++) {              //处理 p[i][和 p[j]
                    if(p[i].x == p[j].x || p[i].x == seg[k].a.x || p[j].x == seg[k].a.x)
                        continue;
                    if(SegIntersect(p[i],p[j],seg[k].a,seg[k].b))
                        break;
                }
                if(k >= n * 3) {                        //均不相交
                    A[i][j] = A[j][i] = Distance(p[i],p[j]);
                }
            }
        }
        printf(" % .2lf\n",Dijkstra());
    }
}
```

```
        return 0;
    }
```

上述程序提交后通过,执行用时为 16ms,内存消耗为 292KB。

10. 星星(HDU1589,时间限制为 2000ms,空间限制为 32 768KB)。天上有许多星星,编写程序求出两颗星星之间最近和最远的距离是多少。

输入格式:输入包含多个测试用例。每个测试用例以整数 $N(2 \leqslant N \leqslant 50\,000)$ 开头,然后是 N 行,每行有两个整数 X_i 和 Y_i ($-10^9 < X_i, Y_i < 10^9$),表示一颗星星的位置。输入以整数 0 结束。

输出格式:对于每个测试用例,输出最近的一对和最远的一对星星的距离。在每个测试用例之后输出一个空行,格式见输出样例。

输入样例:

```
3
1 1
0 0
0 1
0
```

输出样例:

```
Case 1:
Distance of the nearest couple is 1.000
Distance of the most distant couple is 1.414
```

提示:请使用 scanf 代替 cin。

解:用 vector < Point > 向量 p 存放所有星星的位置,采用分治法求 p 的最近点对距离。通过 Graham 算法求出 p 的凸包 a,再采用旋转卡壳法求凸包 a 中的最远点对距离。最后分别输出最近点对距离和最远点对距离。对应的程序如下:

```cpp
# include < iostream >
# include < vector >
# include < cmath >
# include < algorithm >
using namespace std;
const int INF = 0x3f3f3f3f;                          //表示∞
const int MAXN = 50010;
class Point {                                        //点类型
public:
    double x, y;
    Point() {}
    Point(double x1, double y1):x(x1), y(y1) {}
    Point operator - (const Point &p1) {             //重载 - 运算符
        return Point(x - p1.x, y - p1.y);
    }
};
double Det(Point p1, Point p2) {                     //两个向量的叉积
    return p1.x * p2.y - p1.y * p2.x;
}
double Direction(Point p0, Point p1, Point p2) {     //判断两线段 p0p1 和 p0p2 的方向
    return Det((p1 - p0), (p2 - p0));
}
double Distance(Point p1, Point p2) {
    return sqrt((p1.x - p2.x) * (p1.x - p2.x) + (p1.y - p2.y) * (p1.y - p2.y));
}
```

```
}
//----------------- 求最近点对距离 -----------------------------
int cmpx(Point&a,Point&b) {                    //用于按 x 递增排序
    return a.x < b.x;
}
int cmpy(Point&a,Point&b) {                    //用于按 y 递增排序
    return a.y < b.y;
}
double ClosestPoints21(vector < Point > &a,int l,int r){
    if(l >= r)                                 //区间中只有一个点
        return INF;
    if(l + 1 == r)                             //区间中只有两个点
        return Distance(a[l],a[r]);
    int mid = (l + r)/2;                       //求中点位置
    double d1 = ClosestPoints21(a,l,mid);
    double d2 = ClosestPoints21(a,mid + 1,r);
    double d = min(d1,d2);
    vector < Point > a1;
    for(int i = l;i <= r;i++) {                //将与中点 x 方向的距离小于 d 的点存放到 p1 中
        if(fabs(a[i].x - a[mid].x) < d)
            a1.push_back(a[i]);
    }
    sort(a1.begin(),a1.end(),cmpy);            //p1 中所有点按 y 递增排序
    for(int i = 0;i < a1.size();i++) {         //两重 for 循环的时间为 O(n)
        for(int j = i + 1,k = 0;k < 7 && j < a1.size() && a1[j].y - a1[i].y < d;j++,k++)
            d = min(d,Distance(a1[i],a1[j]));  //最多考察 p[i]后面的 7 个点
    }
    return d;
}
double ClosestPoints2(vector < Point > &a) {   //求 p 中的最近点对距离
    int n = a.size();
    sort(a.begin(),a.end(),cmpx);              //全部点按 x 递增排序
    return ClosestPoints21(a,0,n - 1);
}
//----------------- 求最远点对距离 -----------------------------
Point p0;                                      //起点,全局变量
bool cmp(Point &x,Point &y){                   //排序比较关系函数
    double d = Direction(p0,x,y);
    if (d == 0)                                //共线时,若 x 距离 p0 更短,返回 true
        return Distance(p0,x) < Distance(p0,y);
    else if (d > 0)                            //在顺时针方向上,返回 true
        return true;
    else                                       //否则返回 false
        return false;
}
int Graham(vector < Point > &a,Point ch[]) {   //求凸包的 Graham 算法
    int top = - 1,k = 0;
    Point tmp;
    for (int i = 1;i < a.size();i++) {         //找最下且偏左的点 a[k]
        if ((a[i].y < a[k].y) || (a[i].y == a[k].y && a[i].x < a[k].x))
            k = i;
    }
    swap(a[0],a[k]);                           //通过交换将 a[k]点指定为起点 a[0]
    p0 = a[0];                                 //将起点 a[0]放入 p0 中
    sort(a.begin() + 1,a.end(),cmp);           //按极角从小到大排序
    top++;ch[0] = a[0];                        //前 3 个点先进栈
    top++;ch[1] = a[1];
```

```
        top++;ch[2] = a[2];
        for (int i = 3;i < a.size();i++) {                    //判断与其余所有点的关系
            while (top >= 0 && Direction(ch[top - 1],a[i],ch[top]) > 0) {
                top -- ;                                       //存在右拐关系,栈顶元素出栈
            }
            top++; ch[top] = a[i];                             //当前点与栈内所有点满足左拐关系,进栈
        }
        return top + 1;                                        //返回栈中元素的个数
}
double RotatingCalipers(Point a[ ],int n) {                    //用旋转卡壳法求凸包 a 的最远点对距离
    double maxdist = 0.0,d1,d2;
    a[n] = a[0];                                               //在 a 的末尾添加 a[0]
    int j = 1;
    for (int i = 0;i < n;i++) {
        while (fabs(Det(a[i] - a[i + 1],a[j + 1] - a[i + 1])) >= fabs(Det(a[i] - a[i + 1],a[j] -
a[i + 1]))) {
            j = (j + 1) % n;                                   //以面积判断,面积大说明要离平行线远一些
        }
        d1 = Distance(a[i],a[j]);
        d2 = Distance(a[i + 1],a[j]);
        maxdist = max(maxdist,max(d1,d2));
    }
    return maxdist;
}
Point a[MAXN];                                                 //存放凸包
int main() {
    int n,t = 1;
    while(~scanf(" % d",&n) && n){
        vector < Point > p(n);
        for(int i = 0;i < n;i++) {
            scanf(" % lf % lf",&p[i].x,&p[i].y);
        }
        printf("Case % d:\n",t++);
        printf("Distance of the nearest couple is % .3lf\n",ClosestPoints2(p));
        int m = Graham(p,a);
        printf("Distance of the most distant couple is % .3lf\n",RotatingCalipers(a,m));
        printf("\n");
    }
    return 0;
}
```

上述程序提交后通过,执行用时为 514ms,内存消耗为 3296KB。

第11章 计算复杂性

11.1　本章知识结构 ※

本章主要讨论 P 类和 NP 类问题以及 NP 完全问题的证明,其知识结构如图 11.1 所示。

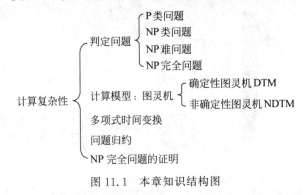

图 11.1　本章知识结构图

11.2　《教程》中的练习题及其参考答案 ※

1. 顶点覆盖问题是给定一个无向图 $G=(V,E)$,求最小顶点集合 C,使得对于 E 中的任意边 (u,v) 满足 $u\in V$ 或者 $v\in V$。给出对应的判定问题 VCOVER。

答:顶点覆盖问题对应的判定问题 VCOVER 是给定一个无向图 $G=(V,E)$ 和一个正整数 k,是否存在大小为 k 的子集 $C\subseteq V$,使得 E 中每条边至少和 C 中的一个顶点关联?

2. 独立集问题是给定无向图 $G=(V,E)$,求最大顶点集合 C,使得对于 E 来说 C 中的任意两个顶点互不相邻。给出对应的判定问题 INDSET。

答:独立集问题对应的判定问题 INDSET 是给定一个无向图 $G=(V,E)$ 和一个正整数 k,是否存在大小为 k 的子集 $S\subseteq V$,使得对于 S 中的任意两个顶点 u 和 v,$(u,v)\notin E$?

3. 从图灵机的角度定义 P 类和 NP 类问题,说明这两类问题的包含关系。

答:所有由确定图灵机在多项式时间内可计算的判定问题称为 P 类,所有由非确定图灵机多项式时间内可计算的判定问题称为 NP 类。由于所有确定图灵机多项式时间可计算的问题一定是非确定图灵机多项式时间可计算的,所以 P$\subseteq$NP。

4. 停机问题是给出一个程序和输入,判定它的运行是否会终止。那么停机问题属于 NP 问题吗?为什么?

答:停机问题是不可判定的,所以停机问题不属于 NP 问题。从图灵机的角度看,停机问题是不可判定的意思,是指不存在一个图灵机能够判定任意图灵机对于任意输入是否停机。其证明如下。

假设图灵机停机问题是可判定的,即存在一个图灵机 HM 能够判断任意图灵机 M 在给定输入 I 的情况下是否可停机。假设 M 在输入 I 时可停机,则 HM 输出 yes,反之输出 no。然而图灵机 M 本身也是字符串的描述,因此它也可以作为自身的输入,故 HM 应该可以判定当将 M 程序本身作为 M 的输入时 M 是否会停机。然后可以定义另一个图灵机

U(M),其定义如下：

(1) 如果 HM(M,M)输出 no,则 U(M)停机。

(2) 如果 HM(M,M)输出 yes,则 U(M)进入死循环(即不停机)。

也就是说 U(M)做的是与 HM(M,M)相反的动作。将 HM(M,M)包装在 U(M)中,也就是用 U()来模拟 HM()。HM()的输出可能出现两种情况：

① 假设 HM(U,U)输出 yes,则 U(U)进入死循环中。由定义可知这两个结果是矛盾的(与 HM 的定义矛盾,因为按照 HM 的定义,HM(U,U)的结果应和 U(U)相同,但是 U()的定义导致它永远输出和 HM()相反的结果)。

② 假设 HM(U,U)输出 no,则 U(U)停机。同上,这两者一样矛盾。

因此 HM 不能够总给出正确答案,与之前的假设相矛盾,故图灵机的停机问题是不可判定的。

5. 说明以下哪些问题对应的判定问题是 NP 完全问题：

(1) 2SAT(2CNF 指的是布尔公式 F 中每个子句都精确地有两个不同的文字,2SAT 是 2CNF 可满足性判定问题)。

(2) 求图中单源最短路径。

(3) 将 n 个整数的序列递减排序。

(4) 求图的哈密尔顿回路。

(5) 团集问题。

答：其中(1)、(2)和(3)是 P 类问题,(4)和(5)是 NP 完全问题。

6. 证明哈密尔顿回路判断问题 HC 是 NP 问题。

答：要证明 HC 是 NP 问题,只要找到一个多项式时间的验证算法。算法的输入为 $<G,u>$ 和一个顶点序列 $v_0, v_1, \cdots, v_{n-1}, v_n$。其执行步骤如下：

(1) 检查是否有 $v_0 = v_n = u$。

(2) 检查该序列是否包含了图中所有的顶点。

(3) 检查序列中任意两个相邻点在图 G 中是否存在边。

上述 3 个步骤均可以在多项式时间内完成,所以 HC 存在多项式时间的验证算法,故 HC 是 NP 问题。

7. 可满足性判定问题 SAT 是 NP 完全问题,以此证明顶点覆盖问题 VCOVER 是 NP 完全问题。

证明：首先证明顶点覆盖问题 VCOVER 是 NP 问题。给定该问题的一个解(含 k 个顶点的顶点集 C),可以判断 E 中每条边是否至少和 C 中的一个顶点关联,判断时间为多项式时间,所以 VCOVER 是 NP 问题。

再证明 $SAT \leqslant_p VCOVER$。给出 SAT 的一个可满足性实例 I,可以把它变换为顶点覆盖的一个实例 I'。设 I 是一个有 m 个子句和 n 个布尔变元 $x_1, x_2, \cdots, x_n$ 的可满足性实例公式 $F = C_1 \wedge C_2 \wedge \cdots \wedge C_m$,构造 I'如下：

(1) 对于 F 中的每一个布尔变元 x_i,G 包含一对顶点 x_i 和 $\neg x_i$,它们有一条边相连。

(2) 对于每个子句 C_j 包含的 n_j 个文字,G 包含一个大小为 n_j 的团集。

(3) 对于在 C_j 中的每个顶点 u,有一条边连接 u 到(1)中构造的顶点对 $(x_i, \neg x_i)$ 中它相应的文字。这些边称为连通边。

(4) 令 $k = n + \sum_{j=1}^{m}(n_j - 1)$。

上述构造可以在多项式时间内完成（其正确性证明参考《教程》中例 11.9），所以有 SAT$\leqslant_p$VCOVER，则 VCOVER 是 NP 完全问题。

8. 顶点覆盖问题 VCOVER 是 NP 完全问题，以此证明独立集问题 INDSET 是 NP 完全问题。

证明：首先证明最大独立集问题 INDSET 是 NP 问题。给定该问题的一个解（含 k 个顶点的顶点集 S），对于 S 中的任意两个顶点 u 和 v，可以判断 (u,v) 是否在 E 中，判断时间为多项式时间，所以 INDSET 是 NP 问题。

再证明 VCOVER$\leqslant_p$INDSET。给出一个引理：设 $G=(V,E)$ 是连通图，那么 $S\subseteq V$ 是一个独立集，当且仅当 $V-S$ 是 G 的一个顶点覆盖。其证明是设 $e=(u,v)$ 为 E 中的任意边，S 是一个独立集，当且仅当 u 或者 v 至少有一个顶点在 $V-S$ 中，即 $V-S$ 是 G 的一个顶点覆盖。所以只要 G 中存在一个大小为 k 的顶点覆盖，则 G 中存在一个大小为 $n-k$ 的独立集，反之亦然。所以有 VCOVER$\leqslant_p$INDSET，则 INDSET 是 NP 完全问题。

9. 4CNF 指的是布尔公式 F 中的每个子句都精确地有 4 个不同的文字，4CNF 可满足性判定问题用 4SAT 表示，证明 4SAT 是 NP 完全问题。

证明：（1）证明 4SAT$\in$NP 类。如同证明 SAT 属于 NP 类，很容易建立一个确定性算法来验证一个赋值 s 是否确实是 4SAT 的一个可满足的赋值。

（2）现在证明 3SAT$\leqslant_p$4SAT。在 3SAT 中，布尔公式 F_1 中的每个子句都精确地有 3 个不同的文字，对于其中的一个子句 C_i，转换过程是 $C_i=C_i \wedge (x \vee \neg x)=(C_i \wedge x) \vee (C_i \wedge \neg x)$，这样就可以将一个 3SAT 中的布尔公式 F_1 转换为等价的 4SAT 中的布尔公式 F_2，显然上述转换为多项式时间，所以 3SAT$\leqslant_p$4SAT。

由于 3SAT 是一个 NP 完全问题，所以 4SAT 也是 NP 完全问题。

10. 给定一个不带权无向图 $G=(V,E)$，最长简单回路问题是求图中的最长简单回路。给出该问题的优化问题和判定问题的描述，并且证明该判定问题是 NP 完全问题。

答：对应的优化问题的描述是给定一个带权无向图 $G=(V,E)$，求其中路径长度（这里的路径长度为路径上经过的边数）最长的简单回路。

对应的判定问题 MAXLC 的描述是给定一个带权无向图 $G=(V,E)$ 和一个正整数 k，存在路径长度不小于 k 的简单回路吗？

给定 MAXLC 的一个可能解验证是否为一个真正解可以在多项式时间内完成，所以 MAXLC 是 NP 问题。

哈密尔顿回路判断问题 HC 是一个 NP 完全问题，现在证明 MAXLC$\leqslant_p$HC。限制 $k=|V|$，则 G 中包含一条边数$\geqslant k$ 的简单回路，当且仅当 G 中包含一条哈密尔顿回路时，从而 MAXLC 问题转换为 HC 问题，所以 MAXLC 是 NP 完全问题。实际上 HC 问题是 MAXLC 问题的特例。

11.3　补充练习题及其参考答案

扫一扫

在线资源

11.3.1　单项选择题及其参考答案

1. 以下关于图灵机的说法中不正确的是＿＿＿＿＿。

A. 图灵机是一种计算模型

B. 图灵机和λ演算都是计算模型,但图灵机的计算能力更强

C. 一个问题的求解可以通过构造其图灵机来解决

D. 凡是能用算法方法解决的问题也一定能用图灵机解决,凡是图灵机解决不了的问题任何算法也解决不了

2. 图灵机是一个七元组 $M = (Q, \sum, \Gamma, \delta, q_0, B, F)$,其中 Q 表示_____。

A. 动作函数

B. 有限状态集

C. 工作带的符号集

D. 拒绝状态

3. 根据动作函数是单值的还是多值的,将图灵机分为确定型和_____两类。

A. 动态型

B. 变化型

C. 随机型

D. 非确定型

4. 如图 11.2 所示为用状态转换图示意一个图灵机,其字母集合为 $\{0, 1, X, Y, B\}$,其中 B 为空白字符;状态集合为 $\{q_0, q_1, q_2, q_3, q_4\}$,其中 q_0 为初始状态,q_4 为终止状态;箭头表示状态转换,其上的标注< in, out, direction >表示输入是 in 时,输出 out,向 direction 方向移动一格,同时将状态按箭头方向实现转换,其中 in 和 out 均是字母集中的符号,direction 可以为 R、L 或者 N。该图灵机的功能是_____。

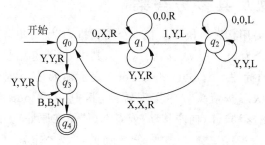

图 11.2 用状态转换图示意的一个图灵机

A. 识别是否为形如 0101、01010101 的 01 串,即一个 0 接续一个 1,且 0 的个数和 1 的个数相同

B. 识别是否为形如 000111、00001111 的 01 串,即左侧连续 0 的个数和右侧连续 1 的个数相同的 01 串

C. 将形如 0101、01010101 的 01 串,即一个 0 接续一个 1 且 0 的个数和 1 的个数相同的 01 串转换为 XYXY、XYXYXYXY 的形式

D. 将形如 000111、00001111 的 01 串,即左侧连续 0 的个数和右侧连续 1 的个数相同的 01 串转换为 XXXYYY、XXXXYYYY 的形式

5. P 类问题即具有_____时间复杂度求解算法的问题。

A. 多项式

B. 指数

C. 对数

D. 常数

6. 下面有关 P、NP 和 NPC 问题的说法错误的是_____。

A. 如果一个问题可以找到一个多项式时间的确定性求解算法,则该问题属于 P 类

B. NP 类问题是指可以在多项式时间验证解的问题

C. 所有的 P 类问题都是 NP 问题

D. NPC 问题不一定是 NP 问题

7. 0/1 背包问题是_____。

A．P 问题　　　　B．NPC 问题　　　　C．NP 问题　　　　D．非 NPC 问题

8．以下叙述中错误的是_____。

A．存在部分 NP 完全问题有多项式时间的确定性算法

B．所有 NP 完全问题都属于 NP 问题

C．许多 NP 完全问题实质上是优化问题

D．解决 NP 完全问题的基本方法是对问题的解空间进行搜索

9．以下叙述中正确的是_____。

A．NP 问题都是不可解决的问题　　　　B．P 类问题包含在 NP 类问题中

C．NP 完全问题是 P 类问题的子集　　　　D．NP 类问题包含在 P 类问题中

10．Π_1 和 Π_2 是两个判定问题，当 $\Pi_1 \leqslant_p \Pi_2$ 成立时以下说法正确的是_____。

A．若 $\Pi_2 \in$ P 类，则 $\Pi_1 \in$ P 类

B．若 Π_2 是 NP 难问题，则 Π_1 也是 NP 难问题

C．若 Π_1 为 NP 完全问题并且 $\Pi_2 \in$ NP 类，则 Π_2 为 NP 完全问题

D．以上都正确

11.3.2　问答题及其参考答案

1．如图 11.3 所示为用状态转换图示意一个图灵机，其字母集合为 $\{0,1,X,Y,B\}$，其中 B 为空白字符；状态集合为 $\{q_0, q_1, q_2, q_3, q_4, q_5\}$，其中 q_0 为起始状态，q_5 为终止状态；箭头表示状态转换，其上的标注 < in, out, direction > 表示输入是 in 时，输出 out，向 direction 方向移动一格，同时将状态按箭头方向实现转换，其中 in 和 out 均是字母集中的符号，direction 可以为 R(向右移动)、L(向左移动)或者 N(停留在原处)。说明该图灵机的功能。

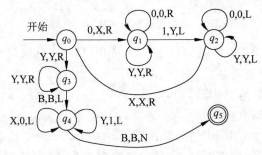

图 11.3　一个状态转换图

2．0/1 背包问题的描述见《教程》中的 2.4 节，给出 0/1 背包问题对应的判定问题。

3．子集和问题是给定 n 个整数 s 和一个整数 k，求 s 的一个子集 $s1$ 使得 $s1$ 的所有整数和为 k，给出对应的判定问题。

4．证明求两个 m 行 n 列的二维矩阵相加的问题属于 P 类问题。

5．证明求含有 n 个元素的数据序列中求最大元素的问题属于 P 类问题。

6．证明析取范式的可满足性问题属于 P 类问题。

7．说明以下哪些问题属于 NP 完全问题。

(1) 有一个邮递员负责给 n 个家庭送信，需要找出经过这 n 个家庭的最短路径。

(2) 在 n 个学生成绩中找出前 k 个最高分数。

（3）给定 n 个工人的工资数，经理有 s 元钱，不够支付全部工人的工资，问能否恰好给其中若干工人支付工资。

（4）制作一张地图，需要用不同的颜色标出相邻的省份，求最少需要使用的颜色数。

8. 证明 NP 完全问题存在多项式时间解当且仅当 P＝NP。

9. 可满足性判定问题 SAT 是 NP 完全问题，以此证明 SAT $\leqslant_p$ CLIQUE，其中 CLIQUE 表示团集判定问题。

10. 划分判断问题 PARTITION 的描述是，给定整数集合 S，判定 S 是否可以划分为两个子集 A 和 B($S＝A \cup B$)，使得 A 和 B 中的整数和相等。已知子集和判定问题 SUBSUM 是一个 NP 完全问题，证明 PARTITION 问题为 NP 完全问题。

11. STINGY-SAT 是这样的问题：给定一组子句（每个子句是文字的析取，构成布尔公式 F）和一个整数 k，问是否存在最多 k 个变量为真的赋值使得布尔公式 F 是可以满足的。证明 STINGY-SAT 是 NP 完全问题。

第 12 章 概率算法和近似算法

12.1　本章知识结构

本章主要讨论概率算法和近似算法,概率算法的知识结构如图 12.1 所示,近似算法的知识结构如图 12.2 所示。

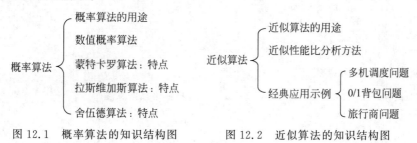

图 12.1　概率算法的知识结构图　　　图 12.2　近似算法的知识结构图

12.2　《教程》中的练习题及其参考答案

1. 假设数组 a 中有 $n(n>2)$ 个不同的整数,问以下算法能否产生一个一致的随机排列,所谓一致的随机排列是指每种排列出现的概率相等。

```
void perms(vector < int > &a) {
    int n = a.size();
    for(int i = 0;i < n;i++) {
        int j = randa(0,n - 1);          //randa(a,b)用于产生一个[a,b]的随机数
        swap(a[i],a[j]);                 //a[i]和 a[j]交换
    }
}
```

答:在该算法中数组 a 的每个位置都可以取 $a[0..n-1]$ 中的任意元素,所以算法能够产生 n^n 个排列,而 n 个不同元素的排序有 $n!$ 个,因此该算法如果能够产生一致的随机排列,则存在整数 k,使得 $n^n=kn!$。当 $n=1$ 或者 2 时这样的 k 是存在的,当 $n>2$ 时有:

$$n^n=(n^n-n^{n-1})+(n^{n-1}-n^{n-2})+\cdots+(n-1)+1$$

这样 n^n 除 $n-1$ 的余数为 1,而 $kn!$ 除 $n-1$ 的余数为 0,所以不存在 k 使得 $n^n=kn!$ 成立,题目中 $n>2$,所以该算法不能够产生一致的随机排列。

2. 设一个蒙特卡洛算法能在任何情况下以至少为 $1-a$ 的概率给出正确结果,试问该算法需要重复执行多少次才能将给出正确结果的概率至少提高到 $1-b(0<b<a<1)$。

答:假设算法需要重复执行 x 次才能达到要求,即将给出正确结果的概率至少提高到 $1-b$。由于算法重复执行 x 次后给出正确结果的概率至少是 $1-a^x$,于是有 $1-a^x\geqslant 1-b$,解此不等式得到 $x\geqslant\log_2 b/\log_2 a$,即算法至少需要执行 $\log_2 b/\log_2 a$ 次才能将给出正确结果的概率至少提高到 $1-b$。

3. 举一个例子说明蒙特卡洛算法和拉斯维加斯算法的差别。

答:例如判断数组 a 中是否包含元素 x,最多 k 次调用的蒙特卡洛算法如下。

```
bool find(vector < int > &a, int x) {          //蒙特卡洛算法
    int n = a.size();
    int i = randa(0, n − 1);
        return a[i] == x;
}
bool solve(vector < int > &a, int x, int k) {  //最多执行 find 算法 k 次
    srand((unsigned)time(NULL));               //随机种子
    for(int i = 0; i < k; i++) {
        if(find(a, x)) return true;
    }
    return false;
}
```

对应的拉斯维加斯算法如下：

```
bool find(vector < int > &a, int x) {          //拉斯维加斯算法
    int n = a.size();
    int i = randa(0, n − 1);
        return a[i] == x;
}
void solve(vector < int > &a, int x) {         //反复调用 find 算法直到找到一个解
    srand((unsigned)time(NULL));               //随机种子
    bool flag = false;
    while(!flag)
        flag = find(a, x);
}
```

从中看出，蒙特卡洛算法执行 k 次，这意味着不一定在 k 次循环中找到 x，也就是说可能找到解，也可能找不到解，所以说蒙特卡洛算法是在正确性上"赌博"；而拉斯维加斯算法始终返回正确的结果，但它没有固定的运行时间。

4. 已知 3 个 $n \times n$ 的矩阵 A、B 和 C，设计一个时间复杂度为 $O(n^2)$ 的随机算法检测 $A \times B = C$ 是否成立，成立时返回 true。给出算法的过程描述，并且分析算法出错的概率。

答：采用蒙特卡洛算法，随机产生一个 $1 \times n$ 的 0/1 行向量 x，则 $A \times B = C$ 成立的必要条件是 $(x \times A) \times B = x \times C$。计算该式分为两种情况：

(1) $(x \times A) \times B = x \times C$ 成立，则 $A \times B = C$ 成立，返回 true。

(2) $(x \times A) \times B = x \times C$ 不成立，则 $A \times B \neq C$。

在判断该式是否成立的计算中，$x \times A$ 和 $x \times C$ 的时间复杂度是 $O(n^2)$，$x \times A$ 的结果仍为一个行向量，再与 B 做矩阵乘法运算的时间复杂度也是 $O(n^2)$，所以总时间复杂度为 $O(n^2)$。假设两种情况的概率相同，则算法出错的概率不超过 50%。

5. 顶点覆盖问题是给定一个无向图 $G = (V, E)$，求最小顶点集合 C，使得对于 E 中的任意边 (u, v)，满足 $u \in V$ 或者 $v \in V$。有人给出如下近似算法：

```
①    C = {}, E' = E;
②    while(E' ≠ 空) {
③        任取边(u, v) ∈ E';
④        C = C ∪ {u, v};
⑤        从 E'中删除所有与 u 或者 v 相连的边;
⑥    }
⑦    return C;
```

分析该近似算法的时间复杂度和近似性能比。

答：(1) 在该近似算法中每次从 E' 中取一条边，最多取 $|E|$ 条边，所以算法的时间复杂

度为 $O(|E|)$。

(2) 令 $A=\{(u,v)\mid(u,v)$ 是算法第③步选中的边}。若 (u,v) 属于 A,则与 u 和 v 相连的边都从 E' 中删除,于是 A 中无这些相连边。每次执行第④步在 C 中增加两个顶点, $|C|=2|A|$。设 C^* 是优化解,C^* 必须覆盖 A,由于 A 中无相连边,C^* 至少包含 A 中每条边的一个顶点。于是,$|A|\leqslant|C^*|$,$|C|=2|A|\leqslant2|C^*|$,即 $|C|/|C^*|<2$,所以上述近似算法的近似性能比为 2。

6. 给定 4 个物品,编号为 $0\sim3$,$w=(2,3,5,7)$,$v=(1,5,2,4)$,$W=6$,采用 0/1 背包问题的近似算法求最大价值和对应的装入方案。

答:4 个物品按单位重量价值递减排序后为 $[1,3,5]$,$[3,7,4]$,$[0,2,1]$,$[2,5,2]$(其中 $[no,w,v]$ 分别为物品的编号、重量和价值),依次选择物品 1 和物品 0,求出 bestv 为 $5+1=6$。能够装入背包的单个物品的最大价值 maxv 为 5,则 bestv 为 max(bestv,maxv)$=6$,对应的装入方案是选择物品 0 和物品 1。

7. 给定一个如图 12.3 所示的带权连通图,采用近似算法求一条 TSP 路径。

答:构造过程如下。

(1) 从顶点 0 出发构造的最小生成树 T 为 $(1,0)$:1,$(2,1)$:1,$(3,0)$:1,$(4,1)$:1,$(5,2)$:1。

(2) 采用先根遍历生成树 T 得到一个顶点表 path=$\{0,1,2,5,4,3\}$。

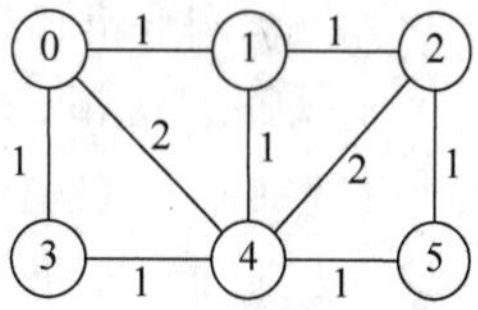

图 12.3 一个带权连通图

(3) 在 path 末尾添加顶点 0 得到 TSP 近似路径为 0,1,2,5,4,3,0,对应的 TSP 长度为 6。

8. 说明求解 TSP 路径的近似算法在什么情况下近似性能比为 2。

答:当费用函数满足三角不等式时求解 TSP 路径的近似算法的近似性能比为 2,否则不存在具有常数近似性能比的求解 TSP 问题的多项式近似算法,除非 P=NP。换句话说,若 P$\neq$NP,则对任意常数 $\eta>1$,不存在近似性能比为 η 的求解 TSP 问题的多项式近似算法。

9. 设计一个随机洗牌算法,使得含 $n(n>2)$ 个整数的数组 a 中的元素随机排列。

解:对应的随机洗牌算法如下。

```
void suffle(vector < int > &a) {
    int n = a.size();
    srand((unsigned)time(NULL));          //随机种子
    for(int i = 0;i < n;i++) {
        int j = randa(i,n-1);             // randa(a,b)产生一个[a,b]的随机数
        swap(a[i],a[j]);
    }
}
```

10. 以基本二分查找算法为基础设计出对应的随机算法,并分析该随机算法的平均时间复杂度。

解:在非空递增有序区间 $a[low..high]$ 中查找 k 时,随机产生 $[low..high]$ 中的下标 mid,若 $a[mid]=k$ 返回 mid,若 $k<a[mid]$ 在左区间中继续查找,否则在右区间中继续查找。对应的随机算法如下:

```
int binsearch(vector < int > &a,int k) {          //二分查找随机算法
```

```
int n = a.size();
int low = 0, high = n - 1;
srand((unsigned)time(NULL));          //随机种子
while (low <= high) {                 //当前区间中存在元素时循环
    int mid = randa(low, high);       //randa(a,b)产生一个[a,b]的随机数
    if (k == a[mid])                  //找到后返回其下标 mid
        return mid;
    if (k < a[mid])                   //当k < a[mid]时在左区间中查找
        high = mid - 1;
    else                              //当k > a[mid]时在右区间中查找
        low = mid + 1;
}                                     //循环结束时[low,high]为空,即 low = high + 1
return - 1;                           //若当前查找区间中没有元素,返回 - 1
}
```

设在 n 个元素中查找的平均时间为 $T(n)$,假设查找区间为 $a[0..n-1]$,mid 是随机产生的,取值范围是 $0 \sim n-1$,共 n 种可能性,每种的概率为 $1/n$,又分为 3 种子情况:

(1) $k = a[mid]$,增加返回,对应的时间为 $O(1)$。

(2) $k < a[mid]$,对应子问题的时间为 $T(mid)$。

(3) $k > a[mid]$,对应子问题的时间为 $T(n-mid+1)$。

假设每种子情况的概率相同,均为 $1/3$。

$$T(n) = \frac{1}{n}\sum_{mid=0}^{n-1}\left(\frac{1}{3} \times O(1) + \frac{1}{3} \times T(mid) + \frac{1}{3} \times T(n-mid-1)\right)$$

可以求出 $T(n) = O(n)$。从中看出,该随机算法的平均性能反而比基本二分查找算法低。

12.3　补充练习题及其参考答案　✳

扫一扫
在线资源

12.3.1　单项选择题及其参考答案

1. 蒙特卡洛算法是一种_____。
   A. 分支限界算法　　　　　　　　　　B. 贪心算法
   C. 概率算法　　　　　　　　　　　　D. 回溯算法

2. 对于蒙特卡洛算法,下面的说法中不正确的是_____。
   A. 蒙特卡洛算法用于求解问题的准确解,并且该解一定是正确的
   B. 求得正确解的概率依赖于算法的计算时间
   C. 多次执行蒙特卡洛算法可以提高获得正确解的概率
   D. 无法有效判定所得到的解是否肯定正确

3. 对于拉斯维加斯算法,下面的说法中不正确的是_____。
   A. 不会得到不正确的解
   B. 有时找不到问题的解
   C. 找到正确解的概率随算法计算时间的增加而增加
   D. 用同一拉斯维加斯算法对同一问题求解多次,对求解失败的概率没有影响

4. 对于舍伍德算法,下面的说法中不正确的是_____。

    A. 总能求得问题的一个解

    B. 不一定能求得问题的解

    C. 所求得的解总是正确的

    D. 将确定性算法引入随机性改造成舍伍德算法可消除或减少问题的好坏实例间的差别

5. 下列概率算法一定有解但解不一定正确的是_____。

    A. 舍伍德算法   B. 拉斯维加斯算法

    C. 蒙特卡洛算法   D. 三者都不对

6. 拉斯维加斯算法找到的解一定是_____。

    A. 不确定的   B. 正确的

    C. 不正确的   D. 局部最优的

7. _____能够求得问题的解但无法有效地判定解的正确性。

    A. 数值概率算法   B. 蒙特卡洛算法

    C. 拉斯维加斯算法   D. 舍伍德算法

8. 下列算法中_____不是随机算法。

    A. 蒙特卡洛算法   B. 拉斯维加斯算法

    C. 动态规划算法   D. 舍伍德算法

9. 下列概率算法中运行有时候成功有时候失败的是_____。

    A. 数值概率算法   B. 舍伍德算法

    C. 拉斯维加斯算法   D. 蒙特卡洛算法

10. 总能求得非数值问题的一个解,且所求得的解总是正确的是_____。

    A. 蒙特卡洛算法   B. 拉斯维加斯算法

    C. 数值概率算法   D. 舍伍德算法

11. 在一般输入数据的程序里输入多多少少会影响到算法的计算复杂度,为了消除这种影响,可用_____对输入进行预处理。

    A. 蒙特卡洛算法   B. 拉斯维加斯算法

    C. 舍伍德算法   D. 数值概率算法

12. 通常对无法在多项式时间内求解的 NP 完全问题采用_____。

    A. 近似算法   B. 概率算法

    C. 递归算法   D. 非递归算法

12.3.2 问答题及其参考答案

扫一扫

在线资源

1. 给出你对概率算法的理解。

2. 简述蒙特卡洛算法的适用范围和特点。

3. 设 mc(x)是一个一致的 75% 正确的蒙特卡洛算法,考虑如下算法:

```
int mc3(int x) {
    int u = mc(x);
    int v = mc(x);
    int w = mc(x);
```

```
        if(u == v || u == w) return u;
        else return w;
}
```

证明上述 mc3(x)算法是一致的 27/32 正确的算法。

4. 简述拉斯维加斯算法的适用范围和特点。

5. 给出你对近似算法的理解。

6. 装箱问题是给定 n 个物品,大小分别为 s_0、s_1、……、s_{n-1},每个物品的大小都不超过 C,现有大小为 C 的箱子若干,求将全部物品装入箱子中所需要的最少箱子个数。该问题是一个 NP 完全问题,根据你的思考给出若干近似解法。

12.3.3　算法设计题及其参考答案

1. 有两个字符串 s 和 t,长度分别为 m 和 n,t 在 s 中最多出现一次。设计一个蒙特卡洛算法求 t 在 s 中的位置,若 t 不是 s 的子串则返回 -1,并且分析调用该蒙特卡洛算法 m 次以及 $m \to \infty$ 时算法成功的概率。

解:反复试探 m 次的蒙特卡洛算法如下。

```
bool match(string&s, string&t, int &k) {          //蒙特卡洛算法
    int m = s.size();
    int n = t.size();
    k = randa(0, m - 1);                           //randa(a,b)产生一个[a,b]的随机数
    int j = 0;
    for(int i = k; j < n && s[i] == t[j]; i++)
        j++;
    if(j == n) return true;
    else return false;
}
int solve(string&s, string&t) {                    //求解算法
    int m = s.size();
    srand((unsigned)time(NULL));                   //随机种子
    int k;
    for(int i = 0; i < m; i++) {                    //最多试探 m 次
        if(match(s, t, k))
            return k;
    }
    return - 1;
}
```

字符串 s 的长度为 m,调用 match()算法的次数为 t。$t=1$ 时成功的概率为 $1/m$,$t=2$ 时成功的概率为 $(1-1/m) \times 1/m$,$t=3$ 时成功的概率为 $(1-1/m)^2 \times 1/m$,以此类推,$t=k$ 时成功的概率为 $(1-1/m)^{k-1} \times 1/m$。在 k 次内能够成功的概率为:

$$p = 1/m + (1-1/m) \times 1/m + (1-1/m)^2 \times 1/m + \cdots + (1-1/m)^{k-1} \times 1/m$$
$$= 1/m(1 + (1/m) + (1-1/m)^2 + \cdots + (1-1/m)^{k-1})$$
$$= 1 - (1-1/m)^k$$

当 $k=m$ 时成功的概率 $p = 1-(1-1/m)^m$,由于有 $\lim\limits_{m \to \infty}\left(1-\dfrac{1}{m}\right)^m = 1/e$,所以当 $m \to \infty$ 时成功的概率 p 为 $1-1/e$。

显然调用 m 次蒙特卡洛算法并不能够百分之百保证成功,其失败的概率为 $1/e$。

2. 给定一个含 $n(n>3)$ 个顶点的不带权的无向图,用邻接矩阵 A 表示(0/1 矩阵),设计一个蒙特卡洛算法判定其中是否包含一个三角形,即 3 个顶点是否通过边两两相连。

解: 最多调用 k 次的蒙特卡洛算法如下。

```
int randa(int a,int b){                          //产生一个[a,b]的随机数
    return rand() % (b - a + 1) + a;
}
bool find(vector < vector < int >> &A) {         //蒙特卡洛算法
    int n = A.size();
    int i = randa(0,n - 1);
    int j = randa(0,n - 1);
    int k = randa(0,n - 1);
    printf("i = % d,j = % d,k = % d\n",i,j,k);
    if(A[i][j] == 1 && A[j][k] == 1 && A[k][i] == 1)
        return true;
    else
        return false;
}
bool solve(vector < vector < int >> &A,int k) {  //最多执行 find 算法 k 次
    srand((unsigned)time(NULL));                 //随机种子
    for(int i = 0;i < k;i++) {
        printf("call\n");
        if(find(A)) return true;
    }
    return false;
}
```

3. 中心点问题的描述是给定 n 个点 $U = \{s_0, s_1, \cdots, s_{n-1}\}$,从中选择出 $K(1 \leqslant K \leqslant n)$ 个点 $C = \{t_0, t_1, \cdots, t_{k-1}\}$,设每个点 s_i 到最近的中心点 t_j 的距离为 d_i,给出一个近似解法求这样的 k 个点使得 $r(C) = \max(d_i)$ 最小。

解: 该问题属于 NP 完全问题,采用贪心近似解法,初始时随机选取 U 中的一个点作为中心点,之后的 $K-1$ 次,每次遍历了已经选作中心点的其他点 s_i,找到与该点距离最近的某个中心点 c_j,计算出距离 d_i,最后在这些点中找出 d_i 值最大的点作为下一个中心点。对应的近似算法如下:

```
struct Point {                                   //点结构体
    int x,y;                                      //当前点坐标
    bool flag;                                    //是否选作中心点
    double d;                                     //离其最近中心点的距离
    Point() {}
    Point(int x1,int y1) {                        //构造函数
        x = x1; y = y1;
        flag = false;
        d = 0.0;
    }
};
double dist(Point&a,Point&b) {                    //求 a 和 b 点的距离
    return sqrt((a.x - b.x) * (a.x - b.x) + (a.y - b.y) * (a.y - b.y));
}
double mindist(vector < Point > &C,Point ui) {   //求点 ui 到 C 中所有中心点的最小距离
    double mind = INF;
    for(int i = 0;i < C.size();i++) {
        double d = dist(C[i],ui);
        mind = min(mind,d);
```

```
        }
        return mind;
    }
    vector < Point > solve(vector < Point > &U, int K) {      //近似算法
        int n = U.size();
        vector < Point > C;                                   //存放中心点
        int j = randa(0, n - 1);
        C.push_back(U[j]);                                    //随机选择 U[j]为中心点
        U[j].flag = true;
        for(int k = 1; k < K; k++) {                          //循环 K - 1 次
            for(int i = 0; i < n; i++) {                      //遍历点 U[i]
                double mind = mindist(C, U[i]);               //求出 U[i]最近中心点距离 mind
                U[i].d = mind;
            }
            double maxd = 0;
            int maxc;
            for(int j = 0; j < n; j++) {                      //在 U 中找 d 最大的非中心点 maxc
                if(!U[j].flag && U[j].d > maxd) {
                    maxd = U[j].d;
                    maxc = j;
                }
            }
            C.push_back(U[maxc]);                             //选择 U[maxc]作为中心点
        }
        return C;                                             //返回 K 个中心点
    }
```

附录 A   2 份"算法设计与分析"本科生 期末考试模拟试题及其参考答案

本科生试题 Ⅰ（闭卷）

题号	一	二	三	四	五	六	七	八	总分
得分									

一、单项选择题（每小题 **2** 分，共 **10** 小题，共 **20** 分）

1. 算法分析是_____。

   A. 将算法用某种程序设计语言恰当地表示出来

   B. 在抽象数据集合上执行程序，以确定是否会产生错误的结果

   C. 对算法需要多少计算时间和存储空间作定量分析

   D. 证明算法对所有可能的合法输入都能算出正确的答案

2. 下列描述不正确的是_____。

   A. $n+2^n$ 的渐进表达式上界函数是 $O(2^n)$

   B. $n+2^n$ 的渐进表达式下界函数是 $\Omega(2^n)$

   C. $3n^3+1000$ 的渐进表达式下界函数是 $\Omega(n^3)$

   D. $3n^3+1000$ 的渐进表达式上界函数是 $O(n^2)$

3. 以下递推式的计算结果正确的是_____。

   $T(1)=1$

   $T(n)=4T(n/2)+n^2$ 当 $n>1$ 时

   A. $T(n)=O(n)$ B. $T(n)=O(n^2\log_2 n)$

   C. $T(n)=O(n^2)$ D. $T(n)=O(n^3)$

4. 下列算法中通常以自底向上的方式求解最优解的是_____。

   A. 备忘录法   B. 动态规划   C. 贪心法   D. 回溯法

5. 所谓贪心选择性质是指_____。

   A. 整体最优解可以通过部分局部最优选择得到

   B. 整体最优解不能通过局部最优选择得到

   C. 整体最优解可以通过一系列局部最优选择得到

   D. 以上都不对

6. 下面问题_____不能使用贪心法解决。

   A. 单源最短路径问题   B. n 皇后问题

   C. 最小花费生成树问题   D. 背包问题

7. 采用分支限界法求解目标函数为最小值的问题，设计下界限界函数 lb()，在解空间

中结点 x 是结点 y 的祖先,则 lb 应该满足_____。

    A. $\text{lb}(x)<\text{lb}(y)$ B. $\text{lb}(x)\leqslant\text{lb}(y)$ C. $\text{lb}(x)>\text{lb}(y)$ D. $\text{lb}(x)\geqslant\text{lb}(y)$

8. 在二维平面中有两个点 $p_1(2,3)$ 和 $p_2(5,10)$,则 $p_1\times p_2$ 的结果是_____。

    A. 5   B. 40   C. 8   D. 10

9. 若某个判定问题 Ⅱ 是一个 NP 完全问题,Ⅱ 可以经过多项式时间变换为问题 Ⅱ',则 Ⅱ' 是_____。

    A. P 类问题   B. NP 难问题   C. NP 完全问题   D. 不确定

10. 在下列算法中,有时找不到问题的解的是_____。

    A. 数值概率算法   B. 蒙特卡洛算法

    C. 拉斯维加斯算法   D. 舍伍德算法

二、填空题(每小题 2 分,共 5 小题,共 10 分)

1. 一个递归模型总是由两部分构成,一部分是递归出口,另一部分是_____。

2. 所谓最优子结构性质是指_____。

3. 求所有两个顶点之间最短路径长度的 Floyd 算法采用的算法策略是_____。

4. 对于一个网络,其中边数 e 远大于顶点个数 n,采用 Ford-Fulkerson、Edmonds-Krap 和 Dinic 算法求最大流量,则其中时间性能最好的算法是_____。

5. 概率(或随机)算法的一个基本特征是对于同一组输入不同的运行可能得到_____的结果。

三、(10 分)给定一棵非空二叉树 b,采用二叉链存储,说明采用分治法求二叉树 b 的高度的分治步骤。

四、(10 分)有 n 种面额不同的硬币,用 $v=(v_1,v_2,\cdots,v_n)$ 表示,每种硬币的个数没有限制,求支付金额为 W 所需要的最少硬币个数。证明该问题具有最优子结构性质。

五、(10 分)采用回溯法求解旅行商问题,回答以下问题:

(1) 其解空间是什么类型?(4 分)

(2) 假设城市图中有 n 个顶点,顶点的编号为 $0\sim n-1$,采用邻接矩阵 **A** 存储图,起始存储顶点 $s=0$,说明你回答(1)的理由。(6 分)

六、(10 分)在采用贪心法求背包问题时是按物品的单位重量价值越大越优先选取,该方法可以用于求解 0/1 背包问题吗?说明理由。

七、(15 分)给定一个布尔类型的二维数组 gird,其中元素 0 表示海水,元素 1 表示岛。如果两个 1 是相邻的,那么就认为它们属于同一个岛,只考虑 上、下、左、右相邻关系。设计一个算法求大小为 k 及 k 以上的岛屿的数量。例如,grid$=\{\{1,1,0,0,0\},\{0,1,0,0,1\},\{0,0,0,1,1\},\{0,0,0,0,0\},\{0,0,0,0,1\}\}$,$k=2$,答案为 2。简要说明算法的思路并在算法中添加适当的注释。

八、(15 分)设计一个动态规划算法求两个字符串 s 和 t 中最长公共子串的长度。简要说明算法的思路并在算法中添加适当的注释。

本科生试题 Ⅱ(闭卷)

题号	一	二	三	四	五	六	七	八	总分
得分									

一、单项选择题(每小题 2 分,共 10 小题,共 20 分)

1. 按照符号 O 的定义,如果 $g(n)=O(f(n))$,则 $f(n)+g(n)=$ _____。
    A. $O(f(n))$ B. $O(g(n))$ C. $O(1)$ D. 以上都不对

2. 有 n 个人,给出两两之间的朋友关系,朋友关系是一种等价关系,所有具有朋友关系的人构成一个朋友圈,在求朋友圈个数时最好采用 _____ 数据结构。
    A. 栈   B. 队列   C. 哈希表   D. 并查集

3. 以下 _____ 是回溯法中为避免无效搜索采取的策略。
    A. 递归函数   B. 剪支函数   C. 随机数函数   D. 搜索函数

4. 对于 n 个物品的 0/1 背包问题,其解空间的高度是 _____。
    A. 1   B. n C. $n+1$ D. $n-1$

5. A* 算法中采用的代价估计为 $f(n)=g(n)+h(n)$,若取 $h(n)=0$,此时 A* 算法就变为 _____。
    A. 广度优先搜索   B. 深度优先搜索   C. 贪心法   D. 回溯法

6. 给定一个带权有向图,其存在负权边但没有负权回路,求其中顶点 s 到顶点 t 的最短路径长度不能采用的算法是 _____。
    A. Dijkstra   B. Bellman-Ford   C. SPFA   D. 都不能

7. 贪心算法与动态规划算法的主要区别为是否满足 _____。
    A. 最优子结构   B. 贪心选择性质   C. 构造最优解   D. 定义最优解

8. 以下算法中用于求最大流的是 _____。
    A. Prim   B. Kruskal   C. Ford-Fulkerson   D. Floyd

9. Π_1 和 Π_2 是两个判定问题,$\Pi_1 \leqslant_p \Pi_2$ 成立时表明 _____。
    A. 问题 Π_1 的解小于问题 Π_2 的解
    B. 问题 Π_1 和问题 Π_2 的难度一定是不相同的
    C. 问题 Π_2 的难度不低于问题 Π_1 的难度
    D. 求解问题 Π_1 的时间小于求解问题 Π_2 的时间

10. 关于近似算法,以下说法正确的是 _____。
    A. 所有 NP 难的最优化问题都可以找到近似性能比好的近似算法
    B. 近似算法的近似性能比越接近于 1,其算法的正确性证明越简单
    C. 近似算法的近似性能比总是大于或等于 1
    D. 以上都不对

二、填空题(每小题 2 分,共 5 小题,共 10 分)

1. 在采用优先队列式分支限界法求解单源最短路径问题时,活结点表的组织形式是 _____。

2. 若序列 $x=\{b,c,a,d,b,c,d\}$,$y=\{a,c,b,a,b,d,c,d\}$,则 x 和 y 的一个最长公共子序列是 _____。

3. 有 10 个活动如表 A.1 所示,每个活动为 $[s,e)$,给出一个最大兼容活动子集是 _____。

表 A.1 10 个活动

i	1	2	3	4	5	6	7	8	9	10
开始时间	2	3	2	0	1	7	6	5	4	8
结束时间	3	4	5	6	7	8	9	10	11	12

4. 拉斯维加斯算法可能找不到解，但找到的解一定是_____。

5. 若问题 Ⅱ 是最大优化问题，假设其最优解为 c^*，近似算法 A 求出的近似最优解为 c^*，则算法 A 的近似性能比 $\eta =$ _____。

三、（10 分）某个问题可以采用以下两种分治算法求解。

算法 A：将问题规模为 n 的问题分解为一个问题规模为 $n-1$ 的问题，合并设计为 $O(n)$。

算法 B：将问题规模为 n 的问题分解为两个问题规模为 $n/2$ 的问题，合并设计为 $O(n)$。

哪个算法的时间性能较好？

四、（10 分）给定 n 个不同的正整数集合 $a=\{a_0,a_1,\cdots,a_{n-1}\}$ 和一个正整数 t，求其中所有元素和为 t 的不同解的个数。简要说明采用回溯法求该问题时采用的剪支策略。

五、（10 分）有 3 个物品，重量为 $w=(2,3,5)$，价值为 $v=(6,3,10)$，背包的容量 W 为 6，给出采用优先队列式分支限界法求解该 0/1 背包问题的过程。

六、（10 分）说明采用分治法求二维点集 S 中的最近点对距离的分治步骤。

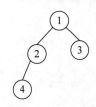

图 A.1 一棵二叉树

七、（15 分）给定一棵二叉树，采用二叉链存储，结点类型为（left, val, right）。设计一个算法通过先序遍历构建一个包含括号和整数的字符串。空结点需要用空括号对"()"来表示。同时需要忽略掉所有不影响字符串和原始二叉树一对一映射关系的空括号对。例如，对于如图 A.1 所示的二叉树构建字符串为"1(2(4))(3)"。简要说明算法的思路并在算法中添加适当的注释。

八、（15 分）给出 n 个物品以及一个数组 w（$w[i]$ 代表物品 i 的重量，保证重量均为正数），另外给出一个正整数 W 表示背包的容量。设计一个算法求出能填满背包的方案数，在一种方案中每一个物品只能使用一次并且不能分割。例如，$w=\{1,2,3,3,7\}$，$W=7$，方案的集合是$\{7\}$和$\{1,3,3\}$，答案是 2。简要说明算法的思路并在算法中添加适当的注释。

附录 B　2 份"算法设计与分析"研究生期末考试模拟试题及其参考答案

研究生试题 Ⅰ（闭卷）

扫一扫

在线资源

题号	一	二	三	四	五	六	总分
得分							

一、单项选择题（每小题 **2** 分，共 **10** 小题，共 **20** 分）

1. 渐进算法分析是指_____。

　A. 算法在最好、最坏和平均情况下的代价

　B. 当问题规模逐步往极限方向增大时对算法资源开销增长率的简化分析

　C. 数据结构所占用的空间

　D. 在最小输入规模下算法的资源代价

2. 在采用优先队列式分支限界法求最短路径问题时，活结点表的组织形式是_____。

　A. 小根堆　　　　　B. 大根堆　　　　　C. 栈　　　　　D. 队列

3. 本质上 SPFA 算法属于_____。

　A. 贪心法　　　　　B. 分支限界法　　　C. 动态规划　　　D. 回溯法

4. A*算法中的代价估计函数 $f(n)=g(n)+h(n)$，如果取 $g(n)=0$，即 $f(n)=h(n)$，此时 A*算法就变为_____。

　A. 深度优先搜索　　B. 广度优先搜索　　C. 贪心法　　　　D. 动态规划

5. 所谓最优子结构性质是指_____。

　A. 最优解包含了部分子问题的最优解

　B. 问题的最优解不包含其子问题的最优解

　C. 最优解包含了其子问题的最优解

　D. 以上都不对

6. 一般来讲，当一个问题的所有子问题都至少要解一次时，用动态规划和备忘录方法相比_____。

　A. 效果一样　　　　　　　　　　　B. 动态规划效果好

　C. 备忘录方法效果好　　　　　　　D. 无法判断哪个效果好

7. 在一个网络流中_____。

　A. 非源点和汇点的任何顶点的净流量为 0

　B. 任何顶点的净流量为 0

　C. 任何边的流量大于其容量

D. 任何边的流量大于或等于其容量

8. 设二维空间中一个矩形的左上角为点 p_1、右下角为点 p_2，另外一个点 p_0 在该矩形内应满足以下条件_____。

    A. $(p_1 - p_0) \cdot (p_2 - p_0) \leqslant 0$ B. $(p_1 - p_0) \times (p_2 - p_0) \leqslant 0$

    C. $(p_0) \cdot (p_1 - p_2) \leqslant 0$ D. $(p_0) \times (p_1 - p_2) \leqslant 0$

9. 以下叙述中错误的是_____。

    A. 所有 NP 完全问题都是 NP 难问题

    B. 假设 P≠NP，则 NP 难问题中存在非 NP 完全问题

    C. 假设 P＝NP，则 NP 难问题中存在非 NP 完全问题

    D. NP 难问题比 NP 完全问题更容易

10. 当一个确定性算法在最坏情况下的计算复杂度与平均情况下的计算复杂度有较大差别时，可以使用_____来消除或者减少问题的好坏实例之间的这种差别。

    A. 数值概率算法   B. 舍伍德算法

    C. 拉斯维加斯算法   D. 蒙特卡洛算法

二、(**10 分**)分析以下递推式的计算结果。

$T(1) = 2$

$T(n) = 2T(n-1) + 3 \times 2^n$ 当 $n > 1$ 时

三、(**10 分**)有 $m(m > 3)$ 个递增有序的整数数组，数组 a_i 的长度为 $n_i(0 \leqslant i < m)$，总整数个数为 n，给出一种尽可能好的方法生成一个包含全部 n 个整数的递增有序数组 b，并分析其时间复杂度。

四、(**20 分**)TSP 问题是指货郎要经过 n 个城市，要求各个城市经过且仅经过一次，最后回到出发城市，并要求所走的路程最短。有人采用最近邻点的贪心策略：从任意城市出发，每次在没有到过的城市中选择最近的一个，直到经过了所有的城市，最后回到出发城市。回答以下问题：

(1) 用伪码形式描述上述算法。

(2) 该算法正确吗？请说明理由。

五、(**20 分**)给出 n 个物品以及一个数组 nums(nums[i]代表物品 i 的重量，保证重量均为正数)，另外给出一个正整数 W 表示背包的容量。设计一个递归算法求出能填满背包的方案数，在一种方案中每个物品只能使用一次并且不能被分割。例如，nums＝{1,2,3,3, 7}，W＝7，方案的集合是{7}和{1,3,3}，答案是 2。简要说明算法的思路并在算法中添加适当的注释。

六、(**20 分**)给定一个只包含正整数的非空数组 nums，请判断是否可以将这个数组分割成两个子集，使得两个子集的元素和相等。例如，nums＝{1,5,11,5}，答案为 true，该数组可以分割成(1,5,5)和(11)。简要说明算法的思路并在算法中添加适当的注释。

研究生试题 Ⅱ(闭卷)

题号	一	二	三	四	五	六	总分
得分							

一、单项选择题(每小题 2 分,共 10 小题,共 20 分)

1. 采用穷举法求解 0/1 背包问题时的列举方式是_____。

    A. 顺序列举　　　　　B. 组合列举　　　　　C. 排列列举　　　　　D. 递归列举

2. 分支限界法在问题的解空间中按_____从根结点出发搜索问题的解。

    A. 深度优先搜索　　　　　　　　　　B. 广度优先搜索

    C. 活结点优先搜索　　　　　　　　　D. 扩展结点优先搜索

3. 在对问题的解空间的搜索中一个结点最多只有一次机会成为活结点的是_____。

    A. 回溯法　　　　　　　　　　　　　B. 穷举法

    C. 分支限界法　　　　　　　　　　　D. 递归法

4. 在 A* 算法(求最小值问题)中代价估计函数为 $f(n)=g(n)+h(n)$,其中启发式函数 $h(n)$ 是可接纳的含义是_____。

    A. $h(n)>$ 从结点 n 到目标 goal 的实际最小代价路径的代价

    B. $h(n)\geq$ 从结点 n 到目标 goal 的实际最小代价路径的代价

    C. $h(n)<$ 从结点 n 到目标 goal 的实际最小代价路径的代价

    D. $h(n)\leq$ 从结点 n 到目标 goal 的实际最小代价路径的代价

5. 能够用贪心法求最优解的问题应该具有_____。

    A. 最优子结构和贪心选择性质　　　　B. 重叠子问题和最优子结构性质

    C. 重叠子问题和贪心选择性质　　　　D. 最优子结构和无后效性

6. 采用贪心法求解背包问题(含 n 个物品)的时间复杂度是_____。

    A. $O(1)$　　　　　B. $O(n)$　　　　　C. $O(n\log_2 n)$　　　　　D. $O(2^n)$

7. 关于 0/1 背包问题,以下描述中正确的是_____。

    A. 可以用贪心法求最优解

    B. 能够找到多项式时间的有效算法

    C. 可以使用动态规划方法求解任意 0/1 背包问题

    D. 对于同一背包与相同的物品,做背包问题取得的总价值一定不小于做 0/1 背包问题

8. 以下不适合含负权的带权图(不含负回路)求两个顶点之间最短路径长度的是_____。

    A. Dijkstra 算法　　　　　　　　　　B. Bellman-Ford 算法

    C. SPFA 算法　　　　　　　　　　　D. 以上都不对

9. NP 类问题是指_____。

    A. 存在着多项式时间内运行的确定性算法

    B. 存在着多项式时间可验证的算法

    C. 确定型图灵机多项式时间可计算的判定问题组成的问题

    D. 以上都不对

10. 在下列算法中得到的解未必正确的是_____。

    A. 蒙特卡洛算法　　　　　　　　　　B. 拉斯维加斯算法

    C. 舍伍德算法　　　　　　　　　　　D. 数值概率算法

二、(**15 分**)分析以下递推式的计算结果。

(1) $T(1)=1,T(n)=T(n-1)+1/n(n>1)$(7 分)

(2) $T(1)=1,T(n)=3T(n/4)+n\log_2 n(n>1)$(8 分)

三、(**15 分**)24 点问题是给定一个含 4 个正整数的数组 a,判定 a 中的整数是否可以通过加、减、乘或除法运算得到整数 24。请给出采用分治法求解 24 点问题的基本步骤和递归模型。

四、(**10 分**)在二维空间中有若干点,已知两个点 a 和 b 的距离为 d,其他任意点与 a 或者 b 的距离远小于 d。给定一根长度为 d 的绳子,给出一个过程判定能否用该绳子将所有点围起来,绳子可以剪断,但最多只能剪成两段。

五、(**20 分**)子集和问题是给定一个含 n 个正整数的数组 a 和一个正整数 t,设计一个尽可能高效的回溯算法求 a 中若干整数和为 t 的方案个数。例如,$a=\{1,2,3\},t=3$,答案为 2,对应的两个方案为 $\{3\}$ 和 $\{1,2\}$。简要说明算法的思路并在算法中添加适当的注释。

六、(**20 分**)对于第五题的子集和问题,设计一个动态规划算法求解。简要说明算法的思路并在算法中添加适当的注释。